AF249665

DICTIONNAIRE

HISTORIQUE,

THÉORIQUE ET PRATIQUE

DE MARINE.

Par Monsieur *SAVERIEN.*

Pelagus quantos aperimus in usus.
Valer. Flacc.

TOME SECOND.

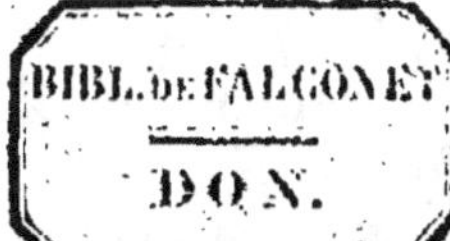

A PARIS.

Chez CHARLES-ANTOINE JOMBERT, Imprimeur-
Libraire du Corps Royal de l'Artillerie & du
Génie, rue Dauphine, à l'Image Notre-Dame.

M. DCC. LVIII.

Avec Approbation & Privilege du Roi.

GABARIT. Nom qu'on donne aux varangues qui forment la figure & la façon du vaisseau. On distingue quatre especes de *gabarits*. On appelle *premier gabarit* la varangue qui se met sous le maître-bau, & qui y répond, ainsi que tout ce qui s'éleve perpendiculairement au dessus. On nomme *second, troisieme, quatrieme gabarit* de l'avant ou de l'arriere, la seconde, troisieme varangue vers l'avant ou vers l'arriere, & ce qui s'éleve au dessus ; sçavoir une varangue, deux genoux, & deux, quatre ou six alonges. On dit quelquefois absolument *gabarit* de l'avant ou de l'arriere, pour exprimer le *gabarit* de l'un & de l'autre de ces côtés : mais celui de derriere se nomme quelquefois le *dernier*. Quoi qu'il en soit, ces deux *gabarits*, dont le premier (celui de l'avant) se pose toujours sur l'écart de la quille & de l'étrave, & l'autre proche de l'étambord, plus ou moins, selon la méthode du constructeur, ces deux *gabarits*, dis-je, sont les plus importans, puisqu'ils décident de la forme & de la grandeur du vaisseau. Cette considération m'oblige d'en donner ici une figure, qui suffira pour connoître la coupe d'un bâtiment de mer, dans le sens de sa largeur. (*Fig.* 1, *Pl.* 1.) A *a* sont les alonges ; G G, les genoux ; & V, la varangue qui traverse la quille & le fond. Ces pieces forment la rondeur du vaisseau. Q est la quille. Les lettres B B désignent les baux, & C C, les canons montés sur leurs affûts, & placés sur les ponts.

GABES. Enceintes de joncs plantés dans les lacs de l'Egypte, où l'on fait la pêche du poisson.

GABET, *terme de la Manche. Voyez* GIROUETTE.

GABIE. Terme de la Méditerranée, qui signifie Hune. *Voyez* HUNE.

GABIER. On donne deux significations à ce terme. Les uns prétendent que c'est le nom d'un matelot qui, pendant son quart, fait le guet sur la hune, &, suivant d'autres, qui tous les matins a soin de visiter les manœuvres.

GABORDS. Ce sont les planches d'en bas, de dix-huit à vingt pouces de large, qui font le bordage extérieur du vaisseau, & qui forment par dehors un coude en arc concave, depuis la quille jusqu'au dessus des varangues : c'est ce qu'on appelle *Coulée du vaisseau*, qu'on comprend aussi sous le nom de bordage de fond.

GABURONS. *Voyez* JUMELLES.

GACHE. Vieux mot, qui signifie Aviron. *Voyez* RAME.

GACHER. Quelque usé que soit ce terme, les bateliers s'en servent cependant pour dire, naviger avec des avirons ou des rames.

GAFFE. *Voyez* CROC.

GAFFER. C'est accrocher avec une gaffe.

GAGNER LE VENT ou GAGNER AU VENT, ou encore GAGNER LE DESSUS DU VENT. C'est prendre l'avantage du vent sur son ennemi. *Voyez* AVANTAGE DU VENT.

GAGNER SUR UN VAISSEAU. C'est passer un vaisseau.

GAGNER UN PORT, UN HAVRE, UN DEGRÉ DE LATITUDE, &c. C'est arriver à ces endroits ou à ce degré, sans s'y arrêter.

GAI. Epithete qu'on donne à un mât ou à quelque bois en général, lorsqu'il est trop au large dans la place qu'il occupe.

GAILLARD. Etage du vaisseau, qui n'occupe qu'une partie du dernier pont, au dessus duquel il est élevé. Il y a le *gaillard d'avant* & le *gaillard d'arriere*. *Voyez* CHATEAU.

GAILLARDELETTES ou GALANS. Pavillons arborés sur le mât de misaine.

GAILLARDET. Pavillon échancré, ou petite girouette, en maniere de cornette, arborée sur le mât de misaine. On donne aussi le nom de *gaillardet* à des pavillons qui se mettent aux mâts des galeres.

GAINE DE FLAMME. Espece de fourreau de toile, dans lequel on passe le bâton de la flamme.

GAINE DE PAVILLON. Bande de toile, cousue à toute la

largeur du pavillon , & dans laquelle paſſent les rubans.

GAINES DE GIROUETTE. Bandes de toile , par le moyen deſquelles on coud les girouettes au fût.

GALAUBANS ou GALABANS , ou encore GALANS. Ce ſont de longues cordes, qui prennent du haut des mâts de hune , juſqu'aux deux côtés du vaiſſeau, à bas-bord & à ſtribord , pour affermir les mâts en ſecondant les haubans. Elles ſont principalement utiles lorſqu'on fait vent arriere, afin d'empêcher les mâts de pencher trop en avant.

GALÉACE ou GALÉASSE. Gros bâtiment de bas-bord, le plus grand de tous les vaiſſeaux à rames. Il a trois mâts , ſçavoir artimon , meſtre & trinquet , qui ne peuvent ſe déſarborer ; trois batteries à proue , dont la plus baſſe eſt de deux pieces, qui portent chacune 36 liv. de balle , la ſeconde de deux pieces , qui en portent 24, & la troiſieme de deux autres pieces, qui en portent 2 liv. & deux batteries à pouppe , chacune de trois pieces par bande , & chaque piece de 18 liv. de balle.

Ce bâtiment , qui , par ſa prodigieuſe grandeur , reſſemble aſſez à une fortereſſe ſur mer, étoit autrefois en uſage en France : mais il n'y a aujourd'hui que les Vénitiens qui s'en ſervent. Ce ſont les nobles Vénitiens ſeuls qui la commandent ; encore s'obligent-ils par ſerment , & répondent-ils ſur leur tête qu'ils ne refuſeront pas de combattre contre vingt-cinq galeres ennemies. Cela doit faire penſer que la *galéace* eſt un bâtiment fort utile , & que nous avons peut-être tort de n'en point faire uſage. Voici en effet les avantages que j'y trouve.

1°. Elle eſt propre à empêcher un bombardement , par le moyen de ſes coulevrines , ſes canons ordinaires , ſes canons à pierriers , montés ſur des pivots , & par ſa mouſqueterie.

2°. Elle peut approcher beaucoup de terre , ne tirant que douze pieds d'eau , & eſt ainſi hors d'état d'être abordée.

3°. Elle peut défoler l'ennemi par des bombes, fervir à la fuite d'une armée, & fe battre dans le calme, avec fes coulevrines, contre un vaiffeau de cent pieces de canon.

4°. Par le fecours de fes rames, elle peut tirer un vaiffeau de danger, lorfqu'il fe trouve trop embarraffé dans le combat ; lui prêter le côté, au cas qu'il vienne à être attaqué, & repouffer même l'ennemi avec la moufqueterie, qui ordinairement domine le canon.

5°. Enfin un dernier avantage de la *galéace*, c'eft d'être propre pour une defcente, à caufe de fes bombes, & de faire les mêmes fonctions qu'une galiote.

Comme on ne doit rien négliger de ce qui peut contribuer à la perfection de la marine, dont on connoît aujourd'hui, plus que jamais, l'utilité, je vais donner le devis entier d'une *galéace*, d'après lequel on pourra en fabriquer une différente de celle de Venife, afin qu'elle puiffe tenir la mer en toute forte de temps ; naviger, en temps calme, beaucoup mieux que les *galéaces* des Vénitiens, & marcher d'un bon vent, plus vîte encore que les vaiffeaux même quelque excellents voiliers qu'ils foient. Voici donc ce devis

Construction.

Nom des pieces.	*Longueur.*
	Pieds.
Longueur de l'étrave à l'étambord ,	162
Quille ,	133
Etrave ,	27
Contre-étrave ,	30
Etambord ,	23
Contre-étambord ,	27
Barre d'arcasse ,	20
Etains ,	15 d'ouver.
Maître-gabarit ,	32 d'ouver.
Maîtresse-varangue ,	0
Lisse d'empâture , depuis le milieu de la maîtresse-varangue ,	12
Dernier gabarit en avant ,	29
Dernier gabarit en arriere ,	26
Carlingue ,	0
Vaigre du pont ,	0
Vaigres du fond ,	0
Bordages de fond ,	0
Préceintes ,	0
Barrots du pont ,	32
Lieures de pont ,	0
Bordages du pont ,	0
Bittes ,	17
Courbes de bittes ,	0
Traverses de bittes ,	17
Grande chambre de derriere ,	6
Château d'avant ,	30
Platbord ,	4 de haut.
Chambre du conseil ,	6

Construction.

Largeur.			*Epaisseur.*	
Pouces.	Pieds.	Pouces.	Pieds.	Pouces.
0	0	0	0	0
0	0	16	0	12
0	0	16	0	16
0	0	16	0	12
0	0	16	0	12
0	0	16	0	12
0	0	16	0	12
	13	0	0	8

12 au fond, 6 d'acculement.

6	0	0	0	0
6 d'ouv.	0	0	0	0

6 d'ouverture.

0	0	8	0	12
0	0	14	0	6
0	0	12	0	5
0	0	0	0	$3\frac{1}{2}$
0	0	9	0	$6\frac{1}{2}$
0	0	14	0	7
0	0	8	0	6
0	0	0	0	2
0	0	0	0	$1\frac{1}{2}$ de grosseur.
0	0	0	0	11
0	0	0	0	12 de grosseur.

6 24 en avant. } 6 6 de hauteur.
   18 en arriere.

0 22 en avant. } 5 8 de hauteur.
   27 en arriere.

20 en avant. }
14   6 en arriere.

A iv

Nom des pieces.	Construction.	Longueur.
		Pieds.
Chambre de la dunette,		16
Pont volant, depuis le premier pont jusqu'à la latte,		6
Le même pont volant,		} 6 de haut. de dessus l'escorcie.
Lattes du pont,		0
Vaigres du pont,		0
Lieures,		0
Lattes de caillebotis,		0
Listons,		0
Escorcie,		3
Ecoutille de la taverne,		4
Ecoutille de la fosse aux cables,		4
Ecoutille du gaon,		3
Ecoutille de l'escandola,		4
Ecoutille du grand mât,		2
Four,		40
Bacalas & cordelattes,		3
Apostis,		94
Sabords de la premiere batterie,		2
Sabords de coulevrines d'avant,		0
Sabords de coulevrines de derriere,		0
Sabords du château de derriere,		1
Cordes de potence,		0
Potence de bancs,		2
Bancs,		11
Banquets,		11
Pedagnes,		11
Pedagnons,		11
Eperon,		12
Gouvernail,		33
Barre du gouvernail,		29
Epontilles,		3
Lisses d'épontilles,		0

Largeur	Construction		Epaisseur	
Pouces.	*Pieds.*	*Pouces.*	*Pieds.*	*Pouces.*
	14 en avant.			
	14 en arriere. }		5	8 de hauteur.
6	o		o	o
4 à ses arcades.				
o	o	9	o	5
o	o	12	o	5
o	o	9	o	6
o	o	4	o	2
o	o	3	o	1
6 de haut.	3	8	o	o
8 d'ouverture.				
8 d'ouverture.				
o d'ouverture.				
o d'ouverture.				
6 d'ouverture.				
6	o	o	o	o
6 de hauteur.				5
o	o	12	o	10
4 d'ouverture.				
o	1	10 d'ouverture.	2	5 de hauteur.
o d'ouv.	1	11	2	3 de hauteur.
10 d'ouv.	o	o	o	o
o	o	o	1	6
6	o	11	o	3
o	o	9	o	10
o	1	10	o	2
o	o	5	o	4
o	o	4	o	3
8 de saill.	o	o	o	o
o	4	8	o	10
o	7	7	o	7
7		6	o	3
o	o	4	o	1½

Máture.

Nom des pieces.	*Longueur.*
	Pieds.
Grand mât,	97
Ton,	7
Barres,	5
Chouquet,	5
Grande vergue latine,	131
Le mât de misaine,	91
Ton,	6
Barres,	4
Vergue latine,	109
Mât d'artimon,	61
Ton,	4
Barres,	3
Chouquet,	3
Vergue latine,	64
Mât de beaupré,	59
Vergue de beaupré,	40
Vergue de la voile quarrée du grand mât,	63
Vergue de la voile quarrée du mât de misaine,	57
Mât du grand hunier,	54
Vergue du grand hunier,	45
Mât du petit hunier,	51
Vergue du petit hunier,	40
Mât de fougue,	34
Grande vergue de fougue,	28
Petite vergue de fougue,	24

Mâture.

Largeur.			Epaisseur.	
Pouces.	Pieds.	Pouces.	Pieds.	Pouces.
0	0	29 en son étamb.	1	6½
0	0	0	0	0
6	1	4	0	8
0	2	0	1	6
0	0	0	0	0
0	2	3 à son étamb.	1	6
6	0	0	0	0
9	0	13	0	6
0	0	0	0	0
0	1	6	1	8
2	0	0	0	0
8	0	9	0	5
8	1	8	1	0
0	1	1 à son racage. 8 à son gros bout. }		3
0	1	7 à son étamb.	1	0
0	0	11 à son milieu.		3
0	1	8	0	6
0	1	6	0	5
0	1	7 à son milieu.		10
0	1	0	0	4
0	1	3	0	8
0	0	11 à son milieu.	0	3
0	0	11	0	6
0	0	8 à son milieu.	0	2
0	0	6 à son milieu.	0	1½

Cablés & Greslins.

	Longueur	Epaisseur.	
	Brasses.	Pieds.	Pouces.
Grand cable,	180	1	4
Petit cable,	160	1	2
Greslins,	140		10
Ausieres,	130		9

Artillerie.

	Longueur.	Calibre.
	Pieds.	liv. de balle.
Coulevrines postées dans la grande chambre,	2 de 13,	48
Coulevrines postées dans la chambre du conseil,	2 de 11,	12
Ces coulevrines battent parderriere.		
Coulevrines de même, postées sous le château, qui battent en avant,	4 de 13,	36
Coulevrines postées dessus le château, qui battent en avant,	2 de 11,	12
Canons postés sous les apostis, qui battent par le côté,	6 de 7,	6
Canons posés sur les espales de derriere,	2 de 6,	4
Canons montés comme des pierriers, sur un pivot,	30 de 4,	2
Mortier à bombes, placé sur le château,	1 de 12 pouces de diametre.	

Equipage.

Rameurs,	378
Comes,	2
Sous-comes,	2
Comes de migenie,	2
Pilotes,	2
Matelots,	150
Maîtres-canonniers,	2
Aides-canonniers,	20
Capitaines d'armes,	2
Sergens,	4
Caporaux,	4
Soldats,	200

Total des hommes d'équipage, non compris les officiers,   768

GALERE. Bâtiment de bas-bord, qui va à voiles & à rames. Il a deux mâts, qui se désarborent, & qu'on nomme, l'un *Mestre,* & l'autre *Trinquet;* deux voiles latines; quatre pieces de canon, dont deux bâtardes, & deux plus petites. Sa longueur ordinaire est de vingt-deux toises; sa largeur de trois, & sa profondeur d'une. Elle a ordinairement vingt-cinq à trente bancs, à chacun desquels il y a cinq ou six rameurs. Comme ce bâtiment est, après le vaisseau, le plus considérable dont on fasse usage sur mer, je dois m'appliquer à le faire connoître. Afin de réussir dans cette sorte d'entreprise, je divise cet article en trois sections. Dans la premiere, je donne la construction de la *galere.* J'explique, dans la seconde, les parties qui la composent, quand elle est construite & équipée; & l'histoire de ce bâtiment remplit la troisieme. A l'égard de l'équipage, il est à peu-près le même que celui que j'ai détaillé à l'article ci-dessus de galéace, auquel je renvoie.

I. *Conſtr.* La quille, qu'on appelle *Carene*, eſt la premiere piece de bois qu'on poſe ſur le chantier. Elle eſt
compoſée de trois pieces jointes enſemble par des
écarts doubles. A ſes deux extrêmités on éleve obliquement deux pieces de bois, qu'on appelle *Rode
de proue*, & *Rode de pouppe*. (C'eſt à un vaiſſeau
l'étrave & l'étambord.) On conſtruit après cela les
côtes, nommées *Courbans*, & qui ſont chacune de
trois pieces, dont celle du milieu eſt appellée *Ma-
dier*, & les deux autres *Eſtéméraires*. On ſoutient &
on lie ces côtes avec un *filaret* : c'eſt une piece de
bois, qui regne tout autour de la *galere*. On met
enſuite les fauſſes côtes ou *ſanglons* ; la contre-
quille, qui eſt de quatre morceaux ; à côté de cette
piece, deux pieces de chêne, de vingt à vingt-cinq
pieds de long, nommées *Caſſes* ; entre ces deux
pieces, une autre de même bois ; enfin une autre,
qu'on appelle *Contreſquon*, que l'on endente ſur les
madiers. Ceci fait, la *galere* eſt formée, ou du
moins ſon ſquelette, ſi l'on peut parler ainſi.

Il faut la couvrir maintenant de grands ais, tant
au dehors, qu'au dedans. On appelle *Romballiere*
la fourrure de dehors, & *Fourrure* celle de dedans.
Ces ais ſont endentés dans les membres, & cloués
aux madiers & aux eſtéméraires. Ils deſcendent
depuis le haut juſqu'aux deux écoutes, & forment
un ovale au fond, où l'on met le leſt. On met après
cette fourrure quatre pieces de ſapin de chaque
côté, & tout le long du bâtiment : on les appelle
Contre-ponteaux. Viennent enſuite deux bittes deſ-
tinées à ſoutenir le château de proue & le trinquet,
& ſur leſquelles on poſe une piece de bois, nommée
Chapeau.

Le travail qui ſuccede à ceci, eſt celui du bordage ; & celui-ci étant fini, il eſt ſuivi d'un autre, qui
conſiſte à poſer le rais du courſier ; après quoi on
travaille au dehors. Cet ouvrage conſiſte en de menus détails que je ſupprimerai, afin de ne pas perdre

de vue la construction propre de la *galere*. Il suffira de dire en peu de mots qu'on fortifie le bordage avec différentes pieces de bois ; qu'on met des *bacalas*, des *aubalêtrieres*, des *fourcats*, des *apostis*, &c. (*voyez* ces mots) & qu'on place les *bancs*, les *banquettes* & les *pedagnes*. *Voyez* ces mots. Je passe donc à la construction du corps même de la *galere*. Ainsi il reste à former la proue & la pouppe.

On forme le château de proue avec huit pontilles ou piédroits, sur lesquels on met quatre traversiers pour le soutenir. Sur les traversiers se placent six barrots de chaque côté, qui portent les planches. On pose ensuite des *bâtayoles*, tant pour servir d'appui aux rames, qu'aux mousquets des soldats, lorsqu'ils font leurs décharges.

Pour faire le château de pouppe, qui est la partie du bâtiment la plus élevée, on commence à poser les *moiselas* : ce sont deux pieces de bois, qui font l'extrémité de la pouppe, ou en terme de l'art, le *dragan*. On met sur ces moselas cinq piédroits à chaque côté ; sur ces piédroits, l e s *bandins* (*voyez* BANDINS), & entre ces bandins, six panneaux de chaque côté, diversement figurés & décorés d'ornemens fabuleux ou historiques. On met encore sur les bandins vingt-quatre pieces de fer, d'environ un pouce de diametre, courbées, & qui, saillant environ un pied hors la pouppe, servent à soutenir les bandinets. Ayant placé devant & derriere la pouppe deux pieces de bois, qui se ferment, on appuie sur elles une fleche destinée à soutenir les armes du souverain, qui paroissent derriere la pouppe, & à porter au dessus une figure en relief, tournée vers la proue, comme un aigle, un lion, &c. Au dessus de la pouppe est une espece d'auvant, nommé *Tendelet*, qui sert à la défendre du soleil & de la pluie.

On met ensuite le timon ou gouvernail ; l'on pose l'éperon à la proue, qui a près de douze pieds, &

l'on place le *taille-mer* pour le foutenir. Cet éperon fe fortifie avec une piece de fapin, appellée *la Serviole*, qui le tient en état.

Enfin on diftribue ainfi les chambres. Au devant des bittes eft la chambre pour les foldats malades. A côté eft la chambre du fous-comite, dans laquelle font tous les cordages & les agrêts. A la fuite de celle-ci eft la chambre deftinée aux voiles & aux tentes; & après cette troifieme chambre, celle du comite, où il tient le vin qu'il diftribue à l'équipage.

Après la chambre du comite, vient l'endroit deftiné à la poudre. Il eft à la defcente du grand mât, au devant de la *galere*, & fous le canon du courfier. On paffe delà à la chambre du pain, qu'on appelle *le Paillot*, & enfuite à un endroit nommé *la Campagne* : c'eft une efpece de chambre, où fe mettent les viandes, morues & autres provifions de l'équipage.

La chambre de l'argoufin eft après la campagne; & de fuite font la chambre de l'aumonier & celle des volontaires. La chambre du capitaine eft la derniere. Elle eft tout-à-fait à la pouppe, où elle a trois fenêtres de chaque côté. Il y a encore vers l'extrêmité de la pouppe un petit cabinet appellé *le Gavon*.

Au deffus de ceci eft la *timontere* : c'eft une petite loge capable de contenir quatre hommes, qui gouvernent la *galere*.

Refte l'endroit deftiné pour la cuifine. Or cet endroit eft un fougon, qu'on fait au milieu des bancs.

Defcription

Description d'une galere toute équipée. Voyez la Pl. IV.

1 Grand mât, ou l'arbre de mestre.
2 Grande vergue & la grande voile.
3 Grand pavillon.
4 Flamme.
5 Gabier.
6 Banniere.
7 Mât appellé *Trinquet*.
8 Pavillon.
9 Pavillon du trinquet.
10 Girouette du mât d'avant.
11 Vergue & la voile du mât d'avant.
12 Banniere du mât d'avant.
13 Etendard.
14 Endroit sous lequel se tient le timonnier.
15 Place du commandant ou du capitaine.
16 Passage de la proue à la pouppe, entre le rang des rameurs, appellé *Coursier*.
17, 17. Places où se tiennent les deux comites.
18 Place des trompettes.
19 Eperon.
20 Coursier.
21 Canons ordinaires.
22 Trous par où passent les cordages qui servent à bord, les canons & les autres gros fardeaux.
23 Ancre.
A Proue.
P Pouppe.
BB Bandins où se mettent les volontaires.

Il me reste à donner les proportions générales qu'on suit dans la construction d'une *galere*, afin de faire connoître entiérement ce bâtiment de mer. Je rapporterai celles qui furent réglées le 3 de septembre 1691, par le conseil de construction, auquel présidoit M. le Bailli *de Noailles*, lieutenant

Tome II.   B

général des *galeres*. Dans ce conseil, après avoir
examiné les mémoires des constructeurs, contenant
les proportions qu'ils observoient, & après les avoir
entendu chacun en particulier, & ensuite en commun, on convint que le service du Roi exigeoit
qu'on réduisît ces proportions à une générale, afin
que la même mâture, les mêmes voiles & les mêmes agrêts pussent servir indifféremment à toutes les
galeres qu'on construiroit à l'avenir. Ainsi il fut arrêté qu'on se conformeroit aux proportions suivantes.

*Proportions générales des Galeres, arrêtées dans le
conseil de construction, tenu dans le mois de septembre
1691.*

Construction.

	Pieds.	Pouces.
Longueur de capion à capion.	144	0
Largeur à la maîtresse latte.	18	0
Creux ou pontal.	7	2
Espace des bancs.	3	10
Largeur du coursier de dedans en de-dans.	2	$1\frac{1}{2}$
Hauteur du coursier.	2	8
Epaisseur des subre-coursiers.	0	$4\frac{1}{2}$
Nota. Le subre-coursier a la même épaisseur que le rais de coursier, & est réduit par le haut à la longueur de.	0	$4\frac{1}{2}$
Largeur du coursier, à l'endroit des mosselas, égale au diametre du grand mât.	1	7
Longueur du tallar.	11	$7\frac{1}{4}$
Largeur d'un apostis à l'autre prise d'escome a escome.	26	$1\frac{1}{2}$
Longueur des rames prises à la longueur du tallar pour le dedans, & à la distance qu'il y a d'un apostis à l'autre.	37	3

Mâture.

Pieds. Pouces.

	Pieds.	Pouces.
Longueur de l'arbre de meſtre, compris le calcet.	70	o
Diametre de l'arbre de meſtre, à douze pieds du gros bout.	1	7
Diametre du même arbre au petit bout. .	1	4
Longueur de l'arbre de trinquet, compris le calcet.	52	6
Diametre de l'arbre de trinquet, à neuf pieds du gros bout.	1	$2\frac{1}{2}$
Diametre du même arbre au petit bout. .	o	$9\frac{2}{3}$
Longueur de la penne de meſtre.	68	o
Diametre de la penne de meſtre, à vingt-quatre pieds du gros bout.	1	$1\frac{1}{3}$
Diametre de la même penne au petit bout.	o	$5\frac{2}{3}$
Longueur du quart de meſtre.	60	o
Diametre du quart de meſtre, à vingt-quatre pieds du gros bout.	1	$1\frac{1}{3}$
Diametre du même quart, au petit bout.	o	$7\frac{1}{2}$
Longueur de la penne de trinquet.	74	o
Diametre de la penne de trinquet, à vingt pieds du gros bout.		$10\frac{1}{4}$
Diametre de la même penne, au petit bout.	o	$7\frac{1}{2}$
Longueur du quart de trinquet.	50	o
Diametre du quart de trinquet, à vingt pieds du gros bout.	o	$10\frac{1}{4}$
Diametre du même quart, au petit bout. .	o	$7\frac{1}{2}$
Longueur des jambes de penon de tréou. .	33	6

On demandera peut-être ſi ces proportions ſont fondées ſur des principes ſolides, & je répondrai à

B ij

cela qu'il en eft des *galeres* comme des vaiſſeaux , & que la théorie de leur conſtruction n'eſt point encore ſoumiſe à des loix. Ainſi il faut rapporter ici tout ce que j'ai dit à l'article CONSTRUCTION ; & ſi l'on ſouhaite d'autres vues, on peut conſulter le chapitre VIII de la *Science navale* de M. *Euler ,* où il s'agit de la conſtruction des *galeres,* ou autrement des vaiſſeaux mus par l'action des rames. (*Scientia navalis ,* tom. II, cap. VIII, *de conſtructione navium remis propellendarum.*) Pour en donner une idée , il ſuffira de dire que la doctrine de ce ſçavant géometre ſe réduit à deux points principaux. Le premier , que la forme de la pouppe , & celle de la proue de la *galere,* doivent être telles que la ligne verticale , qui paſſe par ſon centre de gravité , ne ſoit point éloignée du centre de la pouſſée de l'eau ; & le ſecond , que la proue doit fendre l'eau le plus aiſément qu'il eſt poſſible. Pour l'intelligence de ceci , *voyez* MATURE & PROUE.

Les *galeres* étoient les vaiſſeaux des Anciens. Ainſi , pour connoître leur origine , il faut remonter à celle de l'architecture navale , & conſulter l'article ARCHITECTURE de ce Dictionnaire, où je me ſuis propoſé cette tâche. Si après la lecture de cet article , on paſſe à celle des articles FLOTTES, BATAILLE NAVALE , ARMÉE NAVALE & CANON , on aura une notion aſſez exacte de ces bâtimens. Il ne doit donc être queſtion ici que des eſpeces des *galeres* des Anciens , de ceux qui les ont inventées , & du progrès de leur conſtruction.

La diſtinction la plus conſidérable , & peut-être l'unique qu'il y eût entre les *galeres* des Anciens , conſiſtoit dans le rang de rames. Ces rangs les caractériſoient abſolument ; de ſorte qu'on leur donnoit des noms différens , ſuivant le nombre de ces rangs. On appelloit *Unirêmes* les *galeres* qui n'avoient qu'un rang de rames ; *Birêmes ,* celles qui avoient deux rangs ; *Trirêmes , Quadrirêmes ,* &c.

celles qui en avoient trois, quatre, &c. Il s'agiroit
maintenant de sçavoir ce que c'étoit qu'un rang de
rames, pour connoître la différence qu'il y avoit
entre les unirêmes, les birêmes, &c. & voilà précisément ce que nous ignorons. Quelques auteurs
entendent par un rang, une rame, deux rangs, deux
rames, trois rangs, trois rames, &c. Mais on objecte à cela que, si tels eussent été les unirêmes, les
birêmes & les trirêmes des Anciens, ils auroient
eu bien peu de rames; & comment faire siller une
galere avec une rame? D'autres veulent qu'un rang
fût une file de rames, dans le sens de la longueur
du bâtiment; de sorte que dans un trirême, par
exemple, les rangs étoient les uns sur les autres,
divisés par des tillacs; ce qui formoit autant d'étages
différens, qu'il y avoit de rangs de rames. Un birê-
me étoit donc une *galere* à deux étages de rames;
un quinquerême, une *galere* à cinq étages; & s'il
y a eu des *galeres* à quarante rangs de rames, comme l'histoire nous l'apprend, il faut que ces *galeres*
aient eu quarante étages. Quand on a du sens commun, on ne conçoit pas comment un pareil systê-
me a pu prendre racine dans la tête d'un homme
raisonnable. Cependant non seulement il a été proposé avec confiance par des personnes éclairées : il
a eu encore beaucoup de partisans. On cite même
en sa faveur une infinité de passages anciens, qui
lui sont très-favorables, & on les fortifie par l'inspection de la colonne Trajanne, où les rangs sont
placés les uns sur les autres. Quoiqu'on dise qu'il
est impossible de construire des *galeres* à quarante
étages, & de trouver des rames assez longues &
assez maniables pour que les rameurs des plus hauts
rangs puissent toucher l'eau, & y faire quelque effort, cependant M. *Rollin* soutient que quelque
fortes que soient ces raisons, elles sont encore trop
foibles, en comparaison de celle qu'on doit tirer de

la figure même de la colonne Trajanne. (*Histoire ancienne*, tom. IV.)

On a proposé d'autres explications des birêmes, trirêmes, &c. des Anciens : mais toutes ces voies d'accommodement n'ont point terminé la dispute. J'ai voulu moi-même autrefois produire une opinion, & j'ai cru qu'on pouvoit expliquer bien des choses, en appellant un rang deux rames posées l'une à droite, l'autre à gauche : mais ce n'est là qu'une conjecture, qui n'est peut-être pas plus recevable que celles qui ont été le plus combattues. Abandonnons donc cette controverse, plus curieuse qu'utile, & laissons aux personnes qui y prennent intérêt, le soin de s'instruire dans les ouvrages suivans : *De Columna Traj. syngt.* par *Fabreti* ; *De re navali Veterum*, par *Lazare Baif* ; *Antiquité expliquée*, du P. *Montfaucon*, seconde partie ; *Art de naviger*, du P. *Deschales*, liv. I, pag. 2; *Dissertation sur les trirêmes ou vaisseaux de guerre des Anciens*, par le P. *Languedoc* ; & *Essai sur la marine des Anciens*, par M. *Deslandes*.

Il est des connoissances qui nous intéressent davantage : ce sont celles qui concernent les inventeurs des différentes sortes de *galeres*. On ne sçait peut-être là-dessus rien de bien certain : mais voici ce que les historiens les plus célebres nous apprennent. Avant la guerre de Troye, *Démosthene* inventa les *galeres* à deux rameurs par banc, proche la pouppe, qu'on appelle *Espaliers* ; *Amonichides*, corsaire de Corinthe, les *galeres* à trois rameurs par banc (*Thucidide*); les Carthaginois, celles à quatre espaliers par banc, (*Aristote*); les Rhodiens, celles à cinq (quelques auteurs en attribuent l'invention à *Nasicus*, vaillant capitaine, qui servoit le Roi *Cyrus*); *Amonides*, Lycien, les *galeres* à six, suivant *Plutarque*, & si l'on en croit *Chrésiphon*, ce fut *Sénagoras* de Syracuse, du temps de la prise de

Syracuse, par *Niclas*; *Nessegattus*, celles à sept espaliers (*Preto* fait aussi honneur de cette invention à *Promothée*, Grec, & d'autres à *Archimede*); enfin *Plutarque* dit qu'*Alexandre* le Grand a mis le premier en mer une *galere* à douze espaliers par banc.

Pour apprécier ces découvertes, il faudroit connoître sans doute les *galeres* mieux que nous ne les connoissons; car on ne voit pas qu'il y eût un grand mérite à imaginer de mettre un rameur de plus à la pouppe. La chose devoit être pourtant difficile, puisqu'on cite avec éloge le nom de ces inventeurs, parmi lesquels on trouve *Archimede*. Il falloit que cette addition changeât la construction entiere du bâtiment; & c'est sans doute ce changement qui faisoit le prix de l'invention. Quoi qu'il en soit, j'avouerai que j'aurois été très-curieux de sçavoir en quoi tout ceci consistoit, & que j'ai même perdu beaucoup de temps à parcourir les meilleurs livres sur la marine des Anciens, pour m'en instruire. Qu'on raisonne après cela sur les rangs des rames, & qu'on ignore les différentes formes des *galeres*, en vérité c'est être bien inconséquent. L'antiquité nous a laissé plus d'un problême, qu'il nous sera impossible de résoudre, tant que nous n'aurons point assez de *données*, comme disent les géometres; & telle est la nature de la plûpart des difficultés qu'on trouve dans l'étude de la marine des Anciens. Les détails méchaniques ont été autrefois négligés par les historiens, comme il le font encore aujourd'hui, parce qu'il faut être versé dans les arts & dans les sciences pour en faire mention, & les historiens ne le font pas. On s'attache avec complaisance à ce qui fait ou peut faire le sujet d'une peinture agréable, & on néglige l'utile, qui malheureusement est presque toujours moins attrayant. Aussi les *galeres* magnifiques, construites pour la pompe seulement, sont décrites par *Séneque*, *Athénée*, *Diodore*, &

l'art de bâtir celles qui tenoient la mer, est absolument omis. Je me bornerai donc à donner une idée de ces premieres *galeres*, en attendant que quelque homme, plus habile que moi, puisse découvrir la construction des autres.

Les *galeres* les plus fameuses de l'antiquité sont celles de *Philopator* & d'*Hiéron*. La premiere avoit six cens pieds de long, & quatre-vingt-cinq de large. Au milieu s'élevoit un superbe palais, construit de bois de cyprès & de cedre, divisé en plusieurs appartemens meublés avec beaucoup de magnificence. Il étoit embelli en dehors de colonnes, dont les chapiteaux étoient d'or & d'ivoire; & tous ses cordages étoient de pourpre. Il y avoit sur cette *galere* plus de mille rameurs, qui la faisoient voguer le long des côtes, avec assez de vîtesse.

La *galere* d'*Hiéron* est encore plus considérable que celle de *Philopator*. On prétend qu'*Archimede*, en avoit donné le plan, & qu'*Archias*, Corinthien, l'avoit exécuté. C'étoit un bâtiment à trois étages, d'une grandeur énorme, où il y avoit des appartemens, des bains, une bibliotheque, un jardin, des réservoirs d'eau & des écuries.

Nous lisons encore dans l'histoire, que *Sésostris* fit bâtir une *galere* aussi grande que celle de *Philopator*, qui étoit toute dorée pardehors, & argentée pardedans, & qu'il l'envoya à Thebes, pour en faire présent à l'idole qu'il y honoroit; que *Denis* de *Syracuse*, ayant une querelle avec *Phocion*, qui étoit plus aimé du peuple que lui, fit faire une *galere*, dans laquelle il logeoit avec sa femme, ses enfans, ses parens, ses amis & toute sa suite, c'est-à-dire, avec plus de six mille personnes. Cette *galere* restoit à bord pendant le jour, & gagnoit la haute mer à l'entrée de la nuit; que *Caligula* en avoit fait construire une de bois de cedre, dont la pouppe étoit toute d'ivoire, enrichie de pierreries, & qui renfermoit des salles & des jardins couverts d'ar-

bres, &c. Il y a peut-être dans tout ceci de l'exagé-
ration, & le plaisir de peindre aura nui vraisembla-
blement à la vérité. Cette réflexion m'oblige de supprimer les autres descriptions que je pourrois donner de différentes *galeres* recommendables dans l'antiquité par leur grandeur ou par leurs ornemens.
Voyez Athénée, liv. VI ; *Diodore*, liv. I, ch. IV ;
Sueton in Cal. & les *Recherches historiques sur l'origine & les progrès de la construction des navires des
Anciens.* Qu'il me soit permis seulement d'insérer
ici, en faveur des gens de lettres, les beaux vers
qu'on fit sur la *galere d'Hiéron*, & qu'*Athénée* a con-
servés à la postérité. Je ne puis mieux terminer cet
article.

Quis ratis eximiæ inventor mortalis ? eam quis

    Infractis traxit funibus in pelagus ?

Qua cunei cæsi dolabra fecêre profundum

    Hoc opus ? Aut tabulis juncta carina fuit ?

Ætnæ verticibus quæ æquatur, cycladibusve,

    Quas circum Ægæi personat unda maris.

Muri utrinque pari spatio lata. Anne gigantes

    Hoc opus in superos exposuêre Deos ?

Sidera contingunt carchesia, nubila magna.

    Thoracas triplices protinus intus habent

Anchora vincta pari fune est queis bina & abydi,

    Et sexti à Xerxe juncta fuêre vada.

Insculpta & lateri declarat littora forti :

    Quis valuit terra provoluisse ratem.

Dicitur hoc Hieron, quo pinguem Græcia fructum

    Insula quo ponti munera quæque tulit.

Doricus ac Siculus Rex. O Neptune, per undas

    cærulæas, dubiæ sit tibi cura ratis.

GALÈRE BATARDE. *Galere* qui a la pouppe fort large. Telles sont les *galeres* de France.

GALERE CAPITANE OU CAPITAINESSE. *Voyez* CAPITANE.

GALERE PATRONE. C'est la seconde des *galeres* de France, de Toscane & de Malte, & la troisieme dans les états où il y a une *galere* capitane. Elle a les mêmes prérogatives que les vaisseaux de haut bord, qu'on appelle *Vice-Amiraux*. Elle porte deux fanaux & un étendard quarré long à l'arbre de mestre. C'est le Lieutenant général des *galeres* qui la monte. Lorsqu'elle rencontre le vice-amiral, elle doit saluer la premiere, exiger cet honneur du contre-amiral, & rendre le salut coup pour coup.

GALERE RÉALE. C'est la principale *galere* d'un royaume indépendant, mais non pas d'un royaume feudataire, qui est annexé à un plus grand. Cette *galere* est celle que monte le général des *galeres*. Elle a l'étendard royal, qui la distingue des autres. Cet étendard est rouge, chargé des armes du Roi, & semé de fleurs de lys d'or. Le Pape a une *galere réale*, à cause du pas que lui donnent toutes les têtes couronnées des états catholiques. Les Génois prétendent le même droit, comme souverains du royaume de Corse : mais comme il est survenu des contestations pour le salut, entre cette *galere* & les *galeres* capitanes de Toscane & de Malte, les Génois ont pris le parti depuis long-temps de ne la plus faire paroître en mer.

GALERE SUBTILE, SENSILE OU LÉGERE. C'est une *galere* qui a la proue étroite & aiguë, comme on les faisoit autrefois.

GALERES. On s'est servi en Hollande, pendant la guerre de cette République contre l'Espagne, de petits bâtimens que l'on nommoit ainsi. Ils étoient tout ouverts, & avoient des rames de chaque côté, & un rameur à chaque rame. Leur proue sailloit beaucoup sur l'eau. Il y avoit une petite tente ronde à la pouppe. Le mât étoit placé vers cette partie du bâtiment, où l'étendard étoit arboré. On voyoit à la proue & à la pouppe deux petites pieces de campagne. Ces *galeres* pouvoient contenir jufqu'à cent hommes.

GALERIE. Efpece de balcon couvert ou découvert, qui eft en faillie du bordage, à l'arriere d'un vaiffeau, & quelquefois auffi à l'avant. Ces *galeries* fervent à prendre l'air, à fe promener, & celles qui font couvertes, à mettre des armoires, des petits lits, &c. Les Anglois les font très-grandes & très-ornées. Quant aux nôtres, il ne peut y en avoir qu'aux vaiffeaux qui ont plus de cinquante pieces de canon. Cela a été ainfi ordonné par le Roi, en 1673.

GALERIES DU FOND DE CALE. Paffages pratiqués le long du ferrage de l'avant à l'arriere des vaiffeaux qui ont plus de cinquante pieces de canon, & qui font utiles aux charpentiers pour remédier aux voies d'eau, caufées par les coups de canon dans les œuvres vives. Il eft défendu, par une Ordonnance de 1689, d'aller fans ordre à celles qui joignent les foutes, fous peine des galeres.

GALÉRIEN. Forçat condamné aux galeres, foit à perpétuité, foit pour un temps fixe & limité. Dans le premier cas il eft mort civilement, & fes biens font confifqués dans les provinces où la confifcation a lieu. Il eft enchaîné dans la galere, & tire la rame.

GALERNE. On fous-entend *vent*. C'eft le vent nord-oueft. *Voyez* NORD-OUEST.

GALET. On nomme ainfi, en certains endroits, le bord de la mer, parce qu'on y trouve des cailloux ronds, plats & polis, qui portent ce nom.

GALETTE. Bifcuit rond & plat. *Voyez* BISCUIT.

GALION. On donnoit autrefois ce nom à un vaiffeau de haut bord, de trois ou quatre ponts, & n'allant qu'à voiles, dont on fe fervoit autrefois en France. Aujourd'hui on appelle ainfi les vaiffeaux de guerre Efpagnols, qui compofent la flotte des Indes, &

l'efcorte de cette flotte, de quelque nature ou gabarit que foient ces vaiffeaux.

GALIONISTES. Nom qu'on donne, en Efpagne, à ceux qui font le commerce par les galions.

GALIOTE. Petite galere propre, très-légere, & qui fert, à caufe de cela, à aller en courfe. Elle ne porte qu'un mât, & n'a que feize ou vingt bancs à chaque bande, avec un feul homme à chaque rame, lequel devient foldat quand il le faut, quittant la rame pour prendre le fufil. Il y a ordinairement deux pierriers fur ce bâtiment. Voici les proportions générales d'une *galiote*.

PROPORTIONS GÉNÉRALES D'UNE GALIOTE.

	Pieds.	Pouces.
Longueur de l'étrave à l'étambord. . . .	50	
Longueur de la quille.	40	
Hauteur de l'étrave.	7	
Quette de l'étrave.	7	
Hauteur de l'étambord.	7	
Quette de l'étambord.	3	
Largeur au milieu.	12	
Hauteur au milieu.	5	8

GALIOTE. C'eft un bâtiment de moyenne grandeur, mâté en heu (*voyez* MATÉ EN HEU), qui a ordinairement quatre-vingt-cinq à quatre-vingt-dix pieds de long, & qui fait de grandes traverfées, allant même jufqu'aux Indes.

GALIOTE A BOMBES. Vaiffeau de nouvelle invention, à varangues plates, très-fort de bois, n'ayant que des courcives, fans ponts, & qui fert à porter les mortiers, que l'on met en batterie fur un faux tillac, fait à fond de cale, pour bombarder une ville.

GALIOTE POUR LA PÊCHE. C'eft une *galiote* beaucoup

plus petite que la *galiote* ordinaire , & dont le fond de cale est séparé en divers retranchemens pour y mettre du poisson.

GALIOTE SERVANT DE YACHT D'AVIS. C'est un bâtiment ras à l'eau, foible de bois par le haut, qui est plus aigu que la *galiote* ordinaire , dont le plafond s'éleve moins vers les côtés. Outre cela ses mâts sont plus épais , & portent plus de voiles. Cette *galiote* n'est guere en usage qu'en Hollande.

On bâtit encore dans ce pays (en Hollande) une autre sorte de *galiote* , qui n'a cependant sa forme que par le bas , le haut étant copié d'après une pinasse. Elle a un demi-pont, un virevaut & une grande écoutille qui s'emboîte : mais il n'a point de dunette. La chambre de pouppe sert de cuisine, & la gardiennerie , qui y est suspendue & fort basse d'étage , sert de soute aux poudres & aux biscuits.

GALOCHE. Trou fait dans le panneau d'une écoutille , & à demi-couvert par une petite piece de bois voûtée. Il sert à faire passer un cable.

GALOCHE. Piece de bois , en forme de demi-cercle , qui sert à porter les taquets d'écoutes.

GALOCHE. Poulie dont la mouffle est fort plate , surtout d'un côté , & qui s'applique sur la grande vergue, & sur la vergue de misaine , pour recevoir les cargues-bouline.

GALOCHES. Ce sont deux petites pieces de bois , concaves, qui servent aux hulots de la fosse aux cables.

GAMBES DE HUNE. On donne deux explications de ce mot. Les uns entendent par-là des petites cordes attachées à une hauteur déterminée des deux grands mâts , & qui se terminent, près de la hune, à des bandes de fer , plates, dont l'usage est de retenir les mâts de hune. D'autres le définissent ainsi : ce sont des crochets & des bandes de fer , qui entourent les caps de mouton des haubans de hune , & qui sont attachés à la hune.

GAMELLE. Jatte de bois, dans laquelle on met le potage deftiné pour chaque plat de l'équipage. Les matelots s'affocient par bandes, pour manger enfemble dans la même *gamelle* ; & lorfqu'un d'eux eft malade, il eft foigné par ceux qui mangeoient avec lui.

GANCHE. Petit inftrument, au bout duquel il y a deux crochets, & qui fert à tenir la tente des galeres. Il y a deux fortes de *ganches* : une *ganche de proue*, & une *ganche de pouppe*. La premiere reffemble à une cheville un peu courbe, dont la tête eft percée d'un trou ; & la feconde eft faite comme une tergette ou targette, qui a un long manche de fer, qui fert à la faire jouer.

GANGUI. C'eft la même chofe que bregin. *Voyez* Bregin.

GANTERIAS. Terme de la Méditerranée ou des Levantins, qui fignifie Barres de hune. *Voyez* Barres de hune.

GARANT. C'eft un bout des cordages ou manœuvres, qui paffent par des poulies, ou qui fervent à quelque amarrage, & fur lequel les matelots halent pour faire jouer le refte du cordage.

GARBE. *Voyez* Gabarit.

GARBELAGE. C'eft un droit de quatorze fols par quintal, que l'on compte parmi les frais qui fe font pour les marchandifes qu'on envoie dans les Echelles du Levant. Ce terme n'eft ufité qu'à Marfeille.

GARBIN. C'eft le nom qu'on donne, fur la Méditerranée, au vent de fud-oueft.

GARCETTES. Petites cordes de vieux cordages qu'on a détreffés. Elles fervent à freler les voiles, & à divers autres ufages.

On appelle *Maîtreffe-Garcette* la *garcette* qui eft au milieu de la voile, & qui fert à freler le fond de la voile.

GARCETTES DE BONNETTES. Petites cordes qui amarrent les bonnettes à la voile.

GARCETTES DE CABLES OU DE FOURRURE DE CABLES. Ce font de groffes treffes, qui fervent à fourrer les cables.

GARCETTES DE RIS. Ce font des *garcettes* qui ont la forme d'un fufeau, & qui fervent à prendre les ris des voiles, quand il fait trop de vent.

GARCETTES DE TOURNEVIRE. Ce font des *garcettes* qui font partout d'une égale groffeur, & qui fervent à joindre le cable à la tournevire, quand on leve l'ancre.

GARCETTES DE VOILES. Ce font des *garcettes* qui ont une boucle à un bout, & vont en diminuant par l'autre. Elles fervent à plier les voiles.

GARÇONS DE BORD. Ce font des jeunes gens plus grands & plus âgés que les mouffes, qui ne gagnent pas beaucoup plus qu'eux, quoiqu'outre leur fervice, qui eft le même que celui des mouffes, ils travaillent encore à la manœuvre.

GARDE. *Voyez* QUART.

GARDE AU MAT. *Voyez* GABIER.

GARDE-CORPS. Nattes ou tiffus de cordages treffés, que l'on met fur le bord du vaiffeau, pour couvrir le foldat pendant le combat. Ces nattes ont ordinairement deux pieds ou deux pieds & demi de hauteur, & deux ou trois pouces d'épaiffeur, & font foutenues par des épontilles, avec des pavois pardeffus.

On fait auffi des *garde-corps* avec de gros cables nattés, qui réfiftent mieux que les nattes aux décharges de l'ennemi.

GARDE-COTE. Vaiffeau armé en guerre, que l'on fait croifer fur les côtes, pour défendre les vaiffeaux des infultes des pirates.

GARDE-côte. *Voyez* CAPITAINE GARDE-CÔTE.

GARDE DES COTES. C'eft une *garde* différente du guet de la mer, & qui fe fait fur les côtes en temps de guerre.

GARDE-FEUX. Caiffes de bois, qui fervent à mettre les gargouffes pleines de poudre, pour la charge du canon.

GARDE-JOUG ou **GARDE-JOUG DE PROUE.** Piece de bois, membre ou partie de la proue, qui tient les baluſtres.

GARDE-MAGASIN. Officier du Roi, qui a ſoin & qui tient regiſtre, non ſeulement de ce qui concerne les arſenaux de marine, comme agréts, apparaux, poudre, artifices, canons, armes, boulets, proviſions, &c. mais encore des bâtimens du Roi, qui ſont dans le port, de leur charge, de leur ſortie, de leur vente & de leur état. Il garde les clefs des magaſins.

GARDE-MÉNAGERIE. C'eſt le nom de celui qui eſt chargé de la volaille & des beſtiaux qui ſont dans un vaiſſeau.

GARDER. On ajoute *un vaiſſeau.* C'eſt obſerver un vaiſſeau, crainte qu'il ne s'échappe, croiſer deſſus pour l'attaquer, ou même, dans un ſens oppoſé, l'eſcorter, aller ou demeurer de conſerve avec lui, pour le défendre.

GARDES DE LA MARINE. Ce ſont des jeunes gentils=hommes choiſis, qui ſervent dans la marine, en vertu d'un brevet du Roi. Ils ſont diſtribués dans les vaiſſeaux d'une armée navale, par l'état d'armement, pour y apprendre l'art de la marine, ou, comme on dit, le métier de la mer, afin d'être en état de devenir officiers. Ils ſervent auprès de l'amiral quand il commande, & en ſon abſence ils ſont obligés de ſoulager les officiers, particuliérement dans le ſervice des batteries.

GARDIEN DE LA FOSSE AU LION. C'eſt un *gardien* placé à la foſſe au lion, chargé de fournir ce qui eſt néceſſaire pour le ſervice du vaiſſeau.

GARDIENNERIE ou **CHAMBRE DES CANONNIERS.** *Voyez* Sainte-Barbe.

GARDIENS. On nomme ainſi des matelots commis, dans un port, pour la garde des vaiſſeaux, & pour veiller à la conſervation des arſenaux de marine. Ils ſont diviſés, pendant le jour, en trois brigades égales en en nombre, & la nuit ils couchent tous ensemble à bord, où ils sont divisés pour les deux quarts de la nuit. Il y en a huit d'entretenus sur les vaisseaux du premier rang, six sur ceux du second rang, quatre sur ceux du quatrieme & cinquieme rang, &c. dont le quart est calfat ou charpentier. *Voyez l'Ordonnance* de 1689.

GARES. Lieux préparés pour ranger les bateaux sur les rivieres qui ont le canal étroit, afin que ceux qui y viennent, puissent passer facilement.

GARGOUCHE ou GARGOUSSE. Mot corrompu de cartouche, dont on fait usage sur mer. *Voyez* CARTOUCHE.

GARGOUSSIERES. Ce sont des gibecieres, où l'on met les petites gargousses.

GARITTES. Pieces de bois, plates & circulaires, qui, étant posées sur leur plat, entourent le fond de la hune, & dans lesquelles passent les cadennes des haubans.

GARNIR LE CABESTAN. C'est passer la tournevire & les barres au cabestan, pour qu'il puisse servir dans le besoin.

GARNIR UN VAISSEAU. C'est agréer un vaisseau. *Voyez* AGRÉER.

GARNITURE D'UN VAISSEAU. On comprend sous ce terme, non seulement les choses, & même les personnes qui sont nécessaires a un vaisseau, mais encore l'action de l'en garnir.

GARRABOT. Terme du Languedoc, qui signifie un bateau.

GARRER. Vieux mot, qui signifie Calfater. *Voyez* CALFATER.

GARRER UN BATEAU. C'est attacher un bateau.

GATTE. *Voyez* JATTE.

GATTES. Planches qui sont à l'angle formé par le platbord & par le pont.

GAUDERON. *Voyez* GOUDRON.

Tome II.   C

GAVITEAU. Terme des côtes de Provence, qui signifie Bouée. *Voyez* Bouée.

GAVON, *terme de galere*. Petit cabinet vers la poupe d'une galere, qui tire sa lumiere des cantanettes.

GEMELLE. *Voyez* Jumelle.

GÉNÉRAL DE LA MER. On appelle ainsi, dans quelques pays maritimes, & particuliérement en Espagne, un officier qui a inspection sur les gens de mer, & sur les choses qui concernent la marine.

Général des galeres. C'étoit, avant la destruction du corps des galeres en France, un officier de la couronne, qui commandoit les galeres & tous les bâtimens qui portent des voiles latines. On l'a appellé autrefois *Capitaine général des galeres*, & dans d'autres temps, *Amiral de Provence* ou *du Levant*. Il arboroit l'étendard royal ; ne reconnoissoit de supérieur sur mer, que l'amiral, & avoit une jurisdiction & police navale. M. le chevalier d'*Orléans*, grand prieur de France, mort en 1746, a été le dernier *général des galeres*.

Général des galions. C'est, en Espagne, un officier qui commande la flotte des galions. *Voyez* Galions.

GENOU DE LA RAME. Partie de la rame, du côté des rameurs, depuis le pont, où ils la tiennent, jusques sur le bord du bâtiment, où elle est appuyée.

GENOUX. Pieces de bois, courbes, que l'on place entre les varangues & les alonges, pour former la rondeur du vaisseau. Il y a plusieurs sortes de *genoux*, que je vais faire connoître dans les articles suivans.

Genoux de fond. Ce sont des *genoux* qui font partie du fond du bâtiment, qui sont empâtés avec les varangues & les premieres alonges, qui ne touchent point à la quille, & qui servent ensemble à faire la rondeur du bordage.

Genoux de porques. *Genoux* posés sur le serrage, le long des porques, par en bas, & qui s'empâtent par le haut avec les aiguillettes.

GENOUX DE REVERS. *Genoux* placés vers les extrêmités du vaisseau, au dessus des fourcats & des varangues les plus acculées.

GENS DE L'ÉQUIPAGE. *Voyez* ÉQUIPAGE.

GENS DE MER. On appelle ainsi ceux qui se sont consacrés à l'étude & au service de la marine.

GENS DU MUNITIONNAIRE. Ce sont l'écrivain du fond de cale, le tonnelier, le maître-valet & le coq ou cuisinier, qui sont tous fournis par le munitionnaire.

GERANCE. Espece de grue, dont on se sert, en Hollande, pour décharger les vaisseaux.

GERSEAU. C'est la corde dont la mouffle de la poulie est entourée, & qui sert à l'amarrer au lieu où elle doit être.

GÉSIR. On se sert, dans la marine, des troisiemes personnes de l'indicatif présent de ce verbe, au pluriel & au singulier. Ainsi on dit : ces rochers, ce port, cette isle, *gissent* nord-est, sud-est, à trois lieues de tel endroit ; ce rocher *gît* est-ouest avec ce port.

GESOLE. *Voyez* HABITACLE.

GIARRE. *Voyez* JARRE.

GIBELOT ou **GIBLET.** Piece de bois, courbe, qui lie l'aiguille de l'éperon à l'étrave du vaisseau.

GIGANTE. Grande figure, que l'on met à l'arriere des galeres.

GINDANT. *Voyez* GUINDANT.

GINGUET. *Voyez* ELINGUET.

GIREL, *terme du Levant. Voyez* CABESTAN.

GIROUETTES. Petites pieces d'étoffe, ordinairement de toile ou d'étamine, que l'on arbore au haut des mâts, qui non seulement servent d'ornement au vaisseau, mais encore à faire connoître d'où vient le vent. Celle d'artimon a encore un autre usage : c'est d'indiquer, par sa couleur ou par les armes dont elle est chargée, de quel endroit est le vaisseau.

Il y a de grandes *girouettes* de plusieurs ceuilles, qui ont la forme d'un quarré long, & qu'on appelle *Girouettes quarrées.*

GIROUETTE A L'ANGLOISE. C'est une *girouette* longue & étroite.

GIROUETTE ÉCHANCRÉE. *Girouette* dont les côtés font courbes, & qui eft fendue par le milieu ; de forte qu'elle fe termine en double pointe.

GIROUETTE FLAMANDE. *Girouette* échancrée pardedans, en maniere de cornette, & qui eft ordinairement rouge, blanche ou bleue.

GISSANT. Epithete que l'on donne à un vaiffeau qui touche le fond.

GISSEMENT. Situation des côtes & des parages, relativement aux autres ou à quelqu'autre objet.

GIT, GISSENT ou GISENT. *Voyez* GÉSIR.

GOEMON, GOIMON ou GOUEMON. *Voyez* SART.

GOLDRON. *Voyez* GOUDRON.

GOLFE. Grand bras de mer, qui fe jette dans les terres, & qui prend le nom de mer lorfqu'il eft d'une grande étendue, & furtout lorfqu'il n'eft joint à la mer que par des détroits. Les principaux *golfes* font la Mer Noire, qu'on appelle auffi *Golfe de Conftantinople* ; le *golfe de Venife*, entre l'Italie & la Turquie Européene ; le *golfe de Sidra*, près de la Barbarie ; le *golfe de Lion*, près de la France (tous ces *golfes* font dans la Méditerranée) ; le *golfe Mexique*, le *golfe Honduras*, le *golfe Saint Laurent*, le *golfe Califurne* (ces quatre *golfes* font dans l'Amérique Boréale) ; le *golfe Perfien*, entre la Perfe & l'Arabie ; le *golfe de Bengale*, aux Indes ; le *golfe de Siam* ; le *golfe de Cochinchine* ; le *golfe de Cang*, dans la Chine ; & le *golfe de Ramfchatka*, dans le pays du même nom.

GONDS. Gros morceaux de fer, coudés, fur lefquels eft fufpendu le gouvernail, à peu-près de la même maniere que les portes le font à leur baie.

GONDOLE. Petit bateau plat & fort long, qui ne va qu'avec des rames, & qui eft particuliérement en ufage à Venife, pour naviger fur les canaux. Ses deux extrêmités font très-aiguës, & s'élevent toutes droites à cinq ou fix pieds de hauteur. Sur fa proue eft pofé un fer fort grand, en forme d'une grande hache, & qui s'avance extrêmement ; de forte que quand il fille, ce fer paroît prêt à trancher tout ce qui s'opposera à son passage. Les moyennes *gondoles* ont trente-deux pieds, & elles font toutes extrêmement légeres.

GONDOLIERS. Bateliers qui menent les gondoles. Ils rament de bout, & pouffent devant eux, à peu-près comme les Sauvages. *Voyez* PAGAIE. Il y en a deux dans une gondole; un devant, & un derriere. Celui-là appuie fa rame du côté gauche de la gondole; & celui-ci, élevé fur la pouppe, & porté fur un morceau de planche, qui déborde de quatre doigts fur le côté gauche, afin de voir la proue pardeffus le couvert, appuie fur le côté droit le manche de fa rame qui eft plus longue que l'autre.

GONNE. Vaiffeau qui eft un quart plus grand qu'un barril, dans lequel on met la biere ou autres liqueurs qu'on embarque dans un bâtiment, pour la boiffon de l'équipage.

GORD. Efpece de barriere, faite de pieux fichés dans une riviere, pour y étendre des filets pour la pêche. On défend les *gords* qui nuifent à la navigation.

GORET. Balai plat, enfermé entre deux planches, emmanché à une longue perche, & qui fert à nettoyer la partie du vaiffeau, qui eft dans l'eau. Pour cela, on le porte à la proue du vaiffeau, ou le tire à la pouppe avec le cabeftan, & il frotte ainfi le bordage du bâtiment, en gliffant contre lui. Les *gorets* des Flamands font de gros balais cloués entre deux planches qui font amarrées à une corde.

GORETER. C'eft nettoyer, avec un balai, la partie du vaiffeau, qui eft dans l'eau.

GORGERES. Pieces de bois, recourbées, qui forment le deffous de l'éperon, du côté de l'étrave. On les appelle auffi *Coupe-gorge* ou *Taille-mer*.

GORGORES. Pieces de bois, recourbées en arc, qui s'élevent au-delà de l'étrave, & viennent régner fur l'éperon du navire, du côté de l'eau. Ce mot, au fingulier, eft le nom général de toutes les pieces ou *gorgores* enfemble. Les matelots difent, par corruption, *Coupe-gorge* ou *Gorgere*.

GORNABLE. *Voyez* GOURNABLE.

GORT. *Voyez* GORD.

GOSSE. *Voyez* DALOT.

GOTON. Anneau de fer, plat, qui a des dents d'un côté, & qui fert au timon.

GOUALETTE. Sorte de navire, d'une conftruction finguliere. Sa mâture eft renverfée, & cela contribue à le faire bien filler.

GOUDRON. C'eft une réfine noire, liquide, qui dégoutte des pins & des fapins, foit naturellement, foit par des incifions qu'on y fait, qui a été enfuite cuite dans un fourneau, & dont on fe fert pour enduire les navires, les bateaux & leurs cordages. Elle eft bonne quand elle a le grain fin, qu'elle eft plus brune que noire, & qu'elle ne contient point d'eau; car elle eft brûlée quand elle eft noire. Le *goudron* qui vient de Wibourg, eft le plus eftimé. Celui du Mexique brûle les cordages, & n'eft bon que pour le bois. *Voyez* encore CALFAT.

GOUDRONNER. C'eft enduire le vaiffeau de goudron chaud.

GOUEMON. *Voyez* SART.

GOUFFRE. C'eft un creux vafte & profond, où l'eau entrant en tournoyant, entraîne & engloutit tout ce qui fe trouve dans la fphere de fon mouvement.

GOUJURE. Entaille faite autour d'une poulie, pour en cocher l'erfe. C'eft auffi l'entaillure qu'on fait autour d'un cap de mouton, où paffent les haubans.

GOUJURE DE CHOUQUET. Entaille faite aux bouts par où paffe la grande itague.

GOULDRON. *Voyez* GOUDRON.

GOULET. On appelle ainfi l'entrée étroite d'un port.

GOUMENES. Ce terme eft affecté particuliérement aux galeres. Il fignifie les grappins ou hériffons, qui fervent au mouillage des galeres. On s'en fert auffi fur les vaisseaux, & on entend par-là les plus gros cordages, qui servent à affermir les vaisseaux contre l'effort des vents.

GOUPILLE. *Voyez* CLAVETTE.

GOURDIN, *terme de galere*. Bâton plat, de deux doigts de large, qui sert à châtier les forçats.

GOURDINIERE. Nom d'une manœuvre de galere, qui pend du mât de trinquet, auquel elle est attachée par un cordage, qu'on appelle *Mere de gourdiniere*.

GOUMETS ou LAPTES. Ce sont des Maures, dont on se sert dans le Sénégal & autres lieux des côtes d'Afrique, pour rémorquer les barques. Ils les tirent avec des cordes, en marchant sur le rivage.

GOURMETTE. Nom qu'on donne, sur la Méditerranée, au valet ou garçon qu'on emploie dans le vaisseau à toute sorte de travail, & particuliérement à nettoyer le vaisseau, & à servir l'équipage.

GOURMETTE. C'est la garde que les marchands mettent sur un bateau ou sur un allege, pour la conservation des marchandises.

GOURNABLES. Petites chevilles de bois, qui ne sont point façonnées, & dont on se sert pour attacher les planches du bordage avec les genoux, les alonges & les autres membres du vaisseau.

GOURNABLER. C'est mettre des chevilles pour attacher les planches du bordage du vaisseau.

GOURNER. Mot usité sur la riviere de Loire, qui signifie Gouverner. *Voyez* GOUVERNER.

GOUSSET. Terme indéfini. C'est, suivant les uns, la barre du gouvernail dans les plus petits bâtimens ; selon les autres, la boucle de fer, qui est autour du bout du timon du gouvernail, & où la manivelle entre pour le joindre ; & des troisiemes veulent qu'on entende, par ce terme, un morceau de bois, au bout duquel il y a deux tourillons qui entrent dans deux barrotins, au deuxieme pont du vaisseau. Ils ajoutent qu'il est percé au milieu, pour laisser

paſſer la barre du gouvernail, c'eſt-a-dire, la manivelle avec laquelle on tourne & on arrête le timon.

GOUTTIERES. Pieces de bois, longues, épaiſſes &
creuſées, placées autour des membres ou côtés du
vaiſſeau, ſur les ponts, & qui ſervent à recevoir &
à écouler ſes eaux. Il y a auſſi des pieces de bois,
voiſines de celles-ci, & de la même étendue, qu'on
appelle *Serre-gouttieres*, qui contribuent a cet écoulement.

GOUVERNAIL. C'eſt une longue piece de bois, plate,
ou un aſſemblage de pluſieurs pieces de bois, ſuf-
pendu a l'arriere du vaiſſeau, le long de l'étambord,
où il eſt mobile, & qui ſert a faire mouvoir le vaiſſeau, tantôt a ſtribord, tantôt a bas-bord. On diſtingue trois parties au *gouvernail*; le corps, la barre
ou timon, & la manivelle. Le corps eſt au dehors
du vaiſſeau, & plonge perpendiculairement dans
l'eau. La barre ou timon eſt preſque toute en dedans, & eſt couchée horizontalement. Enfin la manivelle eſt la piece de bois que le timonnier tient a la
main, lorſqu'il fait mouvoir le *gouvernail*. La regle
générale, qu'on ſuit pour cette partie du vaiſſeau,
eſt de lui donner quatre pouces de largeur par chaque douze pieds de la longueur du vaiſſeau. Pour
ſçavoir ſi cette regle eſt fondée, il faut connoître la
théorie du *gouvernail*, ou de quelle maniere il agit
ſur le vaiſſeau; car c'eſt de cette action que doit
dépendre ſa largeur. Il y a dans la *Science navale* de
M. *Euler*, (en Latin), un chapitre fort long là-deſſus, & qui mérite d'être lu: mais j'examine cette
matiere a l'article MANEGE FU NAVIRE, où je crois
l'avoir ſoumiſe à des loix également ſimples & ſolides. Je me contenterai donc de dire ici que l'action
du *gouvernail* eſt la plus grande qu'il eſt poſſible,
lorſqu'il fait, avec la quille, un angle de 54, 44.
C'eſt une vérité démontrée dans tous les Traités de
manœuvre, & développée, ſans calcul algébrique,
dans le quatrieme chapitre de la *Nouvelle Théorie*.

*de la manœuvre des vaiſſeaux, à la portée des pi-
lotes.*

Le *gouvernail* eſt abſolument néceſſaire pour gouverner le vaiſſeau : auſſi, lorſqu'il le perd, il eſt fort
aventuré. Les Japonois, qui en connoiſſent l'utilité,
pour aſſurer le commerce que les étrangers viennent
faire chez eux, & les empécher de ſortir de leurs
ports, ſans leur conſentement, font porter a terre
les *gouvernails* des bâtimens qui abordent ſur leurs
côtes, & ne les rendent que quand ils jugent a propos de les laiſſer ſortir.

Pline attribue à *Typhis* l'invention du *gouvernail*,
& la maniere de s'en ſervir. *Hiſt. Naturelle,* liv. VII,
ch. LVI.

GOUVERNE OU TU AS LE CAP, ou A TEL AIR DE
VENT. Commandement que l'on fait au timonnier,
de gouverner le vaiſſeau a l'air de vent où il eſt, ou
à tel air de vent qu'on lui marque.

GOUVERNEMENT. C'eſt la conduite du vaiſſeau. Le
maître & le pilote en répondent.

GOUVERNER. Tenir le timon ou le gouvernail, pour
le conduire où l'on veut. C'eſt l'affaire du timonnier.
On dit : *gouverner* nord ou ſud, &c. quand on tourne
le gouvernail, de ſorte que la route du vaiſſeau ſoit
dirigée de ce côté.

GOUVERNEUR ou TIMONNIER. C'eſt celui qui tient
la barre du gouvernail, pour conduire le vaiſſeau.
Voyez TIMONNIER.

GRAIN DE VENT. C'eſt un nuage ou un tourbillon,
qui donne du vent ou de la pluie, & quelquefois l'un
& l'autre en même temps. Il ſe forme tout à coup,
dure peu de temps, & déſempare les manœuvres, ſi
l'on n'y prend garde. On doit ſe tenir alors prêt aux
driſſes & aux écoutes, pour les carguer, s'il eſt néceſſaire.

GRAIN PESANT. Grain de vent, accompagné d'un gros
vent.

GRAND MAT. C'eſt le mât le plus élevé, & qui eſt

posé presque au milieu du vaisseau. *Voyez* MAT. Il
est garni de quatre barres de hune, mises en croif-
fettes, d'un chouquet, de haubans, d'étais & de balancines. Le grand étai va depuis la hune, en defcendant, jusqu'au gaillard d'avant, où se trouve un
collier qui l'embraffe, & près de ce collier est une
poulie qui sert à le rider. Sa vergue a une driffe, des
bras & des balancines.

Les bras font paffés dans une poulie placée au
bout de la vergue, & leurs dormans touchent en
devant, au dehors, l'arriere du vaiffeau. Proche de
l'endroit où ils font amarrés, est une poulie, par
où lesdits bras paffent, lefquels font enfuite fitués
pardevant, lorfqu'on manœuvre.

Les balancines paffent dans une poulie amarrée à
fon chouquet, & delà dans une autre poulie amarrée au bout de la grande vergue; retournent enfuite
à la poulie du grand chouquet; vont paffer après
cela le long de la hune, & enfin viennent tout le
long des haubans tomber fur le pont.

Il y a deux écoutes & deux écouets à la voile de
cette vergue.

Les écoutes paffent dans une groffe poulie amarrée à un coin de la voile, & leur dormant est amarré
en arrierre, en dehors du vaiffeau, à une boucle.
Proche de ce dormant est une groffe poulie de retour, dans laquelle paffent ces écoutes, lorfqu'on
borde la grande voile, & elles fe bordent en dedans
du vaiffeau.

Les écouets font placés prefque au même endroit que les écoutes, & fervent pour amarrer la
voile.

Cette voile a encore fix cargues, deux cargues-
points, deux cargues-fonds & deux cargues-boulines. Le dormant des cargues-fonds est amarré au
tiers de la vergue. Les cargues-fonds font amarrés
au milieu de cette vergue, & leurs dormans font
amarrés à la ralingue de la voile, en bas. Enfin les

deux cargues-boulines paſſent au quart de la grande vergue, & leur dormant eſt amarré à la ralingue, du côté des boulines.

Sur le *grand mât* eſt élevé un autre mât, appellé le *Grand mât de hune*, & qui entre dans les barres & dans le chouquet. A ſon pied eſt un trou, par lequel paſſe une clef qui ſe repoſe ſur les barres de hune, leſquelles ſont miſes en croiſſettes, & cette clef ſert à joindre les deux mâts enſemble. Ce mât a une driſſe qui paſſe par deux poulies, dont la premiere eſt amarrée à la fauſſe itague, laquelle paſſe dans une poulie amarrée en haut à l'itague. Cette itague paſſe dans la tête du mât de hune, & delà vient joindre la vergue du grand hunier : elle ſert à l'amener & à le hiſſer.

Ce *grand mât de hune* eſt garni d'une vergue, de barres ou croiſſettes, de haubans, de galaubans & d'un chouquet.

La vergue a un racage, deux bras & deux balancines.

Les bras paſſent dans des poulies qui ſont amarrées aux deux extrêmités de cette vergue. Les dormans de ces bras ſont amarrés au mât d'artimon, & leurs coulans paſſent dans une poulie amarrée aux haubans d'artimon.

Les balancines ſont paſſées dans deux poulies, chacune dans une, qui ſont amarrées aux deux extrêmités de la vergue, & leur dormant eſt amarré au chouquet du mât de hune. Ces balancines paſſent encore dans une poulie amarrée au deſſous des barres du mât de hune; & delà venant tout au long des haubans paſſer au travers de la hune, elles deſcendent ſur le pont.

La voile de ce mât, qu'on appelle le *Grand hunier*, eſt garnie de ſix cargues ; ſçavoir, deux cargues-points, deux cargues-fonds & deux cargues-boulines.

Les cargues-points ſont amarrés à une poulie,

de chaque côté, située au quart de la vergue, & leurs dormans font amarrés à la vergue, proche de cette poulie. Ces cargues-points paffent à travers de la hune, & viennent tomber le long des haubans, fur le pont.

Les cargues-fonds paffent parderriere la hune, & vont fe rejoindre avec la ralingue de la voile, où ils font paffés parderriere, comme un palanquin.

Les deux cargues-boulines font compofés d'un feul cordage, qui paffant pardeffus la vergue de la voile, & defcendant par l'arriere de la vergue, vont s'amarrer aux pattes de bouline de cette voile.

Le grand mât de hune porte un autre mât appellé le *Grand perroquet*, qui paffe dans fes barres & dans fon chouquet, & qui eft arrêté avec une clef, comme lui. Ce perroquet eft garni d'une vergue, d'un chouquet, de barres, de haubans, de galaubans, de balancines & de cargues-points.

La vergue a deux bras, qui font paffés à une poulie amarrée à une de fes extrêmités, & dont les dormans font amarrés aux haubans d'artimon. Ces bras paffent dans une poulie amarrée proche les dormans; delà paffent dans la hune d'artimon, & viennent tomber fur le pont.

Les balancines paffent aux bouts de la vergue, & leur dormant eft amarré au haut du mât. Elles paffent encore dans une poulie qui eft amarrée au deffous du dormant, & delà viennent tomber fur les barres du mât de hune, où elles font amarrées.

Enfin les deux cargues-points font paffés chacun dans une poulie qui eft amarrée aux deux tiers de la vergue de chaque côté, & leurs dormans font amarrés proche ces poulies; delà paffent dans une pomme, & viennent tout le long des haubans, fur le pont.

Le grand perroquet est surmonté d'une girouette. *Voyez* la figure du vaisseau, expliquée à l'article VAISSEAU.

GRAPPIN. Petite ancre, à quatre ou cinq pattes, dont on se sert sur les galeres & sur les vaisseaux de bas-bord. Il y a aussi des *grappins* à main, qui sont des crocs qu'on jette de dessus les haubans dans les vaisseaux des ennemis, pour les accrocher & les joindre, avec l'aide du cabestan. Les matelots qui doivent les jetter, se mettent sur les haubans, & souvent sur les écotards; & lorsque le *grappin* a saisi quelque chose du vaisseau ennemi, on hale la corde qui y est attachée. Les Anglois jettent ordinairement les *grappins* dans le haut du vaisseau, & tâchent d'accrocher la dunette ou le château d'avant, & d'y sauter en même temps, étant pour cet effet bien pourvus de haches, d'armes, de sabres & de mousquets. On attribue l'invention de cette machine à *Duellius*, général des Romains, dans la premiere bataille navale qu'il livra aux Carthaginois.

GRAPPINER. C'est accrocher le vaisseau à une pièce de glace, par le moyen des grappins.

GRAS DE MER. Passage d'une riviere à la mer. Ce terme est principalement en usage sur les côtes du Languedoc & de Provence, pour désigner l'embouchure du Rhône, qui est chargée de vases, que la mer y jette lorsque le vent du sud souffle.

GRASSE BOULINE. *Voyez* BOULINE.

GRATION. Garniment d'en bas des voiles des galeres, ce qui les garnit, les borde par en bas.

GRATTER. C'est racler, ôter le vieux goudron ou calfat d'un vaisseau, nettoyer en un mot son bordage, ses ponts & ses mâts. Il faut, après cela, le goudronner tout de suite, parce que le bordage se noircit promptement quand il est à découvert, surtout en temps de pluie. Cette opération doit se faire une fois l'année, au printemps.

GRAVE. C'est un terrein au bord de la mer, plein

de cailloutage, où les pêcheurs font fécher leurs poiffons.

GRÉER. C'eft préparer ou employer quelque manœuvre ou quelque voile.

GRÊLIN ou GRESLIN. C'eft le plus petit cordage d'un vaiffeau, & qui fert principalement à l'ancre d'affourche, & à touer les vaiffeaux.

GRÉMENT. C'eft ce qui fert à agréer un vaiffeau, ou ce qui lui fert d'agreils.

GRENADE. Petite boule de fer, de bois, de carton ou de verre, qui a environ deux pouces & demi de diametre, pleine d'étoupe & de poudre, & qui a une fufée à fa lumiere, par le moyen de laquelle on y met le feu. On s'en fert dans un abordage, & pour faire rendre le vaiffeau à ceux qui fe font retranchés fous un corps-de-garde, ou entre deux ponts.

GRENADIER. C'eft le nom du foldat prépofé pour jetter des grenades dans le vaiffeau ennemi.

GRENIER. C'eft un retranchement fait au fond de cale, avec des planches qui montent jufqu'aux fleurs du vaiffeau. On jette dans ce retranchement les marchandifes, fans les emballer ; ce qui s'appelle *Charger en grenier*. Ce terme vient de la maniere dont on eft obligé de mettre les grains dans un vaiffeau, comme le fel, le bled, les légumes, &c. qui ne font point fufceptibles d'emballage.

GREVE. C'eft un terrein plat, ou une plage unie & fablonneufe, fur le rivage de la mer, où fur le bord d'un fleuve ou d'une riviere.

GRIBANE. Efpece de barque, qui a un grand mât avec fon hunier, un mât de mifaine, fans hunier, & un beaupré, & dont les vergues font mifes de biais, comme celles d'artimon. Le port de ce bâtiment eft depuis trente jufqu'à foixante tonneaux. On s'en fert fur la riviere de Somme, depuis Saint-Valery jufqu'à Amiens. Telles en font les dimenfions principales.

PROPORTIONS GÉNÉRALES D'UNE GRIBANE.

	Pieds.	Pouces.
Longueur de l'étrave à l'étambord. . . .	60	0
Largeur.	17	0
Bord.	9	6
Creux.	7	6

GRIGNON. Biscuit en morceaux.

GRIF. Petit bâtiment propre à aller en course, & qui ressemble à un brigantin. On ne s'en sert plus aujourd'hui, & il n'y a que les corsaires qui en fassent usage.

GROS DU VAISSEAU. On appelle ainsi le milieu du vaisseau, pris à la premiere perceinte. C'est là que les bordages sont ou doivent être plus épais que partout ailleurs, parce qu'ils souffrent beaucoup à cet endroit.

GROS TEMPS. C'est un temps orageux.

GROSSE AVENTURE. C'est l'argent qu'on prête sur le corps du vaisseau, ou sur la cargaison. Il est défendu de prendre de l'argent à la *grosse aventure*, au-delà de la valeur des choses sur lesquelles il est assigné, comme aussi sur le fret à faire par le vaisseau, & sur le profit des marchandises, même sur les loyers des matelots, si ce n'est du consentement du maître, & au dessous de la moitié du loyer : sur quoi il faut voir l'*Ordonnance* de 1680. *Voyez* encore BOMERIE.

GUAI. Epithete que l'on donne à une chose qui est trop au large dans l'endroit qu'elle occupe sur un vaisseau.

GUERLANDES. Ce sont de grosses pieces de bois, ceintrées, qui se mettent au dedans du vaisseau, à travers de l'étrave, & qui servent à fortifier & à entretenir la rondeur de la proue. On en met jusqu'à trois au fond de cale, deux entre les écubiers, & une sur le second pont. Ces pieces doivent avoir la même épaisseur que les baux.

GUERLIN. *Voyez* GRÊLIN.

GUET DE MER. Garde que les habitans des paroisses, bourgs & villages situés au bord de la mer, sont obligés de faire sur les côtes.

GUI ou GUY. Piece de bois, ronde & de moyenne grosseur, appuyée contre le mât d'une chaloupe ou d'autres petits bâtimens, où est amarré le bas de la voile, & qui la tient étendue. C'est une vergue qui est au bas de la voile.

GUI D'EAU. Filet qui s'attache à deux pieux plantés aux embouchures des rivieres, sur les côtes de l'Océan.

GUINCONEAU. Partie des manœuvres d'une galere, qui s'attachent au bout d'en bas des sartes.

GUINDAGE. C'est le travail qui se fait pour la charge & la décharge des marchandises d'un vaisseau, & le salaire qu'on donne aux matelots qui font cette décharge. On dit : *action de guindage*, en parlant d'un différend a juger entre les matelots qui ont travaillé au *guindage*.

GUINDAGES. Ce sont les palans & autres cordages qui servent a guinder.

GUINDANT. Ce terme exprime la hauteur & la longueur des voiles & des pavillons. Ainsi on dit qu'une voile a vingt ou vingt-cinq aunes de *guindant*.

GUINDER. C'est hausser, élever, soit les voiles ou quelqu'autre chose.

GUINDERESSE. Cordage qui sert à guinder les manœuvres, & a amener les huniers ou les voiles d'étai.

GUINDOULE. Nom général, qu'on donne à une machine qui sert a enlever les marchandises des vaisseaux, pour les poser a terre. Ce terme n'est usité que dans quelques ports de mer.

GUIRLANDES. *Voyez* GUERLANDES.

GUISPON.

GUISPON. Gros pinceau ou espece de brosse, qui sert à suiver le fond du vaisseau.

GUITERNE. Espece d'arcboutan, qui tient les antennes d'une machine à mâter, avec leur mât.

GUITRAN. Espece de bitume ou de poix, dont on enduit les vaisseaux.

GUMES ou **GUMERES.** Terme usité dans le Levant. Ce sont tous les grands cordages en général, & en particulier, des cordes des ancres des galeres.

HABITACLE. Petit logement à deux étages, en façon d'armoire, situé vers le mât d'artimon, devant la porte du timonnier, où l'on enferme la boussole, l'horloge & la lumiere qui sert à éclairer le timonnier. Il est fait avec des planches assemblées & jointes par des chevilles de bois, sans aucune ferrure, crainte que le fer ne dérange la direction de l'aimant. Il y a deux *habitacles* dans les grands vaisseaux : un pour le pilote, & un pour le timonnier. Le nom propre de ce dernier est *Géfole*.

HACHE D'ARMES. C'est une *hache* qui coupe des deux côtés, & dont on se sert pour aller à l'abordage.

HAIN. Terme usité en quelques endroits, & surtout à la pêche de Terre-Neuve.

HALAGE. C'est le travail qui se fait pour tirer un vaisseau, un bateau ou autre chose. Les juges de l'Amirauté connoissent de tout ce qui regarde les chemins destinés pour le *halage* des bâtimens venant de la mer.

HALE A BORD. Corde qui sert à la chaloupe, pour l'approcher du bord, lorsqu'elle est amarrée à l'arriere du vaisseau.

HALE BAS. Corde ou manœuvre, qui aide à amener la vergue quand elle ne descend pas facilement.

HALE BOULINE. Nom qu'on donne, par raillerie, à un nouveau matelot qui n'entend pas encore la manœuvre.

HALER. Ce terme signifie généralement Roidir, tirer à soi, peser sur un cable ou sur une manœuvre. Quand les matelots *halent* sur une manœuvre, plusieurs ensemble, le contre-maître dit à haute voix ce mot, *hale*, & à l'inftant tous les matelots agiffent fur le cordage. Le même homme, lorfqu'il faut *haler* une bouline, les avertit par ces trois mots, *un, deux, trois*, & au mot *trois* ils donnent tous d'un commun èffort la fecouffe à la bouline. En manœuvrant les couets, on crie trois fois, *amure*; & pour l'écoute, on crie trois fois, *borde*; & au troifieme cri, on *hale* fur la manœuvre.

HALER. Lâcher, faire couler la corde d'un navire. C'eft tirer à foi une corde, pour faire filler un bâtiment fur une riviere.

HALEUR. On appelle ainfi celui qui tire un bateau avec une corde paffée autour de fon corps ou de fes épaules.

HALICATIQUE. C'eft l'art de pêcher.

HAMAC. C'eft un lit fait avec une toile de coton, fufpendue par les deux bouts avec des cordes.

HANCHE. C'eft la partie du bordage qui eft au deffous des galeries, comprife entre le grand cabeftan & l'arcaffe.

HANGARD. Toit incliné en appentis, que l'on bâtit dans les cours & dans les arcenaux, pour mettre à couvert les bois de conftruction, les affûts, &c.

HANSE TEUTONIQUE. Société de marchands de plufieurs villes libres d'Allemagne & du Nord, qui ont fait une étroite alliance, & fe font communiqué leurs priviléges. Les quatre premieres villes qui ont compofé cette fociété, font Lübec, Brunfwic, Dantzich & Cologne; & à caufe de cela, on les a appellées *Meres villes*. Plufieurs villes ont défiré d'entrer dans cette fociété, & elles fe font dites *filleules* de ces quatre; de forte qu'il y en a eu jufqu'à quatrevingt-une, qu'on appelle *Villes Hanféatiques* ou *Anféatiques*.

HANSIERE. Gros cordage, qu'on jette aux chaloupes & autres bâtimens qui veulent venir à bord d'un vaiffeau. Il fert auffi à les remorquer & à les tirer à

terre. Sa groſſeur ordinaire eſt de trois cordons,
& ſa longueur de cent vingt braſſes.

HARES. Branches d'arbre, torſes, dont on ſe ſert pour
lier les trains de bois flottés.

HARPEAU. Ancre à quatre bras, qui ſert, dans une
bataille, quand on vient à l'abordage. *Voyez* GRAP-
PIN.

HARPIN. C'eſt un croc, dont ſe ſervent les bateliers
pour accrocher leurs bateaux à d'autres bateaux, ou
aux ponts.

HARPON. Dard attaché à une longue perche, avec
lequel on prend les baleines. C'eſt un grand javelot
de fer battu, long de cinq à ſix pieds, ayant la pointe
acérée, tranchante & triangulaire, au bout duquel
eſt un anneau, où eſt attachée une corde qu'on laiſſe
filer preſtement, après avoir bleſſé la bête ; car d'a-
bord qu'elle eſt bleſſée, elle ſe tapit &. cale au fond.
A cette corde tient une courge ſéche, qui ſuit la baleine, & qui flottant ſur l'eau, ſert d'indice & de
bouée. *Voyez,* ſur la pêche de cet animal, le ſecond
volume du *Recueil de différens Traités de Phyſique*
de M. *Deſlandes.*

HARPONS. Fers tranchans, en forme d'S, qu'on met
au bout des vergues, pour couper à l'abordage les
haubans & autres manœuvres de l'ennemi. On doit
cette invention à *Anacharchis. Voyez* CANON. On
l'appelle, à Dieppe, *Cerpe* ou *Serpe.*

HARPONNER. Darder avec le harpon.

HARPONNEUR. C'eſt celui que le capitaine du vaiſſeau choiſit pour lancer de toutes ſes forces le harpon
ſur la baleine. *Voyez* HARPON.

HAUBAN DE VOILES D'ÉTAI. On appelle ainſi la
manœuvre qui tient l'arcboutant à l'avant, lorſqu'on
met les voiles d'étai.

HAUBANER. C'eſt attacher à un piquet le hauban
d'une machine, tel qu'un engin, par exemple, &
cela pour l'arrêter & la tenir ferme quand on éleve
un fardeau.

HAUBANS. Gros cordages à trois torons, avec lesquels on soutient les mâts à stribord, à bas-bord & par-derriere. Ils sont amarrés ou attachés au haut des mâts, à l'endroit des barres de hune, & roidis en bas, contre le bord du vaisseau, par le moyen des caps de mouton. De petites cordes, qu'on appelle *Enflechures*, les traversent, & en font des échelles, par le moyen desquelles les matelots montent aux hunes. Il y a ordinairement six couples de *haubans* de chaque côté du grand mât, cinq au mât de misaine, & trois au mât d'artimon. Le mât de beaupré n'a point de *haubans*, proprement dits (*voyez* ci-après), mais les huniers en ont. Il y en a quatre par bande au grand hunier, trois au petit hunier, & deux au perroquet de misaine. Au reste tout ceci varie suivant la grandeur du vaisseau, & il est question ici d'une grandeur ordinaire.

HAUBANS DE BEAUPRÉ. On appelle ainsi deux especes de balancines, qui saisissent la vergue de civadiere par le milieu, au lieu que les balancines les saisissent par les bouts. Ces *haubans* sont retenus par deux caps de mouton, l'un qui est frappé au beaupré, & l'autre à la vergue de civadiere ; de maniere que ces manœuvres, au lieu de tenir les mâts, ainsi que les autres *haubans*, sont frappées à leurs mâts, & aident à soutenir leurs vergues.

HAUBANS DE CHALOUPE. Ce sont les cordages dont on se sert pour saisir la chaloupe, quand elle est sur le pont du vaisseau.

HAVRE. On donne ce nom à un port de mer, en général, mais particuliérement à celui qui est fermé par une chaîne, & qui a un mole ou une jettée. Il est bon quand il a une belle plage, où les marées sont douces & réglées ; quand le fond de sa rade n'a ni rochers, ni écueils ; quand son entrée est d'une juste ouverture pour les plus grands vaisseaux, & d'un facile abord ; quand il est net, grand & assuré contre les pirates, les vents & les marées ; quand il y a plusieurs canaux différens pour y recevoir les vaisseaux de diverses nations, & ceux qui sont chargés de différentes marchandises ; quand le mole est bâti à son embouchure ; quand il y a un beau phare ; quand il est entouré de plusieurs colonnes & de boucles de fer , pour y amarrer les vaisseaux ; enfin lorsqu'il y a abondance d'eau douce, de bois, de chanvre, de fer & de gens de mer. Je ne connois point de *havre* au monde qui ait toutes ces qualités , & j'expose ici celles qu'un bon *havre* devroit avoir. *Voyez* encore Port.

HAVRE BRUT. C'est un *havre* sans art.

HAVRE DE BARRE. *Voyez* Port de barre.

HAVRE DE TOUTES MARÉES. C'est un *havre* dans lequel on peut entrer de haute & de basse marée.

HAUSIER. Grand bateau , en usage sur la riviere de Loire.

HAUSSER UN VAISSEAU. C'est découvrir un vaisseau de plus en plus, en chassant sur lui de vent arriere.

HAUSSIERE. *Voyez* Hansiere.

HAUT BORD. *Voyez* Vaisseau de haut bord.

HAUT & BAS. Commandement à ceux qui sont à la pompe du vaisseau , de remuer la trinquebale *haut & bas* , afin que l'eau sorte avec plus de force.

HAUT FOND. Ce terme a deux significations opposées. On entend également par-là un fond fort élevé vers la surface de l'eau , & un fond extrêmement bas au dessous de l'eau.

HAUT PENDU. Petit nuage , qui cause un gros vent.

HAUTE SOMME. C'est la dépense qui ne regarde ni le corps du vaisseau , ni les loyers des hommes , ni les victuailles , mais celle qui a lieu, au nom de tous les intéressés , pour l'avantage du dessein qu'on a entrepris.

HAUTES VOILES. Ce sont les voiles de hune & de perroquet.

HAUTEUR. Elévation du pole sur l'horizon , ou distance du vaisseau à l'équateur. *Voyez* Latitude &

Octant. On prend, sur mer, cette *hauteur* à midi, lorsqu'on se sert du soleil pour la connoître, & environ à minuit, lorsqu'on fait usage de l'étoile polaire. On dit : *il y aura hauteur, avoir bonne hauteur*. La premiere expression signifie qu'il y aura du soleil à midi, & qu'on pourra prendre *hauteur* ; & la seconde, que le ciel étoit net & serein quand on a pris *hauteur*, & qu'on l'a prise avec justesse.

HAUTEUR DE L'ÉTAMBORD. C'est la *hauteur* de l'étambord, prise depuis son extrêmité jusqu'à la quille.

HAUTEUR DE L'ÉTRAVE. C'est la *hauteur* perpendiculaire de l'étrave, depuis son extrêmité jusqu'au niveau de la quille.

HAUTEUR ENTRE DEUX PONTS. C'est l'espace qui se trouve entre les deux tillacs.

HAUTS. Ce sont les parties d'un vaisseau, qui sont hors de l'eau, telles que les mâts, les châteaux, &c.

HAUTURIER. Nom qu'on donne à un pilote qui navige en haute mer, & par l'observation des astres.

HAYE. Chaîne de pierre, ou banc qui est à fleur d'eau ou sous l'eau.

HEAUME. C'est, dans de petits bâtimens, la barre du gouvernail.

HÉBRIEUX, *terme de Bretagne*. Officier ou commis, qui délivre les congés que les maîtres de vaisseau sont obligés de prendre avant que de sortir des ports du royaume.

HELER. C'est crier aux gens du vaisseau qu'on rencontre, pour sçavoir d'où il vient, où il va, & à qui il appartient.

HERPE DE PLAT-BORD. C'est la coupe d'une lisse qui se trouve à l'avant & à l'arriere du haut des côtés du vaisseau. On y met un ornement de sculpture, & cet ornement est aussi nommé *Herpe*. Il y a quatre de ces *herpes* qui sont au plat-bord, deux à stribord, & deux à bas-bord.

HERPES. Pièces de bois, taillées en balustre, que l'on

met à la proue & en divers autres endroits du vaiſſeau.

Herpes marines. Ce ſont toutes les richeſſes, en général, de la mer, qu'elle jette naturellement à
terre, comme l'ambre gris en Guyenne, l'ambre
jaune ſur l'Océan Germanique, le corail rouge,
noir & blanc ſur la côte de Barbarie, &c. Ce mot
herpes vient du verbe *harpir*, prendre. On dit auſſi,
épaves de mer, pour exprimer la même choſe.

HERSE DE GOUVERNAIL. C'eſt la corde qui joint le
gouvernail à l'étambord.

HERSES. Ce ſont deux cordes, qui ſervent à attacher
les poulies au lieu où il eſt néceſſaire, & à les renforcer, pour empêcher qu'elles ne s'éclatent.

Herses d'affut. *Voyez* Erses.

HERSILIERES. Pieces de bois, courbes, placées au
bout des plat-bords d'un bâtiment, qui ſont ſur l'a-
vant & ſur l'arriere, pour les fermer.

HEU. Vaiſſeau de trois cens tonneaux, & qui tire peu
d'eau, parce qu'il eſt plat de varangues : il n'a
qu'un mât, avec une longue piece de bois en ſaillie,
qu'on nomme la *Corne*, un beaupré, une civadiere
& un bourſet, & il porte une voile latine & des
bonnettes en étai. La voile ſert à la corne & au mât,
& court de l'une à l'autre de haut en bas. Ce bâtiment, qui n'eſt en uſage qu'en Hollande, a à chaque
bord de grandes pieces de bois, en forme d'aîles,
ſemblables aux nageoires de poiſſon, & qui ſont attachées avec des chevilles de fer. Voici les proportions
générales d'un *heu*.

PROPORTIONS GÉNÉRALES D'UN HEU.

	Pieds.	Pouces.
Longueur.	60	
Largeur.	18	6
Creux.	9	
Bord.	11	6
Hauteur de l'étambord.	14	0
Hauteur de l'étrave.	15	0

HEULER, *terme de la Manche. Voyez* HELER.

HEUSE. Piston ou partie mobile de la pompe. *Voyez* PISTON.

HILOIRES. Pieces de bois, longues & arrondies, qui bordent les écoutilles, les caillebotis & les baies d'un vaiſſeau.

HINGUET. *Voyez* ELINGUET.

HINSER. Commandement de tirer en haut, ou de hiſſer.

HISSE, HISSE. Commandement redoublé, qui marque qu'il faut *hiſſer* promptement.

HISSER. C'eſt hauſſer ou élever quelque choſe.

HISSER EN DOUCEUR. C'eſt *hiſſer* lentement ou doucement.

HISTIODROMIE. L'art de la navigation. *Voyez* NAVIGATION.

HIVERNER. C'eſt paſſer l'hyver dans un port.

HOIRIN. *Voyez* ORIN.

HOLA. Cri que l'on fait lorſqu'on veut parler à l'équipage d'un vaiſſeau qui eſt en mer ou dans une rade.

HOLA HO. Cri qui déſigne qu'on appelle quelqu'un. Ainſi on dit *holà ho* d'un tel vaiſſeau, de la chaloupe, &c.

HOMME. On appelle ainſi, par excellence, un bon matelot, un homme très-propre au ſervice de la mer.

HONNEUR. *Faire honneur à quelque chose*, comme à une roche, à une pointe de terre, &c. C'est en écarter le vaisseau où l'on est, ne l'en point trop approcher en passant.

HOPITAL. C'est un vaisseau destiné à porter les malades. Ses ponts doivent être hauts, & ses sabords bien ouverts. Il faut aussi que les cables se virent sur le second pont, afin qu'on y puisse placer plus commodément des lits, & que l'air y puisse entrer, pour éviter la corruption & les mauvaises odeurs. *Voyez l'Ordonnance de* 1689.

HORIZON. C'est un grand cercle qui termine notre vue, & qui divise le ciel & la terre en deux hémispheres égaux. *Voyez* l'article HORIZON dans le *Dictionnaire universel de Mathématique & de Physique.*

HORIZON FIN. *Horizon* net & sans nuages.

HORIZON GRAS OU EMBRUMÉ. *Horizon* chargé de vapeurs.

HORIZONTAL. Parallele à l'horizon.

HORLOGE. Petit vaisseau composé de deux bouteilles de verre, dont l'une est remplie de sable ou plutôt de poudre fort déliée, qui détermine sur mer l'espace d'une demi-heure. Les matelots appellent même une demi-heure une *horloge*, & ils disent que le jour est divisé en quarante-huit *horloges*. Ainsi le quart, qui est la faction de chaque homme de l'équipage, pour le service du vaisseau, est composé de six *horloges*, qui valent trois heures. J'ai donné, dans le *Dictionnaire universel de Mathématique & de Physique*, &c. art. HORLOGE, la construction de cet instrument, & en quelque sorte sa théorie. J'y renvoie le lecteur, & je me borne ici à indiquer les qualités d'une bonne *horloge*: il faut que le sable ne s'arrête point, & qu'il coule également.

HORLOGE QUI DORT. C'est une *horloge* dont le sable s'arrête. C'est à quoi doit prendre garde le timonnier, afin de le secouer alors.

HORLOGE QUI MOUD. *Horloge* dont le sable coule bien.

HOUACHE. C'est la trace que fait le vaisseau en sillant.

HOUCRE. *Voyez* HOURQUE.

HOULES. Ce sont les vagues que la mer agitée pousse les unes contre les autres.

HOULEUX. C'est l'état de la mer, lorsqu'elle est couverte de vagues.

HOUPÉE. C'est l'élévation de la vague ou de la lame de la mer. On dit : *prendre la houpée;* ce qui signifie prendre le temps que la vague s'élève, pour s'embarquer d'une chaloupe dans un gros vaisseau, quand la mer est agitée.

HOURAGAN. *Voyez* OURAGAN.

HOURCE ou OURCE. Corde qui tient à bas-bord & à stribord la vergue d'artimon, & qui ne sert jamais que du côté du vent. Elle a un croc à un bout, qui s'accroche dans l'étrope de l'extrêmité de la vergue, & delà va passer à une poulie amarrée derriere les haubans, laquelle étrope a une cosse à chaque extrêmité. Cette corde se met de côté, & sert de bras à la vergue d'artimon.

HOURDI. *Voyez* LISSE DE HOURDI.

HOURQUE. Bâtiment Hollandois, à plate varangue, bordé en rondeur comme les flûtes, & appareillé comme le heu, avec cette seule différence qu'il a de plus un bout de beaupré, avec une civadiere. Il est excellent pour louvier & pour aller à la bouline. Son port est depuis cinquante jusqu'à deux & trois cens tonneaux. Cinq ou six matelots suffisent pour le conduire. On dit qu'*Erasme* l'a inventé pour naviger commodément sur les canaux de Hollande, quelque vent qu'il fasse, parce qu'il a l'avantage de faire prestement de petites bordées; ce qui est, comme je l'ai dit, la qualité principale de ce bâtiment. Telles en sont les dimensions principales.

PROPORTIONS GÉNÉRALES D'UN HOURQUE.

	Pieds.	Pouces.
Longueur de la quille.	50	0
Largeur.	16	6
Creux.	8	
Bord au milieu.	11	

HOUVARI. Nom qu'on donne à un certain vent orageux, qui s'éleve dans quelques isles de l'Amérique.

HUCHE. On appelle ainsi un vaisseau qui a la pouppe fort haute.

HUI. *Voyez* Gui.

HUILIERES. Ce sont de petites cruches, dont on se sert, dans un vaisseau, pour tenir l'huile.

HULOT. Ouverture où l'on met le moulinet de la manuelle. *Voyez* Moulinet.

HULOTS. Ce sont les ouvertures qui sont dans le panneau de la fosse aux cables.

HUNE. Espece de petite cage, ou petite plate-forme en saillie, posée autour du mât, dans le ton, & soutenue par des barrots. Il y a une *hune* à chaque mât, qu'on distingue par les noms des mâts même. Ainsi on dit : la *hune de beaupré*, la *hune de misaine*, la *hune d'artimon*, & la *grande hune*, qui est celle du grand mât. C'est aux *hunes* que sont amarrés les étais & les haubans. Elles servent encore à la manœuvre, & les matelots y montent pour cela. La *hune* du grand mât forme encore une guérite, où un matelot se tient, suivant les circonstances, pour faire sentinelle ; & pendant la brume, ou dans un parage dangereux par les brisans ou par les corsaires, ce matelot se place sur la *hune* de misaine, & quelquefois aussi sur celle de beaupré.

Dans un vaisseau de grandeur ordinaire, la grande

hune a dix pieds de diametre ; la *hune* du mât de misaine, dix pieds de tour ; & les *hunes* des mâts d'artimon & de beaupré, quatre pieds & demi de diametre sur la sole, c'est-à-dire, sur l'assemblage des pieces de fond. Plusieurs constructeurs proportionnent les *hunes* aux baux. Si un vaisseau a quarante pieds de bau, par exemple, la grande *hune* doit avoir quarante piéds de tour. Ils proportionnent les autres *hunes* sur celle-ci. La circonférence de la *hune* de misaine doit avoir un sixieme de moins que la grande *hune*, & les *hunes* des mâts d'artimon & de beaupré doivent avoir une circonférence qui ne soit que la moitié de celle de la grande *hune*.

Au reste les *hunes* ne doivent point presser les mâts, parce qu'elles pourroient les faire casser. Il faut même qu'il y ait entre la *hune* & le mât l'ouverture nécessaire pour faire passer ou baisser les mâts de *hune* ou les perroquets, en cas de besoin, pendant la tempête.

On couvre les *hunes* de peaux de mouton, pour empêcher que les voiles & les cordages, qui donnent contre elles, ne se gâtent. Dans les vaisseaux de guerre, elles sont entourées de bastingues. *Voyez* ce mot. On y place aussi de petits canons & de menues armes, avec deux bailles, dont l'une est remplie de grenades, & l'autre d'eau, pour éteindre le feu. Ces armes incommodent, plus encore que les autres, les vaisseaux ennemis.

Hunes de perroquet. Sortes de *hunes* faites avec des barres seulement. On leur donne trois pieds de circonférence de moins qu'aux *hunes* d'artimon & de beaupré. Ces *hunes* ne se mettent qu'aux grands vaisseaux.

HUNIER. C'est le mât qui porte la hune ou la voile du mât de hune. Dans le premier sens, on appelle *Grand hunier* le mât qui est porté par le grand mât, & *Petit hunier* celui qui est porté par le mât de misaine; & dans le second on entend, par *grand hunier*, la voile qui est portée par le grand mât de hune, & par *petit hunier*, la voile qui est portée par le mât de hune de beaupré. Au reste ces deux définitions sont également bonnes.

On dit: *avoir les huniers à mi-mât, avoir les huniers dehors.* La première expression signifie que la vergue qui soutient la voile, n'est hissée qu'à la moitié du mât; & la seconde, que les *huniers* sont au vent. On dit encore: *mettre le vent sur les huniers,* c'est-à-dire, mettre les voiles appellées *Huniers,* de telle sorte que le vent donne dessus, & ne les remplisse pas; *hisser & amener les huniers,* pour dire, hausser & abaisser les voiles du grand mât de hune d'avant (ceci se fait ordinairement pour un signal); enfin *amener les huniers sur le ton,* ce qui signifie baisser les voiles nommées *Huniers,* jusqu'à la partie du mât, qui s'appelle *Ton.*

HUTTER. C'est, dans un gros temps, amener les grandes vergues à demi-mât, & les mettre en croix de saint André, afin qu'elles prennent moins de vent, de peur que le vaisseau ne se tourmente.

HYAC. *Voyez* YACHT.

HYDROGRAPHE. Nom qu'on donne à une personne instruite de l'art de naviger, & chargée par l'état de l'enseigner dans les ports.

HYDROGRAPHIE. C'est la description des eaux. On divise les eaux en mers, golfes, détroits & rivieres. *Voyez* donc ces articles MER, GOLFE, &c. pour connoître cette description. Je définis ici l'*Hydrographie,* suivant son étymologie. Cependant je dois dire que les marins entendent, par ce mot, la science de la navigation, & qu'en ce sens ils appellent *Hydrographe* une personne qui l'enseigne. Le P. *Fournier* a même composé un grand Ouvrage sur la navigation, qu'il a intitulé, *Hydrographie.* Malgré ces autorités, je m'en tiens à ma définition, & je ren-

voie à l'article NAVIGATION la définition de l'art de
naviger.

HYPOTHALATLIQUE. Art de naviger sous les eaux.
Cet art n'existe point, & on n'a pu jusqu'à présent
découvrir des moyens propres à faire route dans les
eaux, quoiqu'on ait imaginé plusieurs machines
pour cela. Tout ce qu'on a découvert de plus heu-
reux, c'est une maniere de se plonger aisément sous
l'eau, d'y rester quelque temps, d'y travailler même,
sans être incommodé. *Voyez* CLOCHE & PLONGEUR.

IAC ou IACHT. *Voyez* YACHT.

JACQ. C'eſt un pavillon Anglois. *Voyez* PAVILLON DE BEAUPRÉ D'ANGLETERRE.

JALOUX. Nom qu'on donne, dans le Levant, à un vaiſſeau qui ſe roule & ſe tourmente trop ; de ſorte qu'il eſt en danger de ſe renverſer, lorſqu'il n'eſt pas bien arrimé ou appareillé.

JALOUX. Epithete qu'on donne à un vaiſſeau qui a le côté foible.

JAMBES DE HUNE. *Voyez* GAMBES DE HUNE.

JARDIN. On appelle ainſi, ſur mer, les balcons d'un vaiſſeau, qui ſont couverts.

JARLOT. C'eſt une entaille dans la quille, dans l'é-trave & dans l'étambord d'un bâtiment, & où l'on fait entrer une petite partie du bordage qui couvre les membres.

JARRE-BOSSE. C'eſt la même choſe que candelette. *Voyez* CANDELETTE.

JARRES ou GIARRES. Grandes cruches, qui ſervent à mettre l'eau douce, qu'on embarque ſur un vaiſſeau. On les place ordinairement dans les galeries.

JAS. Aſſemblage de deux pieces de bois, de même figure & de même échantillon, étroitement jointes enſemble vers l'arganeau de l'ancre, & qui empê-chent qu'elle ne ſe couche ſur la vaſe lorſqu'on la jette en mer ; ce qui eſt néceſſaire pour que les pattes s'enfoncent dans le terrein, & mordent le fond. *Voyez* ANCRE.

JASSEFAT. Vaiſſeau Perſan, qui navige dans la mer des Indes.

JATTE. C'eſt une enceinte de planches, faite vers

l'avant

l'avant du vaiſſeau, qui ſert à recevoir l'eau que les coups de mer y font entrer par les écubiers.

JAVEAU. Nom qu'on donne à une iſle formée dans une riviere, par un amas de limon & de ſable.

JAUGEAGE. C'eſt l'art de réduire à une meſure connue la conſiſtance ou capacité inconnue d'un vaiſſeau, ou autrement l'art d'évaluer ſon poids par ſon déplacement d'eau. Cette définition fait connoître en quoi conſiſte l'art du *jaugeage* : c'eſt de meſurer le volume ou ſolide d'eau, que le vaiſſeau déplace pour avoir ſa charge ; car il eſt démontré qu'un corps déplace par ſon enfoncement autant peſant d'eau qu'il peſe lui-même. Il s'agit donc de connoître ce déplacement. Or le volume d'eau déplacé eſt égal au ſolide compris entre la coupe horizontale du navire à fleur d'eau, lorſqu'il n'eſt point chargé, & la coupe horizontale à fleur d'eau, quand il eſt chargé. Delà il ſuit qu'*il faut meſurer la ſurface de ces deux coupes, les réduire en pieds quarrés, les ajouter & multiplier la moitié de leur ſomme, par la perpendiculaire compriſe entr'elles, & qui détermine leur diſtance.* Le produit qu'il en viendra, ſera égal à la quantité de pieds cubes d'eau que contient le ſolide qu'on cherche, lequel étant multiplié par 72 (valeur d'un pied cubique d'eau, en livres), donnera le nombre de livres qui font la charge du vaiſſeau. La queſtion eſt maintenant de meſurer ces ſurfaces ; & là-deſſus les jaugeurs doivent prendre leurs dimenſions avec ſoin, de la maniere la plus ſûre, & qui leur ſera la plus familiere. C'eſt le conſeil que leur donne l'auteur de cette belle & ſûre méthode de jauger les navires (M. *de Mairan*). Il leur recommande ſurtout de ne pas oublier, lorſqu'ils meſurent les vaiſſeaux par le dedans, d'y ajouter ſes épaiſſeurs ; car toute cette jauge eſt fondée ſur le déplacement d'eau, fait par la ſurface extérieure du navire. Je dois dire cependant que cet académicien illuſtre a donné pluſieurs manieres de mesurer ces surfaces, qui sont très-élégantes. On les trouve dans les *Mémoires de l'Académie Royale des Sciences*, année 1724, pag. 231 & suivantes. Le P. *Pézenas*, qui a écrit sur le *jaugeage*, les a aussi insérées dans son Livre. *Voyez la Théorie & la Pratique du jaugeage*, pag. 77. Malgré cela, il ne faut pas croire qu'on ait la valeur précise de ces surfaces. Le vaisseau est un corps absolument irrégulier, & on ne peut mesurer à la rigueur la solidité de ses segmens. Aussi l'*Ordonnance de la Marine* de 1681 veut que tout *jaugeage*, dans lequel on ne se trompe que de la quarantieme partie, soit réputé bon. Quand cela a été ainsi réglé, on ne connoissoit point la méthode de M. *de Mairan*, où une pareille erreur seroit très-considérable. L'expérience qu'on en a faite dans les différens ports de mer du royaume, a eu un succès qui a étonné tous les marins : aussi est-elle regardée par les personnes éclairées, comme la seule dont on puisse & dont on doive faire usage. Cette raison doit me dispenser de faire mention des autres pratiques dont on se sert encore, parce que, comme l'observe fort judicieusement M. *de Mairan*, « l'inconvénient qui naît de la multiplicité des mé- » thodes, est sans contredit le plus grand de tous, » par le nombre d'occasions favorables qu'il fournit » à l'ignorance ou à la mauvaise foi des personnes » intéressées dans la jauge ». (*Mémoires de l'Académie Royale des Sciences*, 1721.)

JAUGER. C'est mesurer la capacité du vaisseau, & la réduire à une mesure connue. Tous les vaisseaux doivent être *jaugés* d'abord après leur construction, par les charpentiers jurés, ou prud'hommes du métier de charpentier, qui donnent les attestations du port du bâtiment. La méthode dont ils font usage, est celle-ci. Ils mesurent, avec une regle divisée en pieds, la longueur du vaisseau, depuis l'étrave jusqu'à l'étambord. Ils mesurent ensuite, avec la même regle, sa plus grande largeur au maître-bau, & sa

hauteur au même point, depuis la ligne qui a déterminé la largeur, jusqu'au fond de cale. Ces dimensions étant prises, ils multiplient la longueur
par la largeur, & le produit par la hauteur. Coupant
enfin la derniere figure de ce dernier produit, & le
divisant par 10, ils ont le nombre de quintaux (de
cent livres chacun), qui font la charge du navire.
On réduit ce nombre en tonneaux, qui font le port
du bâtiment, en divisant le dernier nombre par 20,
ou en coupant la derniere figure, & prenant la
moitié du reste.

JAUMIERE. Petite ouverture à la pouppe du vaisseau,
proche de l'étambord, par laquelle le timon répond
au gouvernail, afin de le faire jouer. Cette ouverture a ordinairement de largeur en dedans les deux
tiers de l'épaisseur du gouvernail, & en dehors un
tiers moins qu'en dedans. A l'égard de sa hauteur,
elle est un peu plus grande que son ouverture intérieure. Il y a des marins qui la garnissent de toiles
goudronnées, lorsqu'ils font en mer, pour empêcher que l'eau n'entre par-là dans le vaisseau : mais
il en est d'autres qui ne croient pas devoir prendre
cette précaution: ils laissent entrer l'eau, qui s'écoule
par les côtés.

JAUTEREAUX. *Voyez* JOUTEREAUX.

JET. Appareil complet de toutes les voiles. Un vaisseau
bien équipé doit avoir au moins deux *jets* de voiles,
& de la toile pour en faire.

JET. Terme usité entre les marchands, par lequel on
entend tout ce qu'on est contraint de jetter par un
mauvais temps, à cause d'un danger pressant, & la
répartition qui se fait du prix & de la valeur de ce
qui a été jetté, tant sur le vaisseau, que sur la cargaison.

JET, FAIRE LE JET. C'est jetter une partie des marchandises dans la mer, pour soulager le vaisseau, quand on
y est obligé par le mauvais temps; sur quoi l'*Ordon-*
E ij.

nance de la Marine de 1681, liv. III, tit. VIII, regle ce qui suit.

1°. Les répartitions pour le paiement des pertes & dommages, doivent se faire sur les effets sauvés & jettés, & sur moitié du navire & du fret au marc la livre de leur valeur.

2°. Les munitions de guerre & de bouche, ainsi que les loyers & hardes des matelots, ne contribuent point au *jet*, & néanmoins ce qui en est jetté, se paie par contribution sur tous les autres effets.

3°. Les ustensiles du vaisseau, & autres choses les moins nécessaires, les plus pesantes, & de moindre prix, se jettent les premieres, & ensuite les marchandises du premier pont : le tout au choix du capitaine, & par l'avis de l'équipage.

JETTÉE. Digue ou mur, qu'on fait dans la mer, en y jettant de gros quartiers de pierre, pour former une entrée ou un abri au port. On trouvera les principes de la construction de cette sorte d'ouvrage dans le *Dictionnaire d'architecture civile & hydraulique*, article JETTÉE. Les Anciens ont connu les *jettées*, & en ont fait usage. *Voyez* BRULOT & FLOTTÉ.

JETTER. Ce terme a des significations différentes, selon qu'il est joint à un autre. Ainsi on dit :

Jetter dehors le fond du hunier : C'est pousser dehors la voile le mât de hune.

On dit encore qu'un cap, une pointe de terre se jette bien avant en mer, pour dire qu'elle y avance beaucoup.

Jetter du bled ou autres grains à la bande : C'est jetter sur tout un côté du vaisseau les grains qui étoient uniment chargés dans le fond de cale, quand on y est contraint par la tempête ou par quelqu'autre accident, pour faire un contre-balancement.

Jetter l'ancre : C'est laisser tomber l'ancre à l'eau quand on aborde à une rade, & qu'on veut y arrêter le vaisseau.

Jetter la sonde ou le plomb : C'est laisser tomber la sonde, pour sçavoir la hauteur de l'eau, ou s'il y a fond.

Jetter un vaisseau sur un banc, sur un rocher ou à la côte : C'est aller donner exprès contre un rocher, contre un banc, &c. & y échouer exprès, parce qu'on regarde le péril comme incertain, & qu'on croit éviter par-là un péril assuré. Si cet échouement venoit non d'un dessein concerté, mais par l'ignorance du pilote, celui-ci est privé pour toujours des fonctions de son état, & même, suivant les cas, condamné au fouet ; & à l'égard de celui qui a malicieusement jetté un navire sur un banc ou une côte, &c. il est puni de mort, & on attache son cadavre à un mât planté près le lieu du naufrage.

JEU DU GOUVERNAIL. C'est le mouvement du gouvernail.

JEU PARTI, FAIRE JEU PARTI. C'est proposer à la personne avec laquelle on a part dans un vaisseau, de rompre la société, en faisant estimer les parts de chacun des associés, ou en demandant en jugement que le tout demeure à celui qui fera la meilleure condition.

ILOIRES. *Voyez* HILOIRES.

INCOMMODÉ. Epithete qu'on donne à un vaisseau qui a perdu quelqu'un de ses mâts, qui a sa manœuvre en désordre, & qui étant désemparé, a besoin de radoub.

INGÉNIEUR DE LA MARINE. C'est un officier de la marine, qui conduit les travaux des ports maritimes, soit pour les fortifier ou pour les attaquer. On appelle aussi *Ingénieur de la marine* une personne chargée par le Roi de travailler à la construction des cartes marines, & à la théorie de l'art de naviger.

INSPECTEUR DES CONSTRUCTIONS. C'est un officier commis à la construction & au radoub des vaisseaux. Il examine les plans & les profils avant qu'on commence l'ouvrage ; fait faire un devis exact des bois qui doivent y entrer ; & enseigne aux charpentiers les méthodes les meilleures de faire les fonds, les hauts, les forts, les batteries, les ponts, &c.

INSULTER. C'est attaquer & causer quelque dommage à un vaisseau.

INTENDANT DE MARINE. C'est un officier versé dans la marine, qui réside dans un port, qui a soin de faire exécuter les réglemens concernant la marine ; pourvoit à la fourniture des magasins ; fait la revue des équipages, quand ils sont à bord ; fait punir les déserteurs, & ceux qui ont commis quelques fautes, & enfin met la taxe aux denrées.

INTENDANT DES ARMÉES NAVALES. Officier commis pour la justice, police & finance d'une armée navale.

INTENDANT GÉNÉRAL DE LA MARINE. C'est un officier qui a l'intendance de tous les ports, arcenaux & classes du royaume.

INTERLOPRES. On appelle ainsi les bâtimens qui entrent en cachette dans les ports, pour ne pas payer les droits, ou qui y portent des marchandises de contrebande.

INTÉRESSÉS. *Voyez* CHARGEURS.

INVESTIR. Terme usité dans le Levant, qui signifie Toucher ou échouer, soit de bon gré, soit par contrainte.

JOL. Barque dont se servent les Danois & les Russiens.

JONQUE. Sorte de vaisseau fort léger, à peu-près de la grandeur d'un flibot, dont on se sert dans les Indes orientales, & le long des côtes de la Chine. Voici la description qu'en donne M. *Witsen*, d'après un petit modele qu'il a eu entre les mains. La quille est de trois pièces. Celle du milieu est en ligne droite : mais les deux autres, qui sont les plus courtes, ont à l'arriere & à l'avant un rélévement de cinq pieds. L'avant est plat, formé presque en triangle, dont la pointe la plus aigue est en bas, & a un peu de quette.

L'arriere eſt auſſi plat & rentré un peu en dedans, depuis le bord juſqu'au milieu. De cette maniere ce bâtiment n'a ni étrave, ni étambord. Il n'y a qu'une préceinte, poſée à la hauteur du premier pont, & qui eſt ronde pardehors, avec un relévement proportionné à tout le gabarit. Sous cette préceinte le vaiſſeau eſt arrondi par le bas, mais au deſſus, juſqu'au haut pont, il a les côtés plats. Il a deux ponts, qui ſont également ouverts dans le milieu, ſelon la longueur du bâtiment, & ces ouvertures ſont entourées de bordages. A l'arriere, proche du gouvernail, ſont quelques marches ſur le bas pont, pour deſcendre au fond de cale. A ce même endroit le vaiſſeau eſt ouvert, au deſſus de l'arcaſſe, laquelle eſt auſſi haute que le pont ; de ſorte que le vent peut entrer par l'arriere. Le gouvernail eſt ſuſpendu à cette partie du bâtiment, & attaché de chaque côté avec des cordes, qui paſſent au travers par le bas, & qui ſont amarrées au bord par le haut, pour aider à gouverner, parce que le gouvernail étant fort grand, la barre ne ſuffit pas pour le faire jouer dans des gros temps. On ajoute même alors de groſſes rames à chaque côté de l'arriere, pour gouverner avec plus de facilité.

Le grand mât eſt plus proche de l'avant que de l'arriere. Il penche un peu vers l'arriere. Il y a ſur le bas pont un bau ou traverſin tout rond, qui par chaque bout eſt joint avec la préceinte, & dans lequel le mât eſt enchâſſé & tenu par un cercle de fer : mais par le bas il n'y a aucune piece qui l'arrête ſur le plafond. Sa formé quarrée en cet endroit ſuffit apparemment pour qu'il ſoit appuyé aſſez ferme.

A l'avant eſt un autre mât un peu plus petit, qui penché en avant. On peut ôter ces mâts, & les coucher vers l'arriere. Ils ont des tons fendus en échancrure, dont les deux côtés ſont entretenus avec des chevilles, & les bouts liés enſemble, en haut. C'eſt là que s'ente le bâton de pavillon ; de ſorte que

quand on couche le mât, on en peut ôter le ton.
On monte le long du mât par des taquets, qui y
font cloués, & on hiffe les voiles avec des vindas.
L'ancre eft de bois. Sa figure reffemble à deux cou-
des courbés & attachés l'un à l'autre. Sous fes bras,
qui n'ont point de pattes, il y a une piece de bois en
travers, entée de chaque côté dans la vergue.

Dans le milieu du bâtiment, fous le premier pont,
il y a de chaque côté une porte quarrée, pour entrer
dans le vaiffeau. On met fur le bas pont quatre pieces de canon, à ftribord & à bas-bord, dont deux
font pofées fur le tillac même, & deux font un peu
plus élevées. On y voit auffi des faux fabords, les
uns ronds, les autres quarrés, peints en dehors avec
de la couleur noire. Ce font les feuls endroits du
vaiffeau qui foient peints. Il y a au haut du bordage,
à l'un & l'autre bout, des baluftres qui peuvent
s'ôter & fe remettre ; & au haut, contre le bord,
eft une efpece d'échaffaud, où les matelots montent
pour puifer de l'eau dans la mer. A l'arriere, contre
le bord, en dedans, eft à bas-bord un long épars,
où l'on hiffe un pavillon, & même une petite voile
au befoin. Enfin, pour donner en peu de mots une
idée de la forme entiere d'un *jonque*, fon pont eft
plus étroit à l'avant qu'à l'arriere, & le bâtiment
plus étroit par le haut que par le bas.

Pour la conduite de ce bâtiment, le pilote eft
affis à l'arriere, & là, avec un petit tambour, il
indique au timonnier de quel côté il doit gouverner.

Les peuples de Java font auffi ufage des *jonques* :
mais ils font différens des autres dont je viens
de donner la defcription. Ceux-ci reffemblent aux
buches. De l'avant à l'arriere ils ont un pont fait
comme un toit de maifon, couvert de joncs, fous
lequel on eft à l'abri du foleil, de la rofée & de la
pluie. Il y a une chambre pour le capitaine ou pour
le maître ; & le creux eft divifé en plufieurs petits
efpaces, où la cargaifon refte bien arrimée. On y

entre par les deux côtés , & proche des entrées eſt la cuiſine. Il y a un beaupré à l'avant, un grand mât & un mât d'artimon. Les voiles ſont de joncs ou de bois entrelacés. Les ancres ſont de bois.

On appelle encore *Jonques* les plus grands vaiſſeaux des Chinois, qu'ils équipent en guerre & en marchandiſes. Leur nom, dans la Langue du pays, eſt *Tſoen*, *Soen* ou *Soun*. *Voyez* SOUN.

JOTTEREAUX. *Voyez* JOUTEREAUX.

JOTTES ou JOUES. Ce ſont les deux côtés de l'avant du vaiſſeau, depuis les épaules juſqu'à l'étrave.

JOUER. C'eſt s'agiter. On dit qu'un vaiſſeau *joue* ſur ſon ancre quand il eſt agité par les vents, & qu'il eſt en même temps arrêté par ſon ancre ; qu'un mât, le gouvernail ou autre choſe *jouent* lorſqu'ils ſe meuvent dans le lieu où ils ſont placés.

JOUET. C'eſt la même choſe que jas. *Voyez* JAS.

JOUETS. Ce ſont des plaques de fer, de diverſes longueurs, dont on ſe ſert pour empêcher que la cheville de fer, qui les traverſe, n'entre dans le bois où elles ſont poſées.

JOUETS DE POMPE. Plaques de fer, clouées aux côtés des fourches de la potence d'une pompe, au travers de laquelle on fait paſſer des chevilles, qui ſervent à tenir la brimbale.

JOUETS DE SEP DE DRISSE. Plaque de fer, qu'on cloue aux côtés du ſep de driſſe, pour empêcher que l'aiſſieu des poulies n'entaille le ſep.

JOUR. C'eſt le vuide qu'on laiſſe entre deux pieces de bois, pour empêcher qu'elles ne s'échauffent.

JOURNAL. Regiſtre que les pilotes tiennent de tout ce qui eſt arrivé au vaiſſeau, jour par jour, & d'heure en heure. Il eſt ordinairement diviſé par colonnes ; & le pilote y écrit les routes, les diſtances, l'eſtime, les routes corrigées, les vents, leur direction & leur force, la variation du compas, & les différentes obſervations & calculs qu'on a faits, les dangers, les profondeurs de l'eau, & d'autres remarques utiles.

A la fin de la ſemaine on fait une récapitulation, &
& on arrange tous ces détails dans l'ordre & la forme
qui ſuivent.

Modele d'un Journal pour tous les jours du mois.

MOIS D'AVRIL 1756.

Jours du mois.	Jours de la lune.	Vents.	Routes directes.	Diſtances. Milles.
Lundi 5.	7.	n. eſt. q. ſ. n. eſt. q. eſt. n. n. eſt. & n. ou.	n. n. eſt. 2′ 45′ eſt.	165.9.
Mardi 6.	8.	n. eſt. q. n. n. eſt. n. eſt. & eſt. n. eſt.	n. q. n. eſt. 7°	145.1.
Merc. 7.	9.	n. & n. n. ou. n. ou. & eſt. n. eſt.	n. eſt. 1° 45′ au n.	38.9.
Jeudi 8.	10.	eſt. ſ. eſt. q. eſt. ſ. eſt. q. ſ. ou. q. n. ou.	1° 35′ ſ.	41.7.
Vendr. 9.	11.	n. q. n. ou.	ou. q. ſ. ou. 5° 19′ ou.	58.
Sam. 10.	12.	n. n. q. n. eſt. n. eſt. n. eſt. q. eſt.	n. 22′ eſt.	109.

Suite de la Table.

Jours du mois.	Latitude corrigée.	Différence en latitude.	Remarques & observations.
Lundi.	47° 30′	1° 47.	Vent médiocre le matin, beau temps le soir.
Mardi.	45° 13′	2° 56.	Le commencement du jour, vent médiocre, beau tems à midi, & vent frais le soir.
Mercredi.	*Lat. obs.* 44° 46′	3° 22.	Vent frais, temps couvert & variable.
Jeudi.	45° 25′	3° 10.	Vent violent, pluie, grêle & tempête sur le soir.
Vendredi.	45° 32′	1° 47.	Vent violent, frais ensuite, & modéré sur le soir.
Samedi.	43° 43′	1° 47.	Vent frais, ensuite médiocre, & foible à la fin.

On peut donner plus d'étendue à ce *journal*, en y ajoutant les distances, les positions du départ, la déclinaison de l'aiguille aimantée, &c. mais tout cela ne fait que l'augmenter, sans en changer la forme ; & c'est cette forme seulement que je veux faire connoître ici. Les personnes qui désireront acquérir ces connoissances accessoires, peuvent consulter l'*Art de naviger* du P. *Déchalles*, pag. 228, & la *Pratique du pilotage*, par le P. *Pézenas*, pag. 157 & suiv.

JOURS DE PLANCHES, & JOURS DE SÉJOURS. *Voyez* SÉJOUR.

JOUSSANT. *Voyez* JUSSANT.

JOUTEREAUX. Ce font deux pieces de bois, courbes, posées parallélement à l'avant du vaiſſeau, pour soutenir l'éperon, & qui répondent d'une herpe à l'autre, dont elles font l'aſſemblage.

JOUTEREAUX DE MAT. Ce font deux pieces de bois, courbes, que l'on coud au haut du mât, de chaque côté, pour soutenir les barres de hune.

ISLE. C'eſt une terre environnée d'eau de tous les côtés, comme l'Angleterre, l'Ecoſſe, &c.

ISLES D'AVAU LE VENT. On appelle ainſi les *iſles* de deſſous le vent, & qui font plus à l'oueſt que les *iſles* du vent. *Voyez* ci-après ISLES DU VENT. Telles font les *iſles* ſuivantes, Saint-Euſtache; Saint-Barthélemi, Saba, Saint-Martin, Languille, Sombrere, Anegade, les Vierges & Sainte Croix.

ISLES DU VENT. Les marins appellent ainſi les *iſles* Antilles de l'Amérique, parce que les vents y regnent preſque toujours. On en compte dix-huit; ſçavoir Tubago, la Grenade, Bekia, Saint-Vincent, la Barboude, Sainte-Lucie, la Martinique, la Dominique, Mari-Galante, les Saintes, la Déſirade, la Guadeloupe, Antigo, Montferrat, la Barbade, la Redonde, Nieve & Saint-Chriſtophe. Ces *iſles* font le plus vers l'Orient.

ISSAS. *Voyez* DRISSE.

ISSER. *Voyez* HISSER.

ISSONS. Cordages blancs, de cinquante braſſes de long, & de quatre pouces de groſſeur, qui ſervent à hiller les vergues.

ISSOP. Commandement qui ſe fait entre les matelots, pour s'animer à hiſſer quelque choſe.

ITHSME. Petite langue de terre, qui joint deux continens ou une péninſule à la terre ferme, & qui ſépare deux mers.

ITAGUE, ITAQUE ou ETAGUE. Cordage qui eſt amarré en haut, au milieu d'une vergue, contre les racages, qui va paſſer par l'encornail, & qui eſt attaché par le bout d'en bas à la driſſe. Il ſert à faire couler la vergue.

ITAGUE DE PALAN. Cordage qui tranſmet l'effort d'un palan, qui aſſez ſouvent paſſe dans une poulie de renvoi. *Voyez* PALAN.

ITAGUE FAUSSE ou **FAUSSE ITAGUE.** C'eſt une manœuvre qui eſt frappée ordinairement au côté gauche du vaiſſeau, & qui paſſant enſuite par une poulie placée derriere le mât de hune, va ſe joindre à la driſſe de hunier par une poulie de palan. Elle ſert à hiſſer le hunier, & par occaſion à ſoutenir le mât de hune.

JUMELLER. C'eſt fortifier, ſoutenir un mât avec des jumelles.

JUMELLES. Longues pieces de bois de ſapin, arrondies & creuſées, que l'on attache autour d'un mât, avec des cordes, quand il eſt néceſſaire de le renforcer.

JUSSANT. C'eſt le reflux de la mer, ſon mouvement lorſqu'elle ſe retire & s'éloigne des côtes. *Voyez* FLUX. Il y a *juſſant :* cela ſignifie que la mer s'éloigne des côtes. On dit auſſi : *deux juſſants contre un flot ;* ce qui veut dire avoir deux reflux contre un flux dans une navigation.

LABOURER. On se sert de ce terme pour exprimer un certain mouvement de l'ancre & du vaisseau. Ainsi on dit que l'ancre *laboure* quand le fond du terrein n'est pas bon pour l'ancrage, & que l'ancre, ne pouvant s'enfoncer, est entraînée par le vaisseau ; que le vaisseau *laboure*, lorsqu'il rase la terre en sillant.

LABRADOR. C'est un intervalle de mer, qui coupe la moitié de l'isle du cap Breton.

LAC. Grand amas d'eaux douces & dormantes, qui ne tarissent jamais, & qui ne se communiquent à la mer, que par quelques rivieres ou quelques canaux souterreins.

LAGAN. On entend en général, par ce terme, les choses que la mer rejette.

LAGUE. C'est l'endroit par lequel un vaisseau passe. Venir dans la *lague* d'un vaisseau, c'est venir dans ses eaux ou dans son sillage.

LAISSADE. C'est l'endroit d'une galere, où l'on diminue la largeur du fond, en venant sur l'arriere. Ce terme n'est usité que par quelques ouvriers. Ceux qui parlent bien, disent *quette de pouppe*.

LAISSES & RELAIS. Terres que la mer a laissées au rivage, & qui s'affermissent peu à-peu.

LAMANAGE. C'est le travail des mariniers qui conduisent un navire à l'entrée ou à la sortie d'un port ou d'une riviere, particuliérement aux lieux où l'entrée est difficile.

LAMANEUR. Pilote ou marinier qui fait le lamanage, c'est-a-dire, qui connoît les entrées & les issues, & qui conduit les vaisseaux étrangers dans les rades ou dans les ports, lorsque les parages sont dangereux & inconnus à ceux qui les abordent. Il y a aussi des *lamaneurs* sur les rivieres, vers leur embouchure, qu'on loue pour éviter les bancs, les syrtes & autres dangers que la mer déplace presque tous les ans, comme à Rouen, par exemple, où il y a des *lamaneurs* jurés de deux lieues en deux lieues. Le salaire de ces gens est réglé par les *Ordonnances* de 1681, tit. III, & de 1689, qui leur prescrivent les loix suivantes.

1°. Personne ne peut être *lamaneur*, qu'il ne soit âgé de vingt-cinq ans, & qu'il n'ait été examiné & reçu dans les formes requises par les Ordonnances. Ce qu'on exige de lui dans cet examen, c'est la connoissance & expérience des manœuvres & fabriques des vaisseaux, des cours des marées, des bancs, courans, écueils & autres empêchemens qui peuvent rendre difficiles l'entrée & la sortie des rivieres, ports & havres.

2°. Si un *lamaneur* fait le lamanage, étant ivre, il doit être condamné à cent sols d'amende, & interdit pour un mois de ses fonctions. Il encourt de plus grandes peines, s'il fait échouer le vaisseau par ignorance, & le dernier supplice, si c'est par méchanceté.

3°. Il est libre aux maîtres & capitaines de navires François & étrangers de prendre tel *lamaneur* qu'ils voudront, pour entrer dans les ports & havres, sans que pour en sortir, ils puissent être contraints de se servir de ceux qui les auront fait entrer.

LAMES. Ce sont les flots ou vagues de la mer, qui coulent les uns sur les autres. On dit : *la lame vient de l'avant, la lame vient de l'arriere, la lame nous prend de travers,* pour dire que la *lame* vient de ces côtés-là.

LAMPES. Ce sont des vases où l'on met de l'huile avec des mèches, pour éclairer dans les vaisseaux.

LAMPION. Petite lampe, qu'on met dans une lanterne,

dont on se sert quand on va à la soute aux poudres.

LANCER. On se sert de ce verbe pour exprimer le mouvement d'un vaisseau qui, au lieu de siller en droite ligne, se jette d'un côté & d'autre, soit par la faute du timonnier, ou autrement. On dit donc alors que le vaisseau *lance à bas-bord & à stribord*.

Lancer une manœuvre. C'est amarrer une manœuvre autour d'un bois mis exprès pour cet usage.

Lancer un vaisseau a l'eau. C'est mettre un vaisseau à l'eau. Cela se fait ainsi.

Le plan ou le chantier qui soutient le vaisseau à terre, est incliné à l'eau, & cette inclinaison est ordinairement de six lignes sur un pied de longueur. On le prolonge jusqu'à l'eau, en y ajoutant d'autres poutres & d'autres tins, qui forment un plan toujours également incliné, & on met au dessus de forts madriers, pour servir de chemin à la quille retenue dans une espece de coulisse formée par de longues tringles paralleles. On place ensuite de chaque côté, jusqu'à l'eau, des poutres qu'on nomme *Coites*, & qui étant éloignées les unes des autres, à peu près à la distance de la demi-largeur du vaisseau, répondent vers l'extrêmité du plat de la maîtresse varangue. Comme elles ne peuvent être assez hautes pour parvenir jusqu'à la carene du vaisseau, quoiqu'elles soient fort avancées dessous, on attache deux autres pieces de bois, appellées *Colombiers*, qui s'appuient sur les coites, & qui peuvent glisser dessus. Ces poutres sont frottées avec du sain-doux ou avec du suif. On frotte de même la quille. On attache ensuite le vaisseau par l'avant, par les côtés & parderriere à un des gonds du gouvernail. Des hommes tiennent les cordes des côtes & de l'avant, & la corde de derriere, qu'on appelle *Corde de retenue* (*voyez* ce mot), est liée à un gros pieu qui est en terre.

Les choses ainsi disposées, on ôte, à coups de massue, les anciens coins, & on en substitue sur le champ

champ de nouveaux, pour foutenir la quille dans le temps qu'elle coulera. Enfin on coupe les acores & les étances de devant & des côtés, & la corde de retenue, & dans l'inftant le vaiffeau part. Il faut alors jetter de l'eau fur l'endroit où il gliffe, crainte que le feu n'y prenne par le grand frottement, & mettre tout en œuvre, afin d'accélérer la marche du vaiffeau. A cette fin on engage de longues folives dans la quille, par leur extrêmité, pour l'agiter ou l'ébranler, fi le vaiffeau ne part pas affez vîte; & les hommes qui tiennent les cordages de l'avant, dont j'ai parlé, les tirent alors, ou les roidiffent par le moyen des cabeftans, & ils halent ceux des côtés, pour retenir le vaiffeau dans fa chûte, ou pour diminuer la force du choc dans l'eau, qui lui féroit préjudiciable.

Cette maniere de *lancer* les vaiffeaux à l'eau, qui eft fans contredit la meilleure qu'on ait imaginée, n'eft cependant pas fuivie par les Portugais. Ces peuples eftiment qu'il vaut mieux que le vaiffeau entre dans l'eau par la pouppe, que par la proue. Ils ont fans doute leurs raifons : mais il n'eft point aifé de les découvrir. Dans le Nord-Hollande, pour *lancer* les vaiffeaux à l'eau, on les fait paffer fur une digue, qui s'eleve en talud des deux côtés, & qui eft frottée de graiffe. Le vaiffeau eft conftruit fur un pont à rouleaux, au bas de la digue. On amarre deux cordes à l'étrave, en deux endroits, & autant à la quille, & on ceintre l'arriere avec d'autres cordes. Ces cordes paffent par divers vindas ou cabeftans, dans chacun defquels il y a deux poulies & trois rouets dans chaque poulie. Vingt à trente hommes virent ces machines, tandis que d'autres font attentifs à roidir les cordes de l'arriere, lorfque le bâtiment vient à reculer. On le monte d'abord au haut de la digue, & quand il y eft parvenu, on le met fur la pente qui conduit à l'eau, & on le fuit à peu-près de la même façon qu'on l'a suivi pour le faire monter.

Les Anciens conduifoient leurs vaisseaux à l'eau sur des rouleaux (*voyez* BAPTISER) : mais ces vaisseaux étoient si médiocres, que leur méthode ne peut fournir rien de curieux, ni d'utile. *Voyez* aussi FLOTTE.

LANGUE. C'est une œuille ou demi-œuille de voile, étroite par le haut, & large par le bas, qu'on met aux côtés de plusieurs voiles.

LANIERE. *Voyez* DROSSE DE RACAGE.

LANTERNE A GARGOUSSES. Etui de bois, dans lequel on met les gargousses. Il faut deux de ces étuis pour chaque piece de canon.

LANTERNE A MITRAILLES. C'est une boîte de bois, ronde, que l'on remplit de mitrailles, dont on charge un canon lorsqu'on veut tirer de près sur l'ennemi.

LANTIONE. C'est un bâtiment en usage dans les mers de la Chine, surtout par les corsaires de ce pays. Il approche beaucoup de nos galeres. Il a seize rangs de rameurs, huit à chaque côté, & six hommes à chaque rang.

LARDER LES BONNETTES. *Voyez* BONNETTES LARDÉES.

LARGE. On sous-entend *au*. Cri que fait la sentinelle, pour empêcher une chaloupe ou un autre bâtiment d'approcher du vaisseau.

On dit aussi : *courir au large, se mettre au large, la mer vient du large*. La premiere expression signifie s'éloigner de la côte ou de quelque vaisseau. La seconde, s'élever ou tirer à la mer ; & on entend par la troisieme, que les vagues font poussées par le vent de la mer, & non point par celui de terre.

LARGUE. Haute mer. On dit : *prendre le largue, tenir le largue, faire largue*, pour dire, prendre la haute mer ; tenir la haute mer, &c.

LARGUE. Nom qu'on donne à un air de vent, qui est

compris entre le vent arrière & le vent de bouline. C'eſt le vent le plus favorable pour le ſillage ; car il donne dans toutes les voiles, au lieu que le vent en pouppe, par exemple, ne porte que dans les voiles d'arriere, qui dérobent-le vent aux voiles des mâts d'avant. L'expérience a appris, en général, qu'un vaiſſeau qui fait trois lieues avec un vent *largue,* n'en fait que deux avec un vent en pouppe. Au reſte il eſt aiſé de s'en convaincre par le calcul, en ſuivant la méthode de comparaiſon, que j'ai preſcrite à l'art. ALLER A LA BOULINE.

LARGUER. Laiſſer aller, filer les manœuvres, quand elles ſont halées. Exemple. *Larguer les écoutes:* c'eſt détacher les écoutes, pour leur donner plus de jeu. *Larguer une amarre:* c'eſt détacher une corde d'où elle eſt attachée.

On ſe ſert encore du verbe *larguer* pour exprimer l'état du vaiſſeau, lorſque ſes membres ou ſes bordages ſe ſéparent, lorſqu'il s'ouvre en quelque endroit: on dit alors que le vaiſſeau eſt *largué.* Ce terme a auſſi lieu lorſqu'un vaiſſeau s'eſt ſervi du vent pour éviter le combat.

LASSER ou LACER UNE VOILE. C'eſt ſaiſir la vergue avec un quarantenier, qui paſſe par les yeux de pie. Cela ſe fait lorſqu'on eſt ſurpris par un gros vent, & qu'il n'y a point de garcettes aux voiles.

LAST ou LASTE. Terme général, qui ſignifie, dans les pays du Nord, la charge entiere du vaiſſeau. En Hollande, c'eſt la meſure de deux tonneaux, & les Hollandois meſurent leurs bâtimens par *laſtes.*

LAST-GELT. Droit qui ſe leve ſur chaque vaiſſeau qui entre ou qui ſort: il eſt ainſi nommé parce qu'il ſe paie à proportion de la quantité du *laſt* que chaque bâtiment, entrant ou ſortant, peut contenir. Ce droit eſt de cinq ſols par *laſt* en ſortant, & de dix ſols en entrant: ſur quoi il faut remarquer que le droit étant une fois payé, le vaiſſeau qui l'a acquitté, reſte franc pendant une année entiere.

LATINE. C'eſt une voile à oreille de lievre, en triangle ou à tiers-point. Elle eſt fort en uſage ſur la Méditerranée, & les galeres ne portent pas d'autres voiles.

LATITUDE. Diſtance de l'équateur au zénith. Cette diſtance eſt égale à l'élévation du pole. *Voyez* le *Dictionnaire univerſel de Mathématique*, art. LATITUDE. Ainſi on peut avoir la *latitude* d'un endroit, en prenant l'élévation du pole. On ſe ſert pour cela de l'étoile polaire, & on meſure avec un inſtrument ſa hauteur ſur l'horizon, lorſqu'elle paſſe par le méridien. Ce paſſage eſt ce qu'il y a de plus difficile à obſerver. La meilleure méthode qu'on ait pour faire cette obſervation, c'eſt de prendre la différence de l'aſcenſion droite du ſoleil à celle de l'étoile. (On appelle aſcenſion droite l'éloignement du premier point du bélier au cercle de déclinaiſon où l'aſtre ſe trouve). Cette différence donnera l'éloignement de l'étoile au ſoleil : je veux dire l'eſpace de temps compris entre le paſſage du ſoleil & celui de l'étoile, par le méridien. Or ſi l'aſcenſion droite du ſoleil eſt plus grande que celle de l'étoile, cette étoile paſſera par le méridien avant le ſoleil, & elle y paſſera après, ſi elle eſt plus petite. J'éclaircirois volontiers cette méthode par quelques exemples, mais je crains déja que les perſonnes qui ne ſont point verſées dans les élémens d'aſtronomie, ne m'entendent point, & je n'apprendrois rien de nouveau aux autres. Il vaut mieux ſubſtituer à ceci une maniere méchanique de connoître ce paſſage par le méridien. A cette fin, 1°. ſuſpendez un fil à plomb, enſorte qu'il paroiſſe couper l'étoile que vous voulez obſerver du bout. 2°. Si l'étoile, à laquelle vous vous êtes fixé, s'approche de ce fil, en allant de l'oueſt à l'eſt, au deſſous de l'étoile polaire (c'eſt l'étoile de l'extrêmité de la queue de la petite ourſe, & qui n'eſt éloignée du pole que de deux degrés & quatre minutes), ou de l'eſt à l'oueſt au deſſus, elle

s'approche du méridien. Il faut obferver alors plufieurs fois fa hauteur avec un quartier Anglois, ou
mieux, avec un octant, jufqu'à ce qu'elle commence
à monter, fi elle eft au deffous de l'étoile polaire ou
du pole, ou jufqu'à ce qu'elle commence à defcendre, fi elle eft au deffus. Quand on a trouvé le paffage d'une étoile, par le méridien, on cherche dans
des tables fa déclinaifon ou fon éloignement à l'é-
quateur, & on fouftrait le complément de cette déclinaifon de fa hauteur méridienne fupérieure, pour
avoir la hauteur du pole, ou l'on ajoute ce même
complément à la hauteur inférieure.

On connoît encore la *latitude* par le moyen des
étoiles, fans s'embarraffer ni de leur déclinaifon,
ni de leur diftance au pole, pourvu qu'on fe ferve
de celles qui ne fe couchent jamais. Il n'y a qu'à
obferver leur hauteur méridienne fupérieure, & environ douze heures après, leur hauteur méridienne
inférieure : ajoutant enfuite ces deux hauteurs enfemble, la moitié de leur fomme fera la hauteur du
pole.

On peut trouver auffi la *latitude* à toutes les heures de la nuit, par les hauteurs différentes de l'étoile
polaire, qui n'eft éloignée du pole que de deux degrés quatre minutes. Cette méthode eft expliquée
affez au long dans le *Dictionnaire univerfel de Mathématique*, art. LATITUDE.

Enfin le dernier moyen de connoître la *latitude*,
& dont prefque tous les marins font ufage, c'eft
d'obferver la hauteur du foleil à midi, & de chercher la déclinaifon de l'aftre le jour de l'obfervation.
Par l'obfervation on a fa diftance au zénith, & par
fa déclinaifon, fon éloignement à l'équateur. Or fi
cette déclinaifon eft nord, il faut l'ajouter à la diftance obfervée, & la fouftraire, fi elle eft fud, afin
d'avoir la diftance du zénith à l'équateur. Je fuppofe ici que c'eft dans la zone tempérée nord qu'on
a fait l'obfervation ; car il faut faire tout le contraire

dans l'autre zone. Enfin on souftrait la déclinaifon quand l'équateur eft entre l'obfervateur & le foleil, & on l'ajoute lorfque le foleil eft entre l'obfervateur & l'équateur. Mais fi l'obfervateur eft entre le foleil & l'équateur, c'eft-à-dire, fi l'obfervateur étant dans la zone tempérée nord, par exemple, le foleil eft du côté du pole, ou autrement, fi l'obfervateur fe trouve dans la zone torride, du côté du nord, par exemple, tandis que le foleil eft dans le tropique du cancer ; on doit dans ce cas fouftraire la diftance du foleil au zénith de la déclinaifon de cet aftre : le refte fera la *latitude*.

Dans les pays où le foleil refte plus de vingt-quatre heures fur l'horizon, on trouve la *latitude* par la hauteur méridienne de cet aftre ; & cela en ajoutant à la hauteur méridienne du foleil, lorfqu'il eft au deffous du pole, fa diftance au pole, qui eft le complément de la déclinaifon. La fomme de ces deux nombres eft la *latitude*. Il y a un peu plus de difficulté à déterminer la *latitude* par la hauteur inférieure de cet aftre. On eft obligé ici de corriger fa déclinaifon, en prenant la partie proportionnelle, & en ayant égard à l'heure de l'obfervation, qui eft douze heures après midi, & au demi-méridien où fe trouve alors le foleil, qui eft plus à l'oueft du méridien du lieu de cent quatre-vingts degrés. On trouvera, dans la *Pratique du pilotage* du P. *Pézenas*, pag. 249, des exemples pour comprendre cette regle. Il me doit fuffire de l'indiquer, puifque je ne dois configner dans cet Ouvrage que les principes de l'art de la marine, & renvoyer ceux qui voudront fe les rendre familiers par la pratique & par des exemples, aux Traités de cet art : j'ajouterai feulement à ce que je viens de dire qu'on connoît que le foleil eft dans fa hauteur méridienne inférieure, lorfqu'il ne defcend plus.

La connoiffance de la *latitude* eft néceffaire pour fe reconnoître fur mer. *Voyez* PILOTAGE.

LATITUDE NORD , & LATITUDE SUD. La première expression signifie la *latitude* du côté du nord , & la seconde , la *latitude* du côté du sud. Quelques marins disent , *bande du nord* ou *bande du sud* , pour dire , deçà & delà de la ligne ou de l'équateur.

LATTER ou LATER. C'est mettre de petits morceaux de bois ou des lattes entre les planches , lorsqu'on les met en pile dans l'attelier de construction , pour empêcher qu'elles ne se gâtent.

LATTES. Petites pieces de bois , fort minces , qu'on met entre les baux , les barrots & les barrotins du vaisseau.

LATTES DE CAILLEBOTIS. Ce sont de petites planches resciées , qui servent à couvrir les barrotins des caillebotis.

LATTES DE GABARIT. Ce sont des *lattes* qui servent à former les façons d'un vaisseau , auquel elles donnent la rondeur. Elles sont minces & ovales , en tirant de l'avant vers le milieu , quarrées au milieu , & rondes par l'avant , & aux flûtes elles ont cette derniere forme à l'avant & à l'arriere.

LATTES DE GALERE. Traverses ou longues pieces de bois , qui soutiennent la couverte des galeres.

LAZARET. Bâtiment public , fait en forme d'hôpital , pour recevoir les pauvres pestiférés. C'est une grande maison hors de la ville , où l'équipage des vaisseaux demeure environ quarante jours , lorsqu'il vient d'un endroit suspect de la peste.

LÉ. Espace que les riverains des rivieres doivent laisser pour ne pas empêcher la navigation. Les Ordonnances fixent cet espace à vingt-quatre pieds sur les bords des rivieres navigables , pour faire descendre & monter les bâteaux avec des chevaux.

LEBESCHE. Nom qu'on donne, sur la Méditerranée, au vent qu'on nomme *Sud-ouest* sur l'Océan, qui souffle entre le midi & le couchant. On l'appelle aussi *Garbin.*

LECTH. Mesure fort en usage sur la mer du Nord, qui contient douze barrils.

LEGE. C'est un vaisseau sans charge. On donne aussi ce nom à un bâtiment qui n'a pas assez de lest, ou qui est trop léger, soit par cette raison, ou par quelque défaut de construction ; de sorte qu'il est trop haut sur l'eau.

LEST. Nom général, qu'on donne à des choses pésantes, telles que du sable, des cailloux, &c. qu'on met au fond de cale du vaisseau, pour le faire enfoncer dans l'eau, & pour lui procurer une assiette solide. Le *lest* sert principalement de contre-poids aux vergues & aux mâts, qui, étant élevés hors du vaisseau, lui feroient faire capot au moindre tangage, & même à la moindre impression du vent. J'explique la raison de ceci à l'art. TANGAGE. Je me contente d'observer à celui-ci que la quantité du *lest* ne dépend pas seulement de la grandeur du vaisseau, mais encore de la forme de sa carene ; car plus cette carene est aiguë, moins elle exige de *lest*, parce qu'elle enfonce d'autant plus aisément dans l'eau. Cela fait voir déja qu'on ne peut pas déterminer avec exactitude la quantité de *lest* qu'il faut à un vaisseau. La chose devient encore plus difficile quand on y fait entrer toute la mâture. Cependant, quand on aura lu la raison de la nécessité du *lest*, à l'art. TANGAGE, on comprendra qu'il y a une règle générale, qui peut servir à *lester* un vaisseau. Il y a sur le *lest* des réglemens qu'on trouvera à l'article DÉLESTAGE.

Les Anciens lestoient leurs vaisseaux avec des cailloux & du gros sable. *Et sæpe lapillos & cymbæ instabiles fluctu jactante saburram*, dit *Virgile*, dans ses géorgiques, liv. IV.

Les Anglois & les Flamands entendent, par le mot *lest*, un poids de quatre mille livres, ou de douze tonneaux : c'est le grand *lest*. Le petit *lest* est de six tonneaux.

LEST BON ou BON LEST. C'est un *lest* qu'on arrange aisément, qui ne salit point le fond de cale, & qui n'embarrasse pas les pompes. Tel est le *lest* qui est formé avec de petits cailloux.

LEST DE PLONGEURS. C'est une pierre épaisse de six pouces, longue d'un pied, & taillée en arc, que les plongeurs qui font la pêche du corail, s'attachent fortement au dessous du ventre, afin de n'être pas emporté par le mouvement de l'eau, & pour marcher avec plus de facilité à travers des vagues de la mer.

LEST GROS ou GROS LEST. *Lest* formé avec de grosses pierres, ou avec des quartiers de canons crevés. Ce *lest* est incommode, difficile à remuer, & plus difficile encore à arranger.

LEST LAVÉ. *Lest* qu'on a lavé après qu'on s'en est servi, & qui peut reservir encore. On met ordinairement du *lest* neuf tous les deux ans.

LEST MAUVAIS ou MAUVAIS LEST. *Lest* composé de matieres qui peuvent se fondre, comme le sel; qui peuvent entrer dans les pompes, & les engorger; comme le sable & le gravier, qui peuvent gâter l'arrimage, comme les grosses pierres & les quartiers de canon.

LEST VIEUX ou VIEUX LEST. *Lest* qui a suffisamment servi. *Voyez* DÉLESTAGE.

LESTAGE. Embarquement du lest dans le vaisseau. Il est défendu aux maîtres & patrons de gabarres & de bateaux lesteurs de travailler au *lestage* pendant la nuit. *Voyez* encore DÉLESTAGE.

LESTER. C'est mettre le lest à un vaisseau. Cela se fait ou doit se faire tous les deux ans.

LESTEURS. Epithete qu'on donne aux bateaux nommés *Gabarres*, qui portent le lest.

LETTRE. On appelle ainsi, dans les ports de la Picardie & de la Flandre, une commission que les étrangers prennent d'un Prince dont ils ne sont pas sujets, pour faire le commerce sous son pavillon, ou pour armer en course contre ses ennemis.

LETTRE DE GARDE-MARINE. C'eſt une *lettre* de la cour, adreſſée à l'intendant d'un département, pour recevoir un garde-marine.

LETTRES DE MER. Ce ſont des patentes qu'on obtient pour naviger.

Lorſque les capitaines ou maîtres de vaiſſeaux marchands veulent mettre à la mer leurs vaiſſeaux, ils ſont obligés de prendre ces *lettres* dans les lieux du départ, afin qu'en cas de beſoin, ils puiſſent faire connoître d'où ils ſont. Elles contiennent le nom du vaiſſeau, celui du capitaine, ſes qualités & les noms des propriétaires dudit vaiſſeau.

LETTRES DE SANTÉ. Ce ſont des certificats de ſanté, dont ſe pourvoient les navigateurs qui viennent de quelque pays ſuſpect de la peſte : ils contiennent le nom du capitaine, celui du vaiſſeau & ſa deſtination, & en quoi ſa charge conſiſte.

LEVANT. C'eſt la partie de la terre qui eſt à l'Orient ou à l'Eſt. Les navigateurs de l'Océan entendent auſſi, par le mot *Levant*, la Méditerranée.

LEVANTIN. C'eſt un homme qui eſt né dans les pays du Levant. Ainſi on appelle *Equipage Levantin* un équipage qui eſt levé ſur les ports de la Méditerranée.

LEVANTINS. Ce ſont les ſoldats des galeres des Turcs.

LEVÉE. Petite planche compoſée de trois ou quatre ais, attachée à l'un des bouts d'un bateau, ſur laquelle on peut s'aſſeoir.

LEVÉE. Situation de la mer, dont les vagues s'élevent fort haut. On dit alors : *il y a de la levée.*

LEVE RAME. Commandement qu'on fait à l'équipage d'une chaloupe ou à un bâtiment de cette eſpece, de ne plus voguer ou nager, & de tenir les rames hors de l'eau.

LEVER. Ce terme eſt toujours accompagné d'un mot qui en détermine la ſignification. On dit donc :

LEVER L'ANCRE. C'eſt tirer l'ancre du fond de l'eau,

pour partir d'un port, d'une rade, & en général, d'un lieu où le vaisseau étoit arrêté.

LEVER L'ANCRE AVEC LA CHALOUPE. C'est *lever* l'ancre en envoyant la chaloupe, qui tire l'ancre par son orin, & la porte à bord.

LEVER L'ANCRE D'AFFOURCHE AVEC LE NAVIRE. C'est *lever* l'ancre en-filant du cable de la grosse ancre qui est mouillée, & en virant sur l'ancre d'affourche, jusqu'à ce qu'elle soit à bord.

LEVER LA FOURRURE DU CABLE. C'est ôter de dessus le cable la garniture de toile ou de corde qu'on y avoit mise pour sa conservation.

LEVER LES TERRES. C'est observer la situation des terres, & en faire le plan. On trouvera la manière de faire cette opération à l'article PLAN du *Dictionnaire universel de Mathématique & de Physique*.

LEVER LES VOILES. C'est hausser les voiles.

LEVER UN OBJET AVEC LA BOUSSOLE. C'est voir, avec la boussole, à quel air de vent est un objet.

LIAISON. C'est l'assemblage de toutes les parties du vaisseau, par lequel elles s'entretiennent ensemble.

LIBOURET. Ligne à pêcher les maquereaux, qui a deux ou trois petites cordes, où sont attachés l'hameçon & l'appât.

LIBURNE. Bâtiment à rames, dont les Anciens se servoient pour la guerre. Il étoit fort léger, facile à manier, excellent pour le combat, & admirable pour la course. On en devoit l'invention aux habitans de la Liburnie, qui faisoit une partie de l'ancienne Illyrie, & ils s'en servoient pour exercer leurs brigandages sur mer, & pour aller ravager les isles voisines. C'est de ce vaisseau qu'*Horace* dit :

Ibis Liburnis inter alta navium.
. . . . *Amice propugnacula.*

Les vaisseaux d'*Auguste*, lorsqu'il combattit *Antoine* à Actium (*voyez* BATAILLE NAVALE), étoient des *liburnes.*

LIEN. Nom général, qu'on donne à toutes les pieces qui servent à lier quelque chose au vaisseau. Ainsi le cercle de fer, qui embrasse le gouvernail, est le *lien* du gouvernail.

LIEUE. C'est une étendue de terre, considérée dans sa longueur, qui sert à mesurer le chemin & la distance d'un endroit à un autre. Un degré d'un grand cercle de la sphere, a vingt *lieues* de France, quinze *lieues* d'Allemagne, & soixante milles. On distingue, dans le *Pilotage*, deux sortes de *lieues* ; des *lieues majeures*, & des *lieues mineures*. Les premieres se comptent sur l'équateur, & les secondes sur un parallele à l'équateur. Celles-ci ne sont pas plus petites que les autres ; mais elles sont en plus petit nombre sur un parallele, que sur l'équateur ou tout autre grand cercle ; c'est-à-dire qu'il faut moins de *lieues* pour faire un degré d'un parallelle, que pour un degré d'un grand cercle, & ce nombre diminue d'autant plus que le rayon du parallele est plus petit. Or comme les degrés de longitude se comptent sur l'équateur, on doit réduire les *lieues* mineures en *lieues* majeures, afin d'avoir la différence en longitude d'un endroit, lorsqu'on fait route sous un parallele. Cette réduction forme un problême, qu'on résoud aisément par le quartier de réduction (*voyez* ce mot), & qui dépend du rapport qu'ont les sinus des degrés de longitude avec ceux des degrés de latitude. En effet les *lieues* majeures sont proportionnelles au rayon de l'équateur, & les *lieues* mineures au rayon d'un parallele : mais l'équateur & un parallele sont entr'eux comme leur rayon : donc les *lieues* majeures sont aux *lieues* mineures comme les rayons de ces deux cercles ; & ceci conduit à ce que j'ai dit à l'article CARTE RÉDUITE. Delà il suit qu'on peut encore réduire les *lieues* mineures en *lieues* majeures, par le moyen de l'échelle des latitudes croissantes, dont j'ai donné la construction à l'article

Carte, que je viens de citer. On réduira de même les *lieues* majeures en *lieues* mineures. *Voyez* Quartier de réduction. A l'égard de la réduction des *lieues* mineures, qu'on a faites en suivant une route qui coupe les méridiens obliquement, *voyez* Moyen parallele, & Loxodromie.

LIEUTENANT-AMIRAL. *Voyez* Vice-Amiral.

Lieutenant de vaisseau. C'est le premier officier du vaisseau, après le capitaine, en l'absence duquel il commande. Il a rang de capitaine servant sur terre, & mille livres d'appointement. Ses fonctions principales sont d'assister tous les jours aux écoles & aux exercices qui sont établis dans le port où il est, pour l'instruction des officiers; 2°. d'être présent au radoud des vaisseaux, & de rendre compte au capitaine de tout ce qui se passe; 3°. de tenir un journal de navigation. *Voyez* l'*Ordonnance de la Marine* de 1689, tit. IX.

Lieutenant général des armées navales. C'est un officier qui commande sous le vice-amiral. Il précede les chefs d'escadre, & leur donne l'ordre, qu'ils distribuent ensuite aux officiers inférieurs. *Voyez* l'*Ordonnance* de 1689, tit. III, & celle du 10 novembre 1697.

LIGNE. Disposition d'une armée navale, pour marcher sur la même *ligne*. On se range ainsi, afin de conserver l'avantage du vent, de faire courir tous les vaisseaux sur le même bord, & de tirer aisément toutes les bordées sur les ennemis, sans se nuire les uns les autres.

On dit, *marcher en ligne*, lorsqu'une flotte ou une escadre navige sur une même *ligne*, & que tous les vaisseaux vont de suite.

LIGNE DE LA FORCE MOUVANTE. C'est la *ligne* par laquelle le vent agit sur le vaisseau, en choquant les voiles. Elle est perpendiculaire à la surface de la voile, & divise en deux parties égales l'angle que formeroient deux tangentes à la voile.

Voyez le ch. vi de la *Nouvelle Théorie de la manœu-vre des vaisseaux, à la portée des pilotes.* Lorsqu'un vaisseau fait vent arriere, il est mu selon cette *ligne* : mais quand il sille obliquement, la résistance qu'il trouve à fendre l'eau par son côté, étant plus grande que celle qu'il trouve à la fendre par sa pointe, la route qu'il suit n'est plus la *ligne de la force mou-vante* ; c'est celle autour de laquelle la résistance de l'eau est en équilibre sur le corps du vaisseau. On appelle cette *ligne* la *Ligne moyenne de la force mou-vante.* Suivant la forme du vaisseau, cette derniere *ligne* s'écarte plus ou moins de l'autre, & de cet écart dépend l'angle de la dérive.

J'ai promis à l'art. Dérive de donner à celui-ci la maniere de déterminer cet angle. Je vais satisfaire à mon engagement, autant que je pourrai le faire, sans entrer dans les calculs assez longs que cette dé-termination exige. Je me bornerai à exposer les principes généraux dont elle dépend ; & pour le faire avec succès, je vais donner la solution d'un problême, qui renferme non seulement celui de la dérive, mais encore d'où les principaux problêmes de la manœuvre découlent : c'est de déterminer l'impulsion de l'eau contre la proue d'un vaisseau qui est sous voiles, ou, pour exprimer la chose d'une maniere plus générale, de trouver la direc-tion & la quantité de la force moyenne de l'eau, qui vient frapper parallélement une surface con-vexe.

Soit Z E (*Fig. 2, Pl. 1.*) la quille du vaisseau, G F, la ligne de la route ; A G, une ligne perpendi-culaire à G F, & B C, $b\,c$, des lignes parallelles à G F, & infiniment proches.

Soient A B $= x$, B C $= y$, B $b = dx$, $e\,c = dy$, C $e = dt$. La résistance ayant lieu dans chaque point C, suivant C D, perpendiculaire à la courbe, & étant en raison de C c, multiplié par le quarré du sinus de l'angle d'incidence c C N ou C $c\,e$, c'eft-à-dire comme $dt : \dfrac{dx^2}{dt^2} = \dfrac{dx^2}{dt}$; fi l'on dé-

compofe cette force en deux C K & C O, l'une perpendiculaire ; & l'autre parallele à l'axe G A , on
aura C D : C K, comme C c : ce :: $dt : dx$ ::
$\dfrac{dx^2}{dt} : \dfrac{dx^3}{dt^2} = $ la force latérale fuivant C K. On

aura encore C D : C O :: C c : ce :: $dt : dy$ ::
$\dfrac{dx^2}{dt} : \dfrac{dx^2\,dy}{dt^2} = $ la force perpendiculaire , fui-

vant C O. Donc , fi l'on prend l'intégrale de
$\dfrac{dx^3}{dt^2}$, & $\dfrac{dx^2\,dy}{dt^2}$ & que l'on fuppofe enfuite A B

$(x) = $ A G, on aura les deux forces latérales to-
tales , avec lefquelles la furface A C F eft pouffée ,
fuivant la perpendiculaire , & felon la parallele à
l'axe A G. C'eft le calcul de M. *Bernoulli* (*Joh.
Bernoulli Opera* , tom. II, pag. 56.

Si l'on fait le même raifonnement pour le côté
F E M de la courbe , on trouvera les mêmes expreffions; mais en intégrant , il faudra retrancher
la fomme des C O, qui font fur l'arc E M, de la
fomme de ceux qui font fur l'arc A C F E, parce que
ceux-ci étant pofitifs , les autres font négatifs , & il
faut ajouter tous les C K enfemble , étant tous pofitifs.

Maintenant , pour réduire les dx & dy (*Fig* 3,
meme *Pl.*) en C g (dr), & cg (du), par rapport

à l'axe P Q, on aura $dx : d\zeta$ (ch) :: $\dfrac{\text{I}}{\sqrt{\text{I} + \text{T T}}}$

: I , en nommant T la tangente de la dérive F G E

& I le finus total. Or le cofinus eft $\dfrac{\text{I}}{\sqrt{\text{I} + \text{T T}}}$.

On a auffi $gh : gc$ (du) :: T : I, ou $gh = $ T : du;
& C h ($d\zeta$) $= $ C $g \pm g.h = dr \pm T\,du$,

$$\&\ \frac{dz}{\sqrt{1+TT}} = dx = \frac{dr \pm T\,du}{\sqrt{1+TT}}.$$

Enfin on a $fh : cf\,(dx) :: T : 1.$ Donc

$$fh = \frac{T\,dr \pm TT\,du}{\sqrt{1+TT}}\,;\ \&\ cf \pm fh\,(dy \pm \frac{(T\,dr \pm TT\,du)}{\sqrt{1+TT}}) : cg\,(du) :: 1 : \frac{1}{\sqrt{1+TT}}.$$

Donc

$$dy = du\,\sqrt{1+TT} - \frac{T\,dr \mp TT\,du}{\sqrt{1+TT}}$$
$$= \frac{du \mp T\,dr}{\sqrt{1+TT}}.$$

En fubftituant les valeurs de $dx\ \&\ dy$, dans les deux différentielles des forces latérales, on trouvera deux expreffions pour chaque force, lefquelles étant ajoutées enfemble, donnent l'élément de la force totale, fuivant C K, pour l'arc P E M (*Fig. 2.*)

Si je fuivois mon inclination, je donnerois ici tout le calcul que demande la découverte de ces expreffions : mais ce calcul, qui eft très-long, figureroit mal dans un Ouvrage qui n'eft point deftiné pour les géometres feuls. J'en ai affez dit pour eux, & je ne puis rien ajouter pour les perfonnes qui n'entendent point ces calculs, ou qui n'y font pas exercées. Je me contenterai de faire quelques remarques pour les premiers, s'ils veulent achever le calcul. 1°. Les forces perpendiculaires C O font toutes pofitives depuis A jufqu'en E, & négatives depuis E jufqu'en Q. 2°. On doit ajouter deux élémens, felon c K, pour A P & Q M, & ne rien ajouter, ni retrancher pour A P & Q M, felon C O, parce que les élémens fe détruifent. 3°. Enfin on trouvera la force directe $= 2\int \frac{dr^3}{dt^2}$, & la force

latérale

latérale $=$ o ; ce qui donne l'expression de la réſiſ-
tance de tout l'arc A F E M, c'eſt-à-dire, de toute
la partie du vaiſſeau, qui eſt expoſée à l'action de
l'eau, quelque grande que ſoit la dérive ; & cette
ſolution deviendra plus complette que toutes celles
qu'on a publiées juſqu'ici de ce problème, qui ſont
fondées ſur une dérive peu conſidérable, & qui comprennent les parties de la proue, qui ne ſont pas
frappées lorſque cette dérive eſt grande. Cela poſé,
il eſt aiſé de déterminer l'angle de la dérive, l'angle
de la voile & de la quille étant connu ; & réciproquement on connoît celui-ci, l'autre étant donné,
puiſqu'on peut avoir une expreſſion très-exacte de
la relation qu'il y a entre la tangente de l'angle que
fait la voile, avec la quille & la tangente de l'angle
de la dérive. D'où il ſuit que connoiſſant la figure
de la proue d'un vaiſſeau, l'un de ces angles étant
donné, on connoîtra l'autre, ou qu'ayant meſuré,
par expérience, le rapport qu'il y a entre ces deux
angles, on aura celui qu'ils auront entr'eux dans
toutes les ſituations de la voile.

Par ces deux moyens on peut calculer des tables
où le rapport de ces angles ſoit conſtamment connu.
Or, pour en venir à ce calcul, il faut faire l'expérience dont je viens de parler, ou choiſir une courbe
géométrique, qui approche le plus de la figure de
la proue d'un vaiſſeau. C'eſt, je crois, le ſeul parti
qu'il y ait à prendre, puiſque toutes les courbes des
vaiſſeaux faits, & qu'on conſtruit, ſont méchaniques;
de ſorte que quand on auroit le rapport entre les
angles de la voile & de la quille & de la dérive, &
qu'on conſtruiroit des tables pour ces vaiſſeaux, il
faudroit refaire ces tables quand on bâtiroit de nouveaux navires. Ainſi, ſans parler de la difficulté
d'avoir ces rapports des angles, ces tables ſeroient
perpétuellement en défaut, au lieu qu'en ſe tenant
à une figure géométrique connue, & ayant ſoin
qu'on ſuive dans la conſtruction des vaiſſeaux cette

courbe, (que je suppose être la plus avantageuse. *Voyez* CONSTRUCTION II), les tables auroient une utilité permanente.

Dans l'état présent, où les vaisseaux ont différentes formes, on n'a rien de mieux à faire que de calculer la dérive pour différentes courbes, & de découvrir un moyen de trouver celle qui convient au vaisseau où l'on se trouve. Le premier moyen a été exécuté par M. *Pitot. Voyez* la *Théorie de la manœuvre réduite en pratique.* Je vais fournir le second.

Ce second moyen consiste en un instrument nouveau, aisé à construire, & extrêmement commode. C'est un quart de cercle ou un autre arc A B (*Fig. 4, Pl. I*), destiné à représenter les tables de M. *Pitot*, dont la plus grande dérive n'excede pas trente degrés. Ces tables contiennent le rapport des angles de la voile & de la quille, & de la dérive de différens vaisseaux, dont la proue fait depuis un angle curviligne de vingt degrés, jusqu'à un angle curviligne de soixante degrés.

Je divise donc l'arc A B en trente parties égales, pour représenter les degrés, & chaque degré en soixante minutes. Je décris ensuite autant d'arcs concentriques qu'il y a d'angles de la voile avec la quille, rapportés dans les tables, & cela jusqu'au plus petit. J'attache un fil au centre C, que j'applique successivement à toutes les divisions de l'arc AB, qui sont désignées dans la colonne de la dérive des tables de M. *Pitot*, & je marque sur les arcs concentriques les points *a, b, c, d,* &c. Ensuite faisant passer une courbe par ces points, j'ai la colonne de la dérive d'une table représentée par cette courbe, & ainsi des autres.

Tel est l'usage de cet instrument. Supposons que l'angle de la voile & de la quille, étant de soixante degrés, on ait trouvé la dérive de 4°, de 7°, ou de 10°, &c. Tendez le fil sur la division 4, 7 ou 10, &c. de l'arc A B : ce fil indiquera sur un arc concentrique la courbe qui coupe l'arc & le fil. C'est celle dont on doit se servir, & qui convient au vaisseau où l'on est. Cette courbe étant trouvée, si l'angle de la voile avec la quille est, par exemple, de trente-six degrés, tendez le fil sur le point où le trente-sixieme degré coupe cette courbe; & ce fil marquera sur l'arc A B l'angle de la dérive.

LIGNE DE L'EAU. C'est l'endroit du bordage où l'eau vient se terminer, quand le bâtiment a sa charge, & qu'il flotte.

LIGNE DE SONDE. C'est une corde d'environ trois lignes de diametre, de cent vingt brasses de long, à laquelle pend un plomb, & qu'on descend dans la mer, pour en sonder le fond.

Les plus longues *lignes de sonde* sont de deux cens brasses. *Voyez* MER. Celui qui les jette en mer, est placé dans les grands porte – haubans; & lorsqu'il les jette, on pousse un peu la barre à arriver. On les marque de brasses en brasses, avec des morceaux de cuir.

LIGNE DU FORT. C'est l'endroit le plus gros du vaisseau.

LIGNE ÉQUINOXIALE. C'est l'équateur, c'est-à-dire, un grand cercle, qui divise le globe du monde en deux hémispheres égaux, dont l'un est appellé *Hémisphere septentrional*, & l'autre, *Hémisphere méridional*. C'est de ce cercle qu'on commence à compter les latitudes; de sorte que les pays & les lieux qui y sont situés, n'ont point de latitude, & par conséquent point d'élévation du pole, les poles nord & sud étant alors à l'horizon.

On mouille ceux qui passent la *ligne* pour la premiere fois. *Voyez* BAPTÊME.

LIGNES. Ce sont de petits cordages de trois torons ou environ, & de trois ou quatre fils à chaque cordon, qui servent à plusieurs usages.

LIGNES D'AMARRAGE. Ce sont des cordes qui servent à amarrer, à lier ou à arrêter les manœuvres, comme les rabans, les rides, les garcettes, &c.

G ij

LIGNES DE TRÉLINGAGE. *Voyez* MARTICLES.

LIMANDES. Ce font des pieces de bois de fciage, plates, larges & minces.

LIME DE LA MER. C'eft la ligne qui paroît autour des côtes où la mer a laiffé des herbes en fe retirant.

LINGUET. *Voyez* ELINGUET & CABESTAN.

LION. C'étoit autrefois l'ornement le plus commun de la pointe de l'éperon, qui en portoit même le nom. On y a fubftitué des firenes & des figures humaines, excepté en Hollande, où l'on a confervé le *lion*, parce que les armes de cet état font un *lion*.

LIOUBE. Entaille qu'il faut faire pour enter un bout de mât fur ce qui en eft refté debout, lorfqu'un vaiffeau a été démâté par un gros temps.

LISSE DE COURONNEMENT. *Voyez* BARRE D'ARCASSE DE COURONNEMENT.

LISSE DE HOURDI. C'eft le dernier des baux, ou la derniere poutre de l'arriere, qui fert à affermir la pouppe. Sa longueur ordinaire eft à peu près les deux tiers du maître-bau. Elle eft pofée, par fon milieu, fur le haut de l'étambord, & par les bouts, fur les étains, avec lefquels elle forme l'arcaffe.

LISSE DE PONT. C'eft la premiere préceinte, qui fe trouve au milieu du tillac ou haut pont.

LISSE DE VIBORD. C'eft une préceinte un peu plus petite que les autres, qui entoure le vaiffeau par le haut.

LISSES. *Voyez* CEINTES.

LISSES DE GABARITS. On appelle ainfi la baloire, les lattes, & en général toutes les pieces qui font employées pour former les gabarits ou les façons d'un vaiffeau.

LISSES DE PORTE-HAUBANS. Ce font de longues pieces de bois, plates, que l'on fait régner le long des portehaubans, & qui fervent à tenir dans leur place les chaînes des haubans.

LIT. C'eft l'efpace ou le canal dans lequel coule une riviere.

LIT DE MARÉE. Endroit de la mer, où il y a un courant rapide.

LIT DU VENT. Nom qu'on donne aux lignes par lesquelles le vent souffle. On dit : *lit du courant* dans le même sens.

LIURE. Ce terme exprime plusieurs tours de corde, qui assemblent deux choses. Ainsi on appelle *Liure de beaupré* plusieurs tours de corde, qui tiennent l'aiguille de l'éperon avec le mât de beaupré.

LIVRE A LIVRE. C'est au sol la livre. Cela signifie que chacun participe au gain ou à la perte, à proportion de ce qu'il a contribué à la dépense.

LIVRES. Pieces de bois, courbes par un bout, qui servent à élever les bords d'un bateau foncé avec les clans.

LOCH ou LOK. Morceau de bois, d'environ huit à dix pouces de long, taillé en forme de nacelle, garni de plomb à son fond, pour lui servir de lest, & qui sert à mesurer le sillage du vaisseau. On l'attache à une ficelle fine & menue, divisée en toises par des nœuds. Pour s'en servir, on le jette en mer par la poupe ; on entortille la ficelle dans un tour, & on la laisse filer jusqu'à ce que le *loch* soit hors de la remore du vaisseau, c'est-à-dire, jusqu'à ce qu'il flotte librement, & qu'on puisse le regarder comme fixe. On commence à compter alors les toises de la ligne, que l'on file pendant une demi-minute. S'il s'en est écoulé six ou un nœud, le vaisseau fait un quart de lieue par heure ; si l'on en file vingt-quatre, il fait une lieue par heure, puisqu'une heure contient 120 demi-minutes, & que le produit de 120 par 24, est 2880 toises, qui valent à peu près une lieue marine.

Cette maniere d'estimer le sillage est très-commode, & en même temps très-défectueuse. J'ai exposé les défectuosités dans l'*Art de mesurer le sillage du vaisseau*, section II, art. VI : j'y renvoie le lecteur. Pour qu'on puisse cependant l'apprécier en

général, je dirai ici 1°. que le *loch* ne peut servir
que quand la mer est calme ; car quand elle est agitée, cette machine est ballottée, & par conséquent
ne peut point servir de point fixe ; condition absolument essentielle pour son usage : 2°. que l'opération
est interrompue presque à tout moment, parce que
la corde une fois dévidée, il faut la recommencer,
& le vaisseau sille sans qu'on en tienne compte
pendant cette interruption. Pour suppléer au *loch*,
on a inventé d'autres machines, que je ferai connoître à l'art. SILLAGE.

Je dis donc en finissant, que c'est un Anglois
nommé *Loch* qui a inventé la petite nacelle qui
vient de faire le sujet de cet article, & qui lui a
donné son nom.

LOCMAN. *Voyez* LAMANEUR.

LOF. C'est la partie du vaisseau, qui est comprise depuis le mât, jusqu'à un de ses bords, & qui se trouve
au vent : ou autrement, c'est la moitié du vaisseau,
divisée par une ligne tirée de la proue à la poupe,
& qui est au vent. Ce terme a encore différentes
significations, selon qu'on le joint avec un autre,
comme on va voir.

Au lof : Commandement d'aller au plus près du
vent.

Bouter le lof : C'est mettre les voiles en écharpe,
pour prendre le vent.

Etre au lof : C'est être sur le vent, s'y maintenir.
Sur la mer du Levant on dit : *être au lof*, quand on
parle du côté du vaisseau, qui est vers la mer ; &
être à rive, lorsqu'on est au côté qui regarde la
terre.

Tenir le lof : C'est serrer le vent, prendre le vent
de côté.

LOF. Signifie encore le point d'une basse voile, qui est
vers le vent. Ainsi lever le grand *lof*, c'est lever le
lof de la grande voile.

LOF AU LOF. Commandement de mettre le vaisseau de

telle sorte qu'il le fasse venir vers le *lof*, c'est-à-dire, vers le vent.

LOF POUR LOF. Commandement de virer vent arriere, en mettant au vent un côté du vaisseau pour l'autre.

LOGE. Nom qu'on donne aux appartemens de certains officiers, comme l'aumônier, le maître-canonnier, &c. On dit aussi *logement*.

LOIER. C'est le paiement d'un matelot. On dit aussi *louage*.

LONGITUDE. C'est la distance du premier méridien à celui du lieu où l'on est : on la compte par les degrés de l'équateur de l'ouest à l'est. Ce premier méridien est arbitraire. Plusieurs nations le fixent à l'isle de fer, qui est l'une des isles des Canaries; les François, à l'Observatoire de Paris, & la plûpart des pilotes établissent le premier méridien au lieu d'où ils partent. C'est du premier méridien qu'on commence à compter la *longitude* ; de sorte que plus un terme est oriental d'un autre, plus il a de *longitude*. Il est absolument essentiel, dans l'art de naviger, de connoître cette différence (*voyez* PILO-TAGE): mais cela forme un problême qui n'a point encore été résolu, quoiqu'on ait beaucoup travaillé pour cela, & que ce travail ait été animé par l'attrait des récompenses considérables, que presque toutes les nations maritimes ont promises à celui qui en donneroit la solution. (*Voyez* nommément l'*Acte du Parlement* (d'Angleterre), *pour récompenser publi-quement quiconque découvrira les longitudes sur mer*, dans le *Dictionnaire universel de Mathématique & de Physique*, article LONGITUDE.) J'ai analysé dans le *Dictionnaire universel de Mathématique*, que je viens de citer, même article, les plus belles méthodes qu'on a proposées pour déterminer les *longitudes* sur mer, & j'ai observé en même temps le peu de cas qu'on devoit en faire, quelque ingénieuses qu'elles soient. Depuis la composition de ce même

Dictionnaire, on n'a rien publié de nouveau sur cette matiere. On supplée actuellement à ce défaut de connoissance des *longitudes* par la mesure du chemin du vaisseau (*voyez* SILLAGE) ; & quelques pilotes, pour rectifier ce moyen, autant qu'il est possible, ont recours à un expédient qu'on ne doit pas négliger. Voici ce que c'est.

On se munit, avant que de partir, de deux ou trois bonnes montres : je dis deux ou trois, crainte d'en manquer, si l'on n'en avoit qu'une que quelque accident pourroit déranger. On observe, lorsqu'on sort d'un port, l'heure qu'il est à un cadran solaire ou à une bonne pendule, & on y regle les montres. Etant ensuite arrivé dans quelqu'endroit, on cherche l'heure qu'il y est par des observations astronomiques (*voyez* l'art. HEURE, dans le tome II du *Dictionnaire universel de Mathématique*), & on compare cette heure trouvée avec celle que les montres marquent. Si l'heure est la même, le lieu où l'on est, a la même *longitude* que celui du départ : mais s'il y a une différence, cette différence donne la *longitude* de ce premier endroit. Exemple. Supposons qu'il soit midi au moment qu'on fait l'observation, & que les montres marquent une heure : il est évident que le lieu où l'on se trouve, a quinze degrés de *longitude* orientale plus que le lieu du départ. Ce sera tout le contraire, si les montres marquent onze heures quand il est midi au lieu de l'arrivée. Au reste il ne faut regarder ceci que comme un moyen fort imparfait de déterminer les *longitudes*. On peut se convaincre du mauvais usage des montres & des pendules sur mer, en lisant l'article LONGITUDE dans le *Dictionnaire universel de Mathématique*, ci-devant cité : mais mon sentiment est qu'on ne doit rien négliger pour rectifier la mesure du sillage du vaisseau, qui est le seul moyen de suppléer à la connoissance des *longitudes* ; & l'usage

des montres peut être encore à cette fin d'autant
plus utile, qu'on a des moyens de vérifier les fautes
qu'on pourroit avoir faites par cette estime. *Voyez*
Corrections.

LONGUEUR DE LA QUILLE, PORTANT SUR
TERRE. C'est la *longueur* de la quille, en ligne
droite.

Longueur de l'étrave a l'étambord. C'est la distance, en ligne droite, qu'il peut y avoir de l'étrave à
l'étambord.

Longueur du cable. C'est cent vingt brasses de long,
qui est la plus grande *longueur* des cables. *Voyez*
Cable.

LOQUETS D'ÉCOUTILLES. Ce sont des *loquets* ordinaires, qui servent à fermer les écoutilles. On en
met aussi aux cabanes.

LOVER. C'est mettre un cable en rond, en façon de
cerceau, afin de le tenir prêt à filer lorsqu'il faut
mouiller. Les cables sont toujours *lovés* dans le
vaisseau, ou du moins ils doivent toujours l'être,
parce qu'ils tiennent moins de place, & ils doivent
être placés dans un lieu bien sec, autant qu'il est
possible. Pour les garantir même de l'humidité, on
les *love* sur quelques pieces de bois, afin qu'il y ait
un passage pour l'eau qui pourroit entrer dans cet
endroit, & que les cables n'y pourrissent pas. C'est
le contre-maître qui est chargé de ce soin. On dit
aussi *rouer* pour *lover*.

Lover une manœuvre. Cette expression n'est plus en
usage. On dit : *Rouer une manœuvre.*

LOUVIER ou LOUVOYER. C'est courir au plus près
du vent, tantôt à stribord, tantôt à bas-bord, en
portant quelque temps la proue d'un côté, & en re-
virant ensuite, pour la porter d'un autre côté. On fait
cette manœuvre lorsqu'on veut avancer avec un
vent contraire, ou qu'on veut tenir le vaisseau dans
le parage où il est, afin de ne pas s'éloigner de la

route. On prétend que la hourque eſt de tous les bâtimens celui qui *louvie* le mieux. Les Provençaux, au lieu de *louvier*, diſent *bordeyer* & *carréger*. On doit à l'illuſtre *Doria* cette maniere de ſe ſervir d'un vent contraire, en *louviant*.

LOUVIER SUR ONZE POINTES, QUAND ON VA A LA BOULINE, OU QU'ON TIENT LE VENT. C'eſt conduire le vaiſſeau ſur un air de vent, qui eſt éloigné du vent de la route de onze airs de vent.

LOXODROMIE. C'eſt la ligne que le vaiſſeau décrit ſur mer, lorſque dans ſa route, il coupe tous les méridiens ſous un même angle aigu. Si l'on conſidere le vaiſſeau comme un point infiniment petit, & la terre comme une ſphere ronde, partout également couverte d'eau, le vaiſſeau qui ſuivroit cette ligne, décriroit des tours infinis autour des poles, en parcourant cette courbe. Pour en trouver la longueur, depuis un point donné, juſqu'au pole le plus proche, il faut faire cette regle. *Le rayon ou ſinus total eſt à la ſécante de l'angle loxodromique, c'eſt-à-dire, de l'angle que fait la route du vaiſſeau avec les méridiens, comme les milles ou lieues, qui marquent l'éloignement de l'endroit d'où l'on part, au pole, ſont à la longueur de la loxodromie, ou la route parcourue entre le lieu de départ & le pole.* Lorſqu'on ne veut trouver qu'une partie de cette courbe, la route & les latitudes, entre leſquelles la partie en queſtion eſt compriſe, étant données, on dit: *le raion eſt à la ſécante de l'angle loxodromique, comme les milles ou lieues, réduits en degrés de latitude, ſont à la partie demandée de la courbe.*

Si de tous les points de la *loxodromie* on abaiſſe des perpendiculaires ſur le plan de l'équateur, il ſe formera une courbe, qu'on appelle *Spirale loxodromique.*

Je pourrois faire l'application de ces regles à

la pratique : mais je crois avoir développé suffisamment la théorie de cette courbe à l'article
LOXODROMIE du *Dictionnaire universel de Mathématique*, & j'y renvoie le lecteur, d'autant mieux
que tout ceci est plus utile dans la Géométrie,
que dans la Marine. J'ajouterai seulement ici qu'on
doit la premiere regle à M. *Jacques Bernoulli*
(*Jacob. Bernoulli Opera*, tome I, page 442),
& la seconde au P. *Déchales* (*Mundus Mathema-
ticus*, tome III, livre IV, page 234). Le premier
trouva tant de satisfaction dans ses recherches sur
les propriétés de cette courbe, qu'il désira, avant
de mourir, qu'on traçât sur son tombeau une
spirale logarithmique, avec cette inscription : *eâdem
mutatâ resurgo*, comme un emblême relatif à
l'espérance des chrétiens pour une autre vie, qui
est représentée en quelque façon par les propriétés
de cette courbe. Il suivit en ceci l'exemple d'*Archimede*, qui avoit ordonné qu'on mît sur son tombeau la découverte touchant la sphere & le cylindre;
ce qui fut exécuté environ cent trente - huit ans
après la mort de ce grand mathématicien.

LOXODROMIQUES. On sous - entend *tables*. Ce
sont des tables qui contiennent la latitude & la longitude d'un lieu qui répond à la longueur du chemin, & au rumb de vent sur lequel on l'a fait,
& qui donnent de même le chemin & le rumb
de vent, quand la différence en longitude & en
latitude est connue ; & cela évite la peine de
faire le calcul de l'opération par le quartier de
réduction, en quoi consiste le mérite de ces tables.
On en trouve dans plusieurs Ouvrages de Mathématique, mais particuliérement dans la *Nouvelle
Méthode abrégée & facile pour réduire les routes
de navigation par les tables de loxodromie*, &c. par
M. *le Mare*.

LUMIERE DE POMPE. C'est l'ouverture à côté de

la pompe, & par laquelle l'eau du vaisseau sort pour entrer dans la manche.

LUMIERES. *Voyez* Anguilleres.

LUZIN. Menu cordage à trois fils, qui sert à faire des enflechures.

MACHEMOURE. C'eſt le menu débris d'un biſ-cuit égrené & réduit en miettes. Suivant un Réglement du Roi, un morceau de biſcuit, qui eſt auſſi gros qu'une noiſette, n'eſt point réputé *machemoure*, & doit être donné à l'équipage comme biſcuit.

MACHINE A MATER. C'eſt une eſpece de grüe ou d'engin, qui ſert à poſer les mâts dans les vaiſſeaux. On ſe ſert auſſi, au lieu de cela, d'un ponton, avec un mât, un vindas ou un cabeſtan & de ſeps de driſſe.

MACLES. Ce ſont des rides en loſange, & qui font une figure de mailles.

MADIERS. Groſſes planches épaiſſes de cinq ou ſix pouces.

MAESTRAL. On appelle ainſi, ſur la Méditerranée, le vent qui ſouffle entre le nord & l'oueſt, c'eſt-à-dire, le nord-oueſt.

MAESTRALISER. On ſe ſert de ce terme pour exprimer la variation de l'aiguille aimantée vers le nord-oueſt. Ainſi on dit alors qu'elle *maeſtraliſe*.

MAGASIN GÉNÉRAL. C'eſt, dans un arcenal, l'endroit où ſe diſtribuent les choſes néceſſaires pour les armemens des vaiſſeaux du Roi.

MAGASIN PARTICULIER. C'eſt un *magaſin* qui contient les agrèts & apparaux d'un vaiſſeau, ſeulement.

MAGASINS. Ce ſont des bâtimens dans leſquels il y a des munitions de réſerve, qui ſuivent une armée navale.

MAHONE. Sorte de galéace, dont les Turcs ſe ſervent, & qui ne differe des galéaces de Veniſe, qu'en ce qu'elle eſt plus petite & moins forte. *Voyez* GA-LÉACE.

MAI. *Voyez* MAY.

MAILLE. Menu cordage ou ligne, qui fait plusieurs boucles au haut d'une bonnette, & qui sert à la joindre à la voile.

MAILLES. Ce sont les distances qu'il y a entre les membres d'un vaisseau.

MAILLET DE CALFAT. C'est un mail emmanché fort court, relié de cercles de fer, dont la masse est fort longue & menue, avec une mortoise à jour, & qui sert pour calfater.

MAIN. Sorte de petite fourche de fer, dont on se sert à tenir le fil de carret dans l'auge, quand on le goudronne.

MAIN AVANT. Commandement de faire passer alternativement les mains des travailleurs l'une devant l'autre, en tirant une longue corde; ce qui avance le travail.

On dit: *Monter main avant*; & cela signifie Monter sans échelle aux hunes, le long des manœuvres qui n'ont point d'enflechures, mais seulement par l'adresse des mains.

MAJOR. C'est un officier qui est chargé de faire assembler à l'heure accoutumée les soldats qui montent la garde, & qui doit toujours être présent lorsqu'elle est relevée, pour indiquer les postes. Il a soin de visiter tous les jours le corps de garde, & de rendre compte de tout au commandant. *Voyez* l'*Ordonnance* de 1689.

MAJORDOME, *terme de galere*. C'est l'officier qui a la charge des vivres.

MAITRE-CANONNIER. C'est un officier marinier, qui commande sur toute l'artillerie du vaisseau. Il a sous lui un second *maître*, qui fait ses fonctions en son absence.

Maître de chaloupe. Officier marinier, qui conduit la chaloupe; qui la fait débarquer, embarquer & appareiller, & qui veille à ce que les matelots ne s'en écartent point quand ils vont à terre. Il a en sa garde tous les agrêts du vaisseau auquel la chaloupe est destinée.

MAÎTRE DE GRAVE. C'est celui qui ordonne aux échafauds, & qui a soin de faire sécher le poisson en Terre-Neuve.

MAÎTRE DE HUCHE. *Voyez* CHARPENTIER.

MAÎTRE DE L'ÉQUIPAGE. C'est un officier marinier, qui a soin de toutes les choses qui concernent l'équipement, l'armement & le désarmement, les amarrages & la sûreté des vaisseaux, tant pour les garnir, agréer & armer, que pour les mettre à l'eau & les caréner. *Voyez* l'*Ordonnance* de 1689.

MAÎTRE DES PONTS ET DES PERTUIS. On appelle ainsi des gens qui se tiennent sur les rivieres, & qui ont soin de faire passer les bateaux dans les endroits difficiles.

MAÎTRE DE PORTS. C'est un inspecteur qui a soin des ports, des estacades, & qui y fait ranger les vaisseaux, afin qu'ils ne se puissent causer aucun dommage les uns les autres.

L'*Ordonnance de la Marine* de 1689 le charge aussi de veiller au travail d'escouades de gardiens & matelots, aux garnitures, cârenes & autres ouvrages. On appelle aussi *Maître de ports* un commis chargé de lever les impositions & traites-foraines dans les ports de mer.

MAÎTRE DE QUAI. Officier de ville, qui fait les fonctions de capitaine de port dans un havre. Il est chargé de veiller à tout ce qui concerne la police des quais, ports & havres; d'empêcher que de nuit on ne fasse du feu dans les navires, barques & bateaux; d'indiquer les lieux propres pour chauffer les bâtimens, goudronner les cordages, travailler aux radoubs & calfats, & pour lester & délester les vaisseaux; de faire poser & entretenir les fanaux, les balises, tonnes & bouées aux endroits nécessaires; de visiter une fois le mois, & toutes les fois qu'il y a eu tempête, les passages ordinaires des vaisseaux, pour reconnoître fi les fonds n'ont point changé ; enfin de couper, en cas de néceffité, les amarres que les *maîtres* de vaiffeau refuferoient de larguer.

Maître de vaisseau, appellé auffi *Capitaine* & *Patron* fur la Méditerranée. Officier marinier, qui commande tout l'équipage & toute la manœuvre, & qui eft chargé de tout le détail du bâtiment. Il choifit & loue les pilotes, contre-maîtres, matelots & compagnons, en confultant cependant les propriétaires du vaiffeau, lorfqu'il eft dans le lieu de leur demeure, & il eft refponfable de toutes les marchandifes chargées dans fon bord, defquelles il eft tenu de rendre compte fur le pied des connoiffemens. *Voyez* Connoissement. Il doit encore ne point abandonner fon bâtiment pendant le voyage, quelque danger qu'il y ait à craindre, fans l'avis des principaux officiers & matelots, & alors il eft tenu de fauver avec lui l'argent & ce qu'il peut des marchandifes les plus précieufes de fon chargement. S'il fait fauffe route, commet quelque larcin, fouffre qu'on vole dans fon bord, ou qu'il donne frauduleufement lieu à l'altération ou confifcation des marchandifes du vaiffeau, il eft puni corporellement. Les fonctions principales de cet officier font 1°. de l'avis du pilote & du contre-maître, de faire donner la cale, mettre à la boucle, & punir d'autres femblables peines, les matelots mutins, ivrognes, défobéiffans, ou qui ont commis quelques fautes. 2°. Lorfqu'on fait des voyages de long cours, d'affembler chaque jour à midi, & toutes les fois qu'il eft néceffaire, le pilote, le contre-maître & toutes les perfonnes verfées dans l'art de naviger, qui fe trouvent à fon bord, & de conférer avec eux fur les hauteurs prifes, fur les routes faites & à faire, & fur l'eftime.

Il faut avoir navigé pendant cinq ans pour être reçu *maître*, & fubir un examen de deux anciens *maîtres*, en préfence de deux officiers de l'Amirauté,

&

& du professeur d'Hydrographie, dans les endroits
où il y en a (*Ordonnance* de 1681, liv. 11, tit. 1.).

On appelle encore *Maître*, sur les vaisseaux de
guerre, un officier qui est après le lieutenant. Il
assiste à la carene ; a soin de l'arrimage & de l'assiette
du vaisseau, & est présent au magasin, pour prendre
la premiere garniture, & pour recevoir le rechange,
dont il est obligé de donner un inventaire au capitaine, signé de sa main. Il est chargé aussi de faire
exécuter les commandemens qu'on lui donne pour
la manœuvre (*voyez* COMMANDEMENT), & il observe
le travail des matelots, afin d'instruire ceux qui manquent par ignorance, & de châtier les autres qui ne
font pas leur devoir.

MAITRE-MATEUR. C'est une espece de charpentier,
qui assiste à la visite & recette des mâts ; a soin de
leur conservation, en les tenant assujettis sous l'eau
salée, dans les fosses, à l'abri de la pluie & du soleil,
& fait faire les hunes, barres, chouquets, &c.

MAITRE-VALET. C'est un homme de l'équipage, qui
a soin de distribuer les provisions de bouche. Il se
place à l'écoutille, qui est entre le grand mât & le
mât d'artimon.

MAL DE MER. C'est un soulévement d'estomac, qui
excite le vomissement à ceux qui ne font point accoutumés d'aller à la mer. Les physiciens croient que
cela vient de ce que les liqueurs qui sont dans leur
corps, ne reçoivent que peu à peu un mouvement
analogue à celui du vaisseau, & jusqu'à ce qu'elles
l'aient acquis, elles sont dans une agitation extraordinaire, qui excite le vomissement.

MALEBESTE. Espece de hache à marteau, dont on se
sert pour pousser l'étoupe dans les grandes coutures.

MALES. *Voyez* FEMELLES.

MALINE. C'est le temps d'une grande marée, qui arrive
toujours à la pleine lune & à son déclin.

MAL-SAIN. Epithete qu'on donne à un fond qui n'eſt pas net, & où il y a du danger.

MANCHE. C'eſt un eſpace de mer, d'une figure oblongue, entre deux terres. Les fameuſes *Manches* ſont la *Manche Britannique*, & la *Manche de Briſtol*.

MANCHE A EAU OU MANCHE POUR L'EAU, OU MANCHE DE POMPE. Long tuyau de cuir, fait en forme de *manche*; ouvert par les deux bouts, dont on ſe ſert pour conduire l'eau que l'on embarque du haut d'un vaiſſeau juſqu'aux futailles qui ſont rangées dans le fond de cale, & pour faire paſſer l'eau ou autres liqueurs d'une futaille dans une autre. Pour ce dernier uſage on applique une des ouvertures de la *manche* ſur la futaille vuide, & l'autre eſt adaptée à une pompe, qui tire l'eau de la futaille pleine. Ce changement eſt quelquefois néceſſaire pour conſerver l'arrimage & l'aſſiette du vaiſſeau, en diſtribuant différemment ſa charge. Cette *manche* eſt la même que celle des pompes à incendie. *Voyez* POMPE dans le *Dictionnaire univerſel de Mathématique.*

MANÉAGE. Sorte de travail de mains des matelots, dont ils ne peuvent demander aucun ſalaire au marchand. Tel eſt celui qui conſiſte à charger des planches, du mairrain & du poiſſon, tant verd que ſec.

MANEGE DU NAVIRE. C'eſt l'art de faire tourner le navire en tout ſens. Cet art conſiſte à déterminer le mouvement du vaiſſeau, ſuivant que les voiles ſont ſituées les unes par rapport aux autres, afin de diriger ce mouvement comme on le ſouhaite, & ſelon le beſoin. Les connoiſſances préliminaires que cet art ſuppoſe, ſont 1°. la ſituation du centre de gravité du vaiſſeau; 2°. la diſtance des mâts à ce centre; 3°. la grandeur des voiles de chaque mât, & 4°. la force du vent ſur ces voiles. Tout cela varie, & ſuivant la grandeur & la forme des vaiſſeaux, & ſelon les temps. Je commence à en prévenir les marins, afin qu'en faifant ufage des regles générales, que je vais établir, ils aient égard à ces variations. Pour mettre un ordre dans l'expofition de ces regles, je confidere les mouvemens de rotation du vaiffeau, lorfqu'il ne fille pas, & je les examine enfuite, quand il eft fous voiles ; ce qui forme deux parties, qui feront le fujet de cet article. Pofons auparavant le principe de Dynamique, fondamental de l'art dont il s'agit, principe démontré, & qui eft inconteftable.

La diftance de gravité d'un corps au centre de rotation, eft toujours proportionnelle à l'excès de la puiffance de la maffe du corps, réunie à fon centre de gravité, multipliée par fa diftance au point du corps, où la puiffance eft appliquée ; de forte qu'on détermine le centre de rotation d'un corps, en divifant le moment du corps en deux parties telles que leur différence foit égale à l'excès de la puiffance fur ce moment.

Au refte j'appelle *Moment* le produit de la maffe du corps, par la diftance de fon centre de gravité au point où la puiffance eft appliquée.

I. *Des mouvemens de rotation du vaiffeau, quand il ne fille point.* Je fuppofe qu'un vaiffeau étant au port ou en panne, on veuille le faire tourner par la proue, pour le faire arriver, ou par la pouppe, pour le faire venir au vent, c'eft-à-dire, pour lui faire tourner fa pouppe du côté du vent dans le premier cas, & fa proue dans le fecond. Il s'agit de découvrir le meilleur moyen de faire tourner le vaiffeau, de déterminer le point autour duquel il tournera, & la vîteffe avec laquelle il tournera. Examinons le premier cas.

Soit le vaiffeau A Q (*Fig. 5, Pl. 1.*) qu'on veut faire arriver au vent, il faut 1°. mettre au vent les voiles de l'avant, c'eft-à-dire, la voile de beaupré & celle d'artimon ; 2°. connoître l'effort du vent fur ces voiles, en multipliant la furface des voiles par le quarré de la vîtesse du vent ; & d'après cette expérience qu'une surface d'un pied quarré, qui est choquée perpendiculairement par un vent dont la vîtesse est de vingt-quatre pieds par seconde, évaluer cet effort, en ayant égard au sinus de l'angle d'incidence, qui diminue l'effort en raison doublée de sa propre diminution ; 3°. multiplier le poids du vaisseau par la distance de son centre de gravité au point de réunion des efforts composés des voiles d'artimon & de beaupré ; 4°. comparer l'effort du vent avec ce dernier produit. L'excès de cet effort sur la résistance absolue du vaisseau, déterminera tout à la fois la distance du centre de rotation, tel que R au centre de gravité G du vaisseau ; de sorte que cette distance sera d'autant plus grande, que cet excès sera plus considérable, & delà la promptitude avec laquelle le vaisseau tournera', qui est exprimée par cette distance. Tout ceci est une application du principe ci-devant posé. Avant que de tirer aucune conséquence, il faut déterminer le point de réunion des efforts composés des voiles d'artimon & de beaupré, afin d'avoir le bras du levier par lequel le vaisseau résiste à ces efforts.

Pour résoudre ce problême, il n'y a qu'à le réduire à la décomposition, en faisant servir une voile de point d'appui à l'autre qui agit. Que la ligne S D (*Planche 1, Fig. 6.*) exprime la distance des points des voiles de beaupré & de misaine, par lesquels le vent agit ; S I, l'effort de la voile de misaine, & D F, l'effort de la voile de beaupré. En quelque raison que soient ces deux forces, je dis que le point d'appui ou de réunion sera en raison de l'une à l'autre force. Pour rendre cela sensible, supposons que tandis que la force S I s'exerce selon S I, la force F D pousse ou agisse, non selon D F, mais suivant F D : or il est évident que si l'on mene par les points I, F une ligne F I, le point d'appui Q de l'effort commun, sera au milieu de la ligne,

parce que c'est le seul qui se trouve dans le plan de
la direction de ces deux forces. Il seroit aisé, maintenant de faire voir que la distance de ce point à
l'une des forces, est toujours en raison des deux
forces, à cause des triangles semblables S I C, F C D,
qui donnent S I : F D : : S C : C D.

Donc le bras de levier, par lequel le centre de
gravité du vaisseau résiste à l'effort qui tend à le
faire tourner, est d'autant plus grand, que la force
de la voile de beaupré est moindre que celle de la
voile de misaine. Delà je conclus qu'*un vaisseau
arrivera d'autant plus vîte, & tournera sur un point
d'autant plus éloigné de son centre de gravité, que ce
même centre sera plus près de la proue ; que l'effort
du vent par les voiles sera plus grand, & que le point
de la réunion de leur effort sera plus proche de son
centre de gravité.*

Ce n'est point encore ici le meilleur moyen de
faire arriver le vaisseau, ou de le faire tourner davantage & avec plus de vîtesse. Il y a encore un
aide extrêmement utile à cette fin : c'est le gouvernail. Mais avant que d'examiner ses effets, je dois
avertir que de toutes les situations de voiles, la
plus avantageuse est celle qui est parallele à la
quille A Q, telle que M M & N N, (*Figure 5.*)
parce que la direction de leur effort est perpendiculaire à cette même quille, selon S I
& D F ; ce qui est absolument nécessaire pour
une rotation subite du navire. Il est vrai qu'en
posant toujours les voiles de cette maniere, on diminue, suivant les circonstances, l'angle du vent
sur les voiles. C'est le cas de la *Figure*, où K D
représente la direction du vent. On voit bien qu'ici
les voiles étant situées obliquement, comme C C &
V V, l'angle d'incidence est beaucoup plus grand
que dans la situation parallele : mais dans ce cas le
vaisseau est poussé selon D E ou S H, & cela ne peut
pas produire un effet aussi considérable pour la ro-

tation du vaisseau, que la direction S I ou D F, comme il seroit facile de le démontrer, si c'étoit ici le lieu de le faire. Il me doit suffire d'en avoir prévenu le lecteur, avant que d'examiner les effets du gouvernail.

Lorsque le gouvernail agit tout seul, on détermine le centre de rotation du vaisseau, & son mouvement, en évaluant la force de cette machine, c'est-à-dire, en multipliant la surface du gouvernail par le quarré de sa vîtesse, & en faisant la même regle que nous avons faite pour les voiles de misaine & de beaupré. Quand on réunit cette force à celle de ces dernieres voiles, il ne s'agit que de découvrir le point du vaisseau sur lequel elles agissent en commun, & la même regle subsiste toujours.

Soit L P la force du gouvernail L (*Fig. 7*), & O Q la force commune des deux voiles de misaine & de beaupré, c'est-à-dire, l'excès de chacune de ces forces sur la pesanteur du vaisseau. Menons du point P au point O la ligne P O. Le point R sera celui autour duquel ces forces agiront pour faire tourner le vaisseau, & la distance de ce point au centre de gravité G, le bras du levier par lequel la masse du vaisseau résistera à leur effort. Or, à cause des triangles L P R, R O Q, on aura L R : R Q :: L P : O Q. Donc le point de rotation sera d'autant plus éloigné du centre de gravité, que O Q sera plus grand que L P ou que la force des voiles de beaupré & de misaine surpassera celle du gouvernail, & qu'elle surpassera elle-même la pesanteur du vaisseau. Car il faut bien prendre garde que O Q, comme L P, ne représentent que l'excès de la force des voiles & du gouvernail, pris séparément sur la pesanteur du vaisseau, force qu'on trouve en soustrayant chaque force en particulier du gouvernail & des voiles, de cette même pesanteur.

Je pourrois faire l'application de tout ceci, & développer davantage ces principes : mais je crois en avoir affez dit pour un lecteur intelligent qui voudra en faire ufage, & pour rendre raifon des manœuvres que j'ai prefcrites à l'article ARRIVER, afin de faire arriver un vaiffeau.

Lorfqu'on veut faire venir un vaiffeau au vent, on place la voile d'artimon comme celle de mifaine; on tourne le gouvernail du côté oppofé à la fituation de la figure 7, & on fait le même raifonnement que pour les voiles de mifaine & de beaupré: je veux dire qu'on fait une fomme de ces deux forces, & qu'on cherche le point de leur commun effort, afin de déterminer le bras de levier, compris entre ce point & le centre de gravité du vaiffeau, par lequel on doit multiplier fa pefanteur pour en avoir le moment.

II. *Du mouvement de converfion du vaiffeau, lorfqu'il fait voile.* Cette feconde partie du *manege du navire* eft fondée fur les mêmes principes que la premiere. Ce font toujours les mêmes queftions à réfoudre; fçavoir, faire arriver le vaiffeau, ou le faire venir au vent. Il n'y a ici qu'une attention de plus à avoir: c'eft l'effet des voiles fur lefquelles le vent agit pour faire filler le vaiffeau. Soit donc A Q la coupe d'un vaiffeau fous voiles (*Fig. 8*). V D, V D, V D, V D font les lignes du vent; D E D E, D E, D E la direction de leur effort, perpendiculaire à la furface des voiles; S S, la voile d'artimon; T T, celle du grand mât, par lefquelles le vaiffeau eft pouffé felon la direction D E; N N & M M, les voiles fituées parallélement à la quille, pour faire virer le vaiffeau; enfin L A, la fituation du gouvernail. Il s'agit de déterminer la route que le vaiffeau doit fuivre, le mouvement qu'il doit prendre, & quelle doit être la fituation la plus avantageufe des voiles qui contribuent au fillage, pour le faire virer plus aifément.

Afin de déterminer d'abord la route du vaiffeau, il faut réduire les forces des voiles d'artimon & du grand mât à une , comme nous avons réduit , dans la première partie, celles de misaine & de beaupré, & mener des points de réduction de ces quatre voiles que je suppose être les points I & Q , les lignes I K & Q K. Ces deux forces étant réduites en K Z, selon la décomposition des forces , la route du vaisseau sera 1 K , qui est la ligne K Z prolongée.

Ce sera donc la direction par laquelle ces forces exerceront leur effort. Cette direction est oblique à la situation du navire , & par conséquent elle est composée de deux autres 23, 24, dont l'une est perpendiculaire à la quille, & l'autre parallele à la même quille. Il n'y a que la force 23 qui travaille à faire tourner le vaisseau. Joignons à cette force celle du gouvernail, & faisons la même décomposition & le même raisonnement que nous avons fait pour la figure 7 , nous aurons le centre de rotation R déterminé , & par conséquent la distance de ce centre au centre de gravité G, qui exprime la vîtesse avec laquelle le vaisseau tournera.

Maintenant , si l'on fait attention que plus les voiles d'artimon & du grand mât approchent de la situation perpendiculaire à la quille , plus la direction de leur effort décomposé avec celui des voiles de misaine & de beaupré est oblique , c'est-à-dire, plus l'angle K I A est obtus (comme 78 dans la situation des voiles *ff* & *tt*, la ligne R 8 étant leur commun effort), on conclura qu'*un vaisseau vire d'autant plus facilement , que la situation des voiles d'artimon & du grand mât est plus oblique à la quille du vaisseau & au contraire.*

Il seroit donc nécessaire , lorsqu'on a besoin d'une prompte manœuvre , de situer toutes les voiles parallélement à la quille , ou obliquement , en sacrifiant l'avantage du sillage à une prompte évolution. Mais comme il faut, suivant les cas, siller presqu'en même temps qu'on vire , & que le temps est souvent précieux pour fuir ou pour chasser , c'est au marin intelligent à juger si les circonstances exigent qu'il préfere un bon sillage à une plus grande facilité de manœuvrer.

MANGER. Ce terme n'est en usage qu'au passif. On dit : *être mangé par la mer*, pour dire que la mer, étant extrêmement agitée, entre par les hauts du vaisseau, sans qu'on puisse s'en garantir.

MANGER DU SABLE. C'est hâter l'écoulement du sable de l'horloge. *Voyez* SABLE.

MANIVELLE. *Voyez* MANUELLE.

MANNE. Sorte de corbeille, dont on se sert, dans les vaisseaux, pour divers usages.

MANŒUVRE. Art de soumettre le mouvement des vaisseaux à des loix, pour les diriger le plus avantageusement qu'il est possible. Toute la théorie de cet art consiste dans la solution de ces six problêmes. 1°. Trouver l'angle de la voile & de la quille. 2°. Déterminer la dérive du vaisseau, quelque grand que soit l'angle de la voile avec la quille. 3°. Mesurer avec facilité cet angle de la dérive. 4°. Trouver l'angle le plus avantageux de la voile avec le vent, l'angle de la voile & de la quille étant donné. 5°. L'angle de la voile & de la quille étant donné, trouver l'angle de la voile avec la quille, le plus avantageux pour gagner au vent. 6°. Déterminer la vîtesse du vaisseau, selon les angles d'incidence du vent sur les voiles, selon les différentes vîtesses du vent, selon les différentes voilures, & enfin suivant les différentes dérives.

J'ai résolu les second & troisieme problêmes aux articles LIGNE DE LA FORCE MOUVANTE. Je vais donner un précis de la solution des quatre autres.

Pour trouver l'angle de la voile & de la quille, il faut nécessairement réduire la courbure de la voile à une surface plane : c'est ce qu'a fait M. *Bernoulli*. Soit C D la vergue (*Pl. 1, Fig. 9.*); C G D, la courbure de la voile. Menez deux tangentes C F, D F à la courbe. La ligne F B, qui divise l'angle C F D en deux parties égales, sera la direction moyenne, & l'axe de l'équilibre des impressions sur la courbe C G D, comme le démontre M. *Bernoulli*, dans le seizième chapitre de sa *Théorie de la manœuvre* (*Bernoulli Opera*, tom. II). Donc la perpendiculaire *c d* à cette ligne F G, représentera la voile plane.

Pour faire usage de ce principe, M. *Pitot*, qui a réduit la théorie de M. *Bernoulli* en pratique, veut qu'on prenne, avec une fausse équerre ou autrement, la valeur des angles F C D, F D C, & qu'on fasse cette proportion : comme la somme du double du sinus de l'angle F C D, & du sinus de l'angle C F D est à leur différence, ainsi la tangente de la moitié du supplément au demi-cercle de l'angle F D C est à la tangente d'un angle, lequel étant ajouté à la moitié du même supplément, au demi-cercle, donnera l'angle D B F, dont le complément sera l'angle D B *d*. (*La Théorie de la manœuvre des vaisseaux, réduite en pratique*, pag. 48.) Cette regle est fondée sur la supposition que le point B est le milieu de la vergue. Mais M. *Bernoulli* démontre que « la ligne » droite F B, qui coupe en deux parties égales l'an- » gle que font les deux tangentes, sera infaillible- » ment la moyenne direction de l'impulsion du » vent, ou la ligne de la force mouvante, suivant » laquelle le vent fait son effort sur la voile, & la » voile sur le vaisseau, &c. ». (*Voyez* l'art. II du ch. xv de la *Théorie de la manœuvre* de M. *Bernoulli*.) Ainsi il me semble que si l'angle F D C est de 60 degrés, & F C D de 50, l'angle C F D sera de 70°. Donc, selon la regle de M. *Bernoulli*, l'angle B F D sera de 35°, & son complément *d* de 55°, qu'il faut soustraire de l'angle F D B ou F D C, qui est de 60°, pour avoir l'angle D B *d* de 5°. M. *Pitot* ne trouve que 4 degrés, 14 minutes. Cette petite différence vient de la supposition dont j'ai parlé.

Il s'agit, dans le troisième problême, de déterminer l'angle le plus avantageux de la voile avec le vent. Or on trouve cet angle en égalant l'angle du vent avec la voile à celui de la route avec la ligne perpendiculaire au vent : c'est-à-dire que cet angle est la moitié du complément de celui de la voile avec la route, dont la tangente t, par ces expressions, qu'on déduit du premier problême (*voyez* LIGNE DE LA FORCE MOUVANTE)

$$= \frac{(2T - T^3)\, r + (T^3 - 3T)\, A}{(1 - 3TT)(A + 3TT)\, r} ;$$

ou pour abréger cette expression, $t = \dfrac{b - T}{bT + 1}$: ce qui signifie *qu'il faut prendre la différence entre la co-tangente* b *de l'angle de la voile avec la quille & la tangente* T *de la dérive, & diviser cette différence par le produit de ces deux tangentes, augmenté de l'unité.* Le quotient donnera la tangente d'un angle, dont la moitié sera celui de la voile avec le lit du vent, pour que le vaisseau, avec sa disposition actuelle de voilure, gagne au vent le plus qu'il est possible.

Je ne puis qu'indiquer la solution du quatrieme problême, qui consiste à trouver l'angle de la voile avec la quille, le plus avantageux pour gagner au vent, parce que cette solution exige un calcul long, qui ne seroit à portée que d'un très-petit nombre de lecteurs, & parce que j'ai composé cet Ouvrage dans l'intention de le rendre utile à tout le monde. Je ne dois donc point m'écarter de mon projet, & par conséquent abandonner les questions trop compliquées, qui exigent des connoissances qui sont en quelque sorte étrangeres à la marine. Voici donc les élémens de la solution du problême dont il s'agit.

Soit V G (*Pl.* 1, *Fig.* 10.) la direction du vent ; M N, une ligne perpendiculaire à cette direction ; B A, la quille du vaisseau, & D E, la voile. Cela posé, il faut disposer tellement le vaisseau, par rapport au vent & à la voile, qu'il s'éloigne, le plus qu'il est possible, de la ligne M N, & rendre l'angle E C *c* de la voile avec la route, le plus petit qu'il est possible. Car cet angle, étant toujours par le problème précédent au milieu de l'angle droit V C N, ne peut pas diminuer sans que son demi-complément V C E n'augmente. Et par conséquent, à mesure que cet angle diminuera, le vent frappera la voile moins obliquement, & le vaisseau cinglera plus vîte. Dès-lors C *c* & *c* P augmenteront. Il faudra donc prendre le *maximum* de la tangente de l'angle EC *c*, qui peut être exprimée par

$$\frac{A - 3ATT + 3rTT}{2Tr - T^3r + AT^3 - 3AT}.$$ *Voyez* le problême de la Ligne de la force mouvante.

❦ On détermine la vîtesse du vaisseau, qui fait le sujet du sixieme problême, par les regles suivantes. Cette vîtesse est comme le sinus des angles d'incidence, comme les vîtesses du vent, comme la surface des voiles, & en raison des sinus des angles formés par la ligne de la force mouvante, & par la ligne de la route dans toutes les dérives. De sorte que connoissant la vîtesse du vaisseau, l'angle du vent sur les voiles, l'angle de la dérive, la force du vent, & la surface des voiles, étant donnés, on connoîtra sa vîtesse lorsque toutes ces choses varieront séparément; & lorsqu'elles varieront ensemble, la vîtesse sera en raison composée de ces variations, c'est-à-dire qu'on fera un produit de toutes ces choses dans les deux vîtesses du vaisseau, & qu'on les comparera ensemble. Le plus grand produit donnera la plus grande vîtesse. On trouvera la démonstration de toutes ces regles, & leur application, dans la *Nouvelle Théorie de la manœuvre des vaisseaux, à la portée des pilotes.*

J'ai donné l'histoire de la *manœuvre* dans le *Dictionnaire universel de Mathématique & de Physique,* art. MANŒUVRE, J'y renvoie donc le lecteur. Je me bornerai à dire ici que le P. *Pardies* est le premier qui a voulu la soumettre aux loix de la méchanique, & que le P. *Hôte*, le chevalier *Rénau*, MM. *Huyghens*, *Guinée*, *Parent*, *Bernoulli* & *Pitot*, y ont successivement travaillé. *Voyez* DÉRIVE.

MANŒUVRE. C'est le service des matelots, & l'usage que l'on fait de tous les cordages, pour faire mouvoir le vaisseau.

MANŒUVRE BASSE. *Manœuvre* qu'on peut faire de dessus le pont.

MANŒUVRE FINE. C'est une *manœuvre* prompte & délicate.

MANŒUVRE GROSSE. C'est le travail qu'on fait pour embarquer les cables & les canons, & pour mettre les ancres à leur place.

MANŒUVRE HARDIE. *Manœuvre* périlleuse & difficile.

MANŒUVRE HAUTE. *Manœuvre* qui se fait de dessus les hunes, les vergues & les cordages.

MANŒUVRE TORTUE. C'est une mauvaise *manœuvre*.

MANŒUVRER. C'est travailler aux manœuvres, les gouverner, & faire agir les vergues & les voiles d'un vaisseau, pour faire une manœuvre.

MANŒUVRES. On appelle ainsi, en général, toutes les cordes qui servent à gouverner les vergues, les voiles & l'ancrage, & à tenir les mâts..

On distingue les *manœuvres* en *manœuvres coulantes ou courantes*, & *manœuvres dormantes.* Les premieres sont celles qui passent sur des poulies, comme les bras, les boulines, &c. & qui servent à manœuvrer le vaisseau à tout moment. Les secondes sont les cordages fixes, comme l'itague, les haubans, les galaubans, les étais, &c. qui ne passent pas par des poulies, ou qui ne se manœuvrent que rarement.

MANŒUVRES À QUEUE DE RAT. *Manœuvres* qui vont en diminuant, & qui par conséquent sont moins garnies de cordons vers le bout, que dans toute leur longueur.

MANŒUVRES EN BANDE. *Manœuvres* qui n'étant ni tenues, ni amarrées, ne travaillent pas.

MANŒUVRES MAJORS. Ce font les gros cordages, tels que les cables, les hauflieres, l'étain, les grêlins, &c.

MANŒUVRES PASSÉES A CONTRE. *Manœuvres* qui font paflées de l'arriere du vaifleau à l'avant, comme celles du mât d'artimon.

MANŒUVRES PASSÉES A TOUR. *Manœuvres* paflées de l'avant du vaifleau à l'arriere, comme les cordages du grand mât & ceux des mâts de beaupré & de mifaine.

MANŒUVRIER. C'eft un homme qui fçait la manœuvre.

MANQUER. On dit qu'une manœuvre a *manqué*, quand elle eft larguée, lâchée, ou qu'elle s'eft rompue.

MANTELETS. Ce font des fenêtres qui ferment les fabords, qui font attachées par le haut, & qui battent fur le feuillet du bas. Elles font doublées & clouées en lofange. On les peint ordinairement de rouge en dedans. Comme on fait de faux fabords, on fait aufli de faux *mantelets* qu'on peint en blanc, afin de faire paroître les vaifleaux plus en état de défenfe.

MANTURES. Ce font les coups de mer, & l'agitation des houles. *Voyez* HOULES, LAMES & COUP DE MER.

MANUELLE. Barre de bois, par le moyen de laquelle on fait mouvoir le gouvernail. Elle eft attachée, avec une boucle de fer, à la barre qui le joint. Ses dimenfions ordinaires font, pour la longueur, un tiers de la largeur du vaifleau, un pouce d'épaifleur au bout qui joint la barre par chaque deux pieds qu'elle a de longueur, & la moitié de cette même épaifleur par le bout d'en haut.

MAQUILLEUR. Bateau de simple tillac, dont on se sert pour la pêche du maquereau.

MARABOUT, *terme de galere.* C'est une voile qu'on met dans le temps d'une tempête.

MARAIS SALANS. Ce sont des endroits près des côtes de la mer, où l'on met de l'eau salée pour faire du sel. On les marque, dans les cartes, avec de petites ondes mêlangées de quelques points & de quelques herbages.

MARANDER. Terme bas, dont se servent les marins des côtes de la Manche, qui signifie Gouverner. Ainsi on dit qu'un vaisseau *marande* quand il se gouverne bien.

MARCHE-PIED. Nom général, qu'on donne à des cordages qui ont des nœuds, qui sont sous les vergues, & sur lesquels les matelots posent les pieds, lorsqu'ils prennent les ris des voiles, qu'ils les ferlent ou les déferlent, & quand ils veulent mettre ou ôter le boute-dehors.

MARCHE-PIED. On appelle ainsi, dans les bords des rivieres, un espace d'environ trois toises de large, qu'on laisse libre, afin que les bateaux puissent.remonter facilement.

MARCHER. *Voyez* ORDRE DE MARCHE.

MARCHER DANS LES EAUX D'UN AUTRE VAISSEAU. C'est faire la même route qu'un autre vaisseau, en le suivant de près, & en passant dans les mêmes endroits qu'il passe.

MARCHER EN COLONNE. C'est faire siller les vaisseaux sur une même ligne, les uns derriere les autres ; ce qui ne peut avoir lieu que quand on a le vent en poupe ou vent largue.

MARÉAGE. Maniere de louer les matelots à un prix fixe pour un voyage, quelque long qu'il puisse être.

MARÉES. Les marins nomment ainsi le temps que la mer emploie à monter & à descendre, c'est-à-dire, le flux & reflux de la mer. *Voyez* FLUX & REFLUX.

Le flux porte les eaux contre la terre pendant fix heures, & on le nomme *Flot*. Le reflux les fait defcendre fix autres heures, & on le nomme *Jufan*. La mer refte environ vingt-quatre heures dans fa plus grande hauteur, & elle s'appelle *Pleine mer*. Elle refte auffi vingt-quatre heures dans fon plus grand abaiffement, & on la nomme *Baffe mer*. Les *marées* s'appellent encore *Vives eaux* ou *Réverdies* dans les nouvelles & pleines lunes, parce que les eaux s'élevent alors davantage que dans tout autre temps. Enfin on donne le nom de *Grandes malines* aux réverdies des équinoxes, parce qu'elles font plus confidérables que dans les autres temps de l'année.

Les *marées* n'arrivent pas fur toutes les côtes en même temps. Elles fuivent les jours de la lune, & retardent tous les jours, comme elle, de quarante-huit minutes; de forte que, pour déterminer chaque jour le temps de la pleine lune fur une côte, il faut fçavoir à quelle heure de la lune les *marées* arrivent fur cette côte, & quelle heure du foleil répond à cette heure de la lune pour chaque jour. L'heure de la lune à laquelle les *marées* arrivent dans un port, eft ce qu'on appelle l'*établiffement des marées*, ou la *fituation d'un port*. Pour trouver cet établiffe-ment, il faut connoître le retardement de la lune, qui eft le même que celui des *marées* ; ce qu'on trouve en multipliant les jours de la lune par 4, & en divifant le produit par 5. Le quotient donne l'heure du retardement. On fuppofe ici la connoif-fance de l'âge de la lune, connoiffance dont on pourroit abfolument fe paffer, en faifant ufage, au clair de la lune, d'un cadran folaire, parce que le retardement du cadran, éclairé par la lumiere de cette planette, eft le même que celui de la lune.

Quand ce problême eft réfolu, on trouve de cette maniere l'établiffement des *marées* dans un port. 1°. On obferve l'heure de la pleine mer dans ce port.

port. 2°. On cherche le retardement de la lune.
3°. On le souftrait de l'heure de la pleine mer. 4°. On
ajoute 12 à l'heure de la pleine mer, fi elle eft
moindre que l'heure du retardement de la lune. Le
refte marque l'heure de la pleine mer le jour de la
nouvelle ou pleine lune.

On trouve dans le *Dictionnaire univerfel de Mathématique & de Phyfique*, art. MARÉES, le développement de cette regle & de la précédente, une table
du retardement des *marées*, & un catalogue des
côtes & ports, où l'heure de la pleine mer arrive le
jour de la nouvelle & de la pleine lune. J'y renvoie
le lecteur. J'ajouterai feulement ici que les pilotes
marquent les heures de la lune par les rumbs de
vent. Ils placent midi & minuit au nord & au fud,
& font valoir chaque rumb de vent trois quarts
d'heure. Ils difent donc qu'un havre eft fitué au nord-
eft & fud-oueft, fi la pleine mer y arrive à trois heures de la lune.

MARÉES DE DOUZE HEURES. Ce font des *marées* nord &
fud, c'eft-à-dire, des *marées* dont les havres, les
rades ou les terres font en oppofition avec la lune,
lorfqu'elle paffe par cet air de vent. Cette façon de
parler a auffi lieu à l'égard des autres airs de vent,
en augmentant de quarante-huit minutes en allant
du nord à l'eft, & du fud à l'oueft.

MARÉES QUI PORTENT AU VENT. Ce font des *marées* qui
vont contre le vent.

MARÉES QUI SOUTIENNENT. Expreffion qui fignifie qu'un
vaiffeau, faifant route au plus près du vent, & ayant
le courant de la marée favorable, fe trouve foutenu
par la marée contre les lames que pouffe le vent; en
forte que le vaiffeau va plus facilement où il veut
aller.

MARÉES & CONTRE-MARÉES. Ce font des *marées* qui fe
rencontrent, en venant chacune d'un côté, & qui
forment fouvent des courans rapides & dangereux,
qu'on appelle des *Ras*.

Tome II.   I

MARGUERITES. Ce font certains nœuds qu'on fait fur une manœuvre, pour agir avec plus de force.

MARIN. C'eft un homme confacré au fervice de la mer.

MARINE. C'eft la fcience de la mer. Cette fcience a quatre parties : l'hydrographie (*voyez* HYDROGRAPHIE); l'art de la navigation (*voyez* NAVIGATION); l'architecture navale (*voyez* ARCHITECTURE NAVALE, CONSTRUCTION & GALERE), & l'état des perfonnes qui font le fervice de la mer, & des chofes qui font néceffaires à ce fervice. Ces perfonnes font diftribuées en France en deux corps, l'un deftiné pour fervir fur les vaiffeaux, qu'on appelle *le Corps d'épée*, & l'autre pour former les armemens & les équipemens des vaiffeaux, qu'on nomme *le Corps de plume*. Les principaux officiers du premier corps font les vice-amiraux, les lieutenans généraux des armées navales, les chefs d'efcadre, les capitaines, les lieutenans, &c. Les intendans de marine, les commiffaires généraux, les commiffaires particuliers, &c. font les principaux officiers du corps de plume. Le troifieme corps eft une jurifdiction de laquelle reffortiffent tous les différends & toutes les caufes qui furviennent dans la *marine*. On appelle cette jurifdiction *Amirauté*. Voyez AMIRAUTÉ & AMIRAL. C'eft elle qui fait obferver les loix & les ordonnances de la marine, dont j'ai donné un précis aux articles divers, où j'ai pu les rappeller, comme BRIS, BRIEUX, ASSUREUR, ASSURÉ, ASSURANCE, CONNOISSEMENT, &c. On trouvera auffi aux articles compris fous le nom des officiers de *marine*, & fous ceux qui regardent les chofes néceffaires au fervice de la mer, comme ARCENAL, ARMEMENT, AGRÉER, &c. les détails qui concernent la quatrieme partie de la *marine*. A l'égard de fon hiftoire, il faut lire ces articles & les fuivans, ARMÉE NAVALE, BATAILLE NAVALE, FLOTTE, CANON, BAPTÊME, COURONNE

NAVALE, NAUFRAGE, &c. Enfin je vais citer ici quelques livres pour ceux qui souhaiteront de plus grandes connoissances sur cette Histoire de la *marine* : C B *Morisoti orbis maritimi Historia generalis. Joannis Scheferi, de militiâ navali Veterum. Laz. Baif, de re navali. Hydrographie* du P. *Fournier. Histoire de la navigation & du commerce des Anciens*, par M. *Huet.* Ch. *Arbubhnot Dissert. concerning the navigat of the Ancients,* Lond. 1727. *Histoire générale de la marine. Histoire navale d'Angleterre,* &c.

Je renvoie au discours préliminaire ce qui regarde les avantages de la *marine.*

MARINIER. On appelle ainsi, en général, un homme qui va à la mer, & qui sert à la conduite & à la manœuvre du vaisseau. On donne ce nom, en particulier, à ceux qui conduisent les grands bateaux sur les rivieres.

MARITIME. Epithete qu'on donne aux choses qui regardent la marine. Ainsi on dit : une *place maritime,* un *exploit maritime,* des *forces maritimes,* &c.

MARNOIS. Bateaux de médiocre grandeur, qui viennent de Brie & de champagne jusqu'à Paris, sur la Marne & sur la Seine.

MARQUES. Ce sont des indices qui sont à terre, comme des montagnes, clochers, moulins à vent, arbres, &c. qui servent aux pilotes à reconnoître les dangers & les passes. On appelle aussi *Marques* les tonnes & les balises qu'on met en mer pour ce même usage.

MARSILIANE. Bâtiment à pouppe quarrée, qui a le devant fort gros, & qui porte jusqu'à quatre mâts, dont les Vénitiens se servent pour naviger dans le golfe de Venise, & le long des côtes de Dalmatie. Son port est d'environ sept cens tonneaux.

MARTEAU. C'est une piece de bois, plate, percée au milieu, & qui passe dans la fleche de l'arbalête. *Voyez* ARBALÊTE.

MARTEAU A DENTS. *Marteau* fourchu, qui fert à arracher les clous quand on conftruit ou qu'on radoube un bâtiment.

MARTICLES ou LIGNES DE TRÉLINGAGE. Petites cordes difpofées par branches ou pattes, en façon de fourches, qui viennent aboutir à des poulies appellées *Araignées*. *Voyez* ARAIGNÉES. La vergue d'artimon a des *marticles*, qui lui tiennent lieu de balancines. Ces *marticles* prennent l'extrêmité d'en haut de la vergue; fe terminent à des araignées, & vont répondre par d'autres cordes au chouquet du perroquet d'artimon. Au bout de chaque *marticle* eft une étrope, par où paffe une poulie, fur laquelle eft frappé le martinet de la vergue, qui fert pour l'apiquer. L'étai de perroquet fe termine auffi par *marticles* fur l'éperon de mifaine. *Voyez* encore CAP DE MOUTON & TRÉLINGAGE.

MARTICLES. Ce font de petites cordes, qui embraffent les voiles qu'on ferle.

MARTINET. C'eft la corde ou manœuvre qui commence à la poulie nommée *Cap de mouton*, laquelle eft au bout des marticles. Elle fert à faire hauffer ou baiffer la vergue d'artimon.

MARTINET. C'eft encore un nom général, qu'on donne aux marticles, à la moque & aux araignées.

MASCARET. Reflux violent de la mer dans la riviere de Dordogne, où elle remonte avec beaucoup d'impétuofité. C'eft la même chofe que ce qu'on appelle *la Barre* fur la riviere de Seine, & en général le nom que l'on donne à la premiere pointe du flot, qui fait remonter le courant des rivieres vers leur fource, proche de leur embouchure.

MASLES ou MALES. Ce font des pentures qui entrent dans des anneaux, & qui forment la ferrure du gouvernail. *Voyez* FERRURE DU GOUVERNAIL.

MASSANE ou VOLTIGLOLE, *terme de galere*. C'eft le cordon de la pouppe, qui fépare le corps de la galere de l'aiffade de pouppe.

MASSE. Gros marteau ou maillet de fer, dont on se sert dans la construction des vaisseaux.

Masse. Piece de bois, longue d'environ quarante-deux pieds, qui sert à tourner le gouvernail d'un bateau foncet.

MASULIT. Chaloupe des Indes, dont les bordages sont cousus avec du fil d'herbes, & dont les calfatages sont de mousse.

MAT. Longue piece élevée sur la quille d'un bâtiment de mer, où l'on attache les vergues, les voiles & les manœuvres qui sont nécessaires pour le faire naviger.

Les grands vaisseaux ont quatre mâts ; sçavoir un vers la pouppe, qu'on appelle *Mât d'artimon* (*voyez* ARTIMON); le second au milieu du vaisseau, nommé *Grand mât* (*voyez* GRAND MAT); le troisieme vers la proue : on l'appelle *Mât de misaine* ou *Mât d'avant* (*voyez* MISAINE); & le quatrieme, couché à l'avant & sur l'éperon, où il fait une grande saillie, se nomme *Mât de beaupré. Voyez* BEAUPRÉ. On ajoute quelquefois à ces quatre *mâts* un cinquieme *mât* : c'est un double artimon.

Chaque *mât* est divisé en deux ou trois parties ou brisures, qui portent aussi le nom de *mât*, & qu'on distingue vers le tenon, depuis les barres de hune, jusqu'aux chouquets, qui sont les endroits où chaque *mât* est assemblé avec l'autre ; car le chouquet affermit la brisure par en haut, & par en bas elle est liée & entretenue par une clef ou grosse cheville de fer, forgée à quatre pans. Le *mât* qui est enté sur le *mât* d'artimon, s'appelle *Mât de perroquet d'artimon,* ou simplement *Perroquet d'artimon*, *Perroquet de foule*, ou *Perroquet de fougue*. Le *mât* qui est enté sur le grand *mât*, se nomme le *Grand mât de hune*, & on nomme le *Grand mât de perroquet,* ou simplement *Perroquet*, celui qui est enté sur celui-ci. On donne le nom de *Mât de hune d'avant* au *mât* qui est enté sur le *mât* de misaine, & le *mât* qui eſt enté ſur ce *mât* de hune, s'appelle *Mât de perroquet de miſaine*, *de perroquet d'avant*, ou ſimplement *Perroquet de miſaine*, de même que la voile qui y eſt attachée. Enfin *Mât de perroquet de beaupré*, ou ſimplement *Perroquet de beaupré*, *Tourmentin* & *Petit beaupré*, ſont les noms du *mât* qui eſt enté ſur le beaupré. *Voyez* la figure de tout ceci expliquée à l'article Vaisseau.

Les *mâts* des plus grands vaiſſeaux ſont ſouvent de pluſieurs pieces; & outre le ſoin qu'on prend de les bien aſſembler, on les ſurlie encore avec de bonnes cordes, & on y met des jumelles pour les renforcer. *Voyez* Jumelles. On les peint auſſi aſſez ſouvent par le bas, & on les frotte de goudron, ſurtout par le haut, autour des hunes & de tout le ton, afin de les conſerver. Leurs pieds, de même que les tons, ſont taillés en exagone ou octogone.

Le grand *mât* eſt poſé à peu-près au milieu du vaiſſeau, dans l'endroit où ſe trouve la plus grande force du bâtiment. Le *mât* d'artimon eſt éloigné, autant qu'il eſt poſſible, de celui-ci, afin de donner à ſa voile la plus grande largeur, pourvu qu'il y ait cependant aſſez d'eſpace pour manœuvrer aiſément derriere ce *mât*, & pour faire jouer la barre du gouvernail. Pour avoir une regle à cet égard, qui conſerve tous ces avantages, les conſtructeurs partagent toute la longueur du vaiſſeau en cinq parties & demi, & placent ce *mât* entre la premiere partie & la ſeconde, à prendre de l'arriere à l'avant. Cette même regle ſert pour placer le *mât* de miſaine, & cette place eſt à la cinquieme partie de la longueur, à prendre de l'avant à l'arriere. Le pied de ce *mât* ne porte pas ſur le plafond, à cauſe de la rondeur de l'avant, qui l'en empêche: mais il eſt poſé ſur l'aſſemblage de l'étrave & de la quille. Comme le *mât* de beaupré eſt entiérement hors du vaiſſeau, ſa place n'eſt point fixée. *Voyez* Beaupré. Dans leur poſition le grand *mât* & le *mât* d'artimon penchent

un peu vers l'arriere, afin de faire carguer le vaiſſeau par-là, & de le faire mieux venir au vent.
Voyez la raiſon de ceci à l'article MATURE.

La regle qu'on ſuit généralement pour les proportions des *mâts*, eſt de leur donner autant de pieds
de hauteur, qu'il y en a en deux fois la largeur & le
creux du vaiſſeau. Ainſi trente pieds de large, & dix
pieds de creux, qui font quarante pieds, étant dou-
blés, on a quatre-vingts pieds pour la hauteur du
grand *mât*, qui eſt le plus haut, parce qu'il eſt placé
à l'endroit où eſt la plus grande force du vaiſſeau,
& où il peut le plus contribuer à l'équilibre. Les
autres *mâts* ſont plus bas que celui-ci. Le *mât*
de miſaine eſt ordinairement d'une dixieme partie
plus court que le grand *mât*. La hauteur de celui
d'artimon n'a que les trois quarts de celle du grand
mât, & la hauteur du *mât* de beaupré eſt égale aux
trois huitiemes de la longueur du vaiſſeau. On proportionne auſſi l'épaiſſeur des *mâts* au creux du vaiſſeau. On leur donne un pied d'épaiſſeur dans l'étambraie, par chaque ſix pieds de creux qu'a le bâtiment, & on donne à l'épaiſſeur du ton les trois
quarts de celle du *mât* dans l'étambraie. A cet endroit les *mâts* ſont un peu plus épais qu'au deſſous,
à cauſe des manœuvres qui y paſſent.

A l'égard de l'épaiſſeur des *mâts* de hune, on la
regle ſur celle des tons des *mâts* ſur leſquels ils ſont
entés, & cette regle conſiſte à leur donner les cinq
ſixiemes parties.

Enfin, pour ne rien omettre d'eſſentiel dans cet
article, j'ajoute que les hauts *mâts*, en y comprenant les bâtons des pavillons, ſe mettent bas par les
trous d'entre les barres de hune de devant, & que
les Anglois les baiſſent parderriere, quoique cela
ſoit plus difficile. C'eſt à un maître de vaiſſeau d'En-
chuiſe, nommé *Krein Wouterz*, qu'on doit la maniere d'attacher ainſi les *mâts*, pour les amener
quand on veut, & pour les remettre de même avec

une égale facilité. On mâte un vaisseau en enlevant les *mâts* avec des machines à mâter, des grues, des alleges ; & quoiqu'ils soient déja arborés, on ne laisse pas quelquefois de les changer de place, en coupant les étambraies, en se servant de coins pour les repousser , & en les tirant par le moyen des étais & des galaubans.

Les plus beaux *mâts* viennent de Norwege & de Biscaie. On en tire aussi du Mont Liban & de la Mer Noire, qui sont estimés.

Je terminerai cet article par l'explication d'une expression qu'on ne doit pas chercher ailleurs : *aller à mâts & à cordes* , c'est abaisser les vergues & les voiles , quand le vent est extrêmement violent , & gouverner avec les *mâts* seuls , & avec les cordes qui y sont attachées.

MAT D'UN BRIN. C'est un *mât* fait d'un seul arbre. Le beaupré & les *mâts* de hune sont d'une seule piece.

MAT FORCÉ. *Mât* qui a souffert un effort , & qui est en danger de se rompre dans l'endroit où il est endommagé.

MAT JEMELLÉ, JUMELLÉ, RECLAMPÉ OU RENFORCÉ. *Mât* fortifié par des jumelles ou pieces de bois, liées tout autour avec des cordes de distance en distance , pour empêcher qu'il n'éclate & ne rompe.

MATS DE RECHANGE. Ce sont des *mâts* de hune , qu'on porte dans un long voyage, afin de pouvoir suppléer à ceux de hune qui pourroient manquer.

MATS VENUS A BAS. Ce sont des *mâts* rompus ou qui se sont coupés.

MATAFIONS. Ce sont de petites cordes semblables à des aiguillettes, dont on se sert pour attacher les moindres pieces.

MATÉ EN CARAVELLE. C'est n'avoir que quatre mâts dans un vaisseau , sans mâts de hune.

MATÉ EN CHANDELIER. C'est avoir les mâts fort droits , & presque perpendiculaires au fond du vaisseau.

MATÉ EN FOURCHE OU A CORNE. C'eſt porter à la demi-hauteur de ſon *mât* une corne qui eſt poſée en ſaillie ſur l'arriere, & ſur laquelle il y a une voile appareil-lée ; de ſorte que cette corne eſt une véritable ver-gue. Cette ſorte de mâture convient principalement aux yachts, aux quaiches, aux boyers & autres ſem-blables bâtimens.

MATÉ EN GALERE. C'eſt n'avoir que deux mâts, ſans mâts de hune.

MATÉ EN HEU. Sorte de mâture, qui conſiſte à n'avoir qu'un mât au milieu du vaiſſeau, qui ſert auſſi de mât de hune, avec une vergue qui ne s'appareille que d'un bord.

MATÉ EN SEMALE. C'eſt avoir au pied du mât un boute-dehors ou baleſton, qui prend la voile de travers par ſon milieu. *Voyez* VERGUE EN BOUTE-DEHORS.

MATELOT. C'eſt un homme de mer, qui eſt employé pour faire le ſervice du vaiſſeau. *Voyez l'Ordonnance de la Marine* de 1681, liv. II, tit. VII, & liv. III, tit. IV. Il y a toujours ſoixante mille matelots enrôlés en France.

MATELOT. On nomme ainſi un vaiſſeau qui, étant aſſez bon voilier, peut aller de compagnie avec une flotte, ſans lui cauſer de retardement en ſa route. Il y a deux ſortes de vaiſſeaux *matelots*. Ceux de la pre-miere ſorte ſont aſſociés deux à deux dans de certai-nes armées navales, pour ſe prêter mutuellement du ſecours. L'autre ſorte de vaiſſeaux *matelots* a lieu dans toutes les armées navales, lorſqu'il y a des offi-ciers généraux qui portent pavillon. Ainſi l'amiral, le vice-amiral & le commandant d'une diviſion, ont deux vaiſſeaux *matelots* pour les ſecourir, l'un à leur avant, & l'autre à leur arriere, appellé *Matelot de l'arriere* ou *Second de l'arriere*. Quand l'amiral tient la mer, il eſt ſouvent le ſeul qui ait deux vaiſſeaux ſeconds. Les autres pavillons n'en ont qu'un cha-cun.

MATELOTS GARDIENS. Ce ſont des *matelots* entre-

tenus fur les vaiffeaux, qui couchent à bord dans le
port, & qui font divifés pendant le jour en trois brigades égales en nombre & en force. Il y en a huit
fur les vaiffeaux du premier rang, quatre fur ceux
du quatrieme & cinquieme rang, &c. parmi lefquels
le quart eft toujours calfat ou charpentier.

MATER. C'eft planter les mâts dans un vaiffeau. *Voyez*
MAT.

MATEREAU. C'eft un petit mât ou un bout de mât.

MATEUR. Nom de l'ouvrier qui fait les mâts. *Voyez*
MAÎTRE-MATEUR.

MATURE. L'art de mâter les vaiffeaux. Cet art a trois
parties. La premiere confifte à déterminer le nombre des mâts ; la feconde, leur fituation fur le vaiffeau ; & la troifieme, leur hauteur. Je vais expofer
fuccinctement les principes de ces trois parties.

   I. Les mâts fervent à porter les voiles fur lefquelles le vent agit pour faire mouvoir le vaiffeau. Ainfi
plus il y a de mâts dans un vaiffeau, plus il porte de
voiles, & par conféquent plus eft grande la force
motrice qui le fait filler. Delà il fuit qu'on ne fçauroit trop multiplier le nombre des mâts, en ayant
cependant égard à un autre ufage des mâts, qui
limite cette multiplication : c'eft de fervir à gouverner & à faire la manœuvre du vaiffeau. Or, fi ce
nombre étoit grand, les vergues qui font attachées
au mât, ne pourroient être que fort courtes, pour
ne pas fe nuire les unes les autres pendant la manœuvre, & conféquemment elles ne porteroient que des
voiles fort étroites, qui ne recevroient que peu de
vent. Si d'un autre côté on ne multiplie pas affez ce
nombre, les vergues feront trop grandes, & il fera
difficile alors de les manier. Il y a ici un milieu à
prendre ; & c'eft à l'expérience, à la pratique de la
mer à le déterminer. En la confultant, on a reconnu
que tous ces avantages étoient confervés en mettant
trois mâts dans les plus grands vaiffeaux ; & pour
tirer parti de l'utilité des mâts, on place un qua-

tiéme mât hors le vaisseau, qu'on appelle le *Beaupré. Voyez* MAT & BEAUPRÉ.

II. La position la plus avantageuse des mâts est
sans doute celle d'où résulte un équilibre entre la résistance de l'eau, sur le corps du navire de part &
d'autre de la direction de leur effort. Dans toute
autre position cet équilibre n'existe plus, & l'effort
le plus grand fait tourner ou pirouetter le vaisseau
autour de cette direction. Ce mouvement nuit au
sillage. On le rétablit véritablement en faisant agir
le gouvernail; mais le même inconvénient subsiste
toujours; car la force du vent, ayant à vaincre la
résistance du gouvernail, n'est point employée toute
entiere à faire avancer le vaisseau. Il faudroit donc
déterminer premiérement l'axe de la résistance de
l'eau, pour découvrir la place du grand mât, afin de
suspendre également les efforts de l'eau, & placer
les autres mâts de maniere que leur direction particuliere coïncidât avec celle du grand mât. Tout ceci
seroit susceptible d'une solution, si la figure du vaisseau étoit réguliere, parce qu'il seroit possible de
trouver par le calcul un point, autour duquel la résistance de l'eau seroit en équilibre. *Voyez* l'*Essai
d'une nouvelle Théorie de la manœuvre des vaisseaux*, ch. XII, par M. *Bernoulli.* Encore cette dé-
termination ne feroit point absolument fixe, parce
que l'axe d'équilibre doit varier suivant les différentes derives; ce qui rendroit la solution incomplette.
Cependant on en approcheroit beaucoup, en prenant
un point moyen entre le plus petit éloignement de
l'axe d'équilibre & le plus grand.

Mais toutes ces flatteuses espérances s'évanouissent
quand on considere la figure propre du vaisseau: On
ne peut employer ici qu'une voie méchanique, qui
puisse faire connoître l'axe de résistance de l'eau; &
voici celle dont on pourroit, ce me semble, faire
usage avec assez de succès.

Quand le vaisseau sera construit, qu'il sera à l'eau,

avant de le mâter, attachez une corde A B de la proue à la pouppe (*Pl. 4, Fig. 2.*). Aux extrêmités A & B, attachez deux autres cordes A D, B C, & appliquez aux deux extrêmités de ces cordes deux puissances qui tirent le vaisseau, suivant la direction B C, parallélement à lui-même. Les choses en cet état, faites couler, par le moyen d'un tuyau de cuir Z, passé dans la corde A B, une troisieme corde Z R, qui soit attachée le long de cette corde, & cherchez un point Z, en la faisant glisser autant qu'il sera nécessaire pour le trouver; cherchez, dis-je, un point Z tel qu'une puissance appliquée au point R, égale aux deux puissances D & C, tire de même le vaisseau, parallément à lui-même, en interrompant l'action des deux autres; ce qu'on connoîtra par le parallélisme des cordes A D, B C, foiblement tendues, avec la corde Z R. La ligne Z R sera l'axe d'équilibre de la résistance de l'eau, & par conséquent on devra planter le grand mât au point Z.

Je supprime ici le détail qu'exige cette expérience: je veux dire la maniere d'attacher ces cordes; de mettre les puissances en action, aidées par des cabestans placés sur le rivage; enfin l'opération nécessaire pour connoître si les cordes, sont paralleles. Il n'y a point de marin un peu intelligent, qui ne réduise aisément cette idée en pratique, s'il l'en juge digne. La figure d'ailleurs peut suppléer à un plus long discours. E, E, E, sont trois virevauts placés sur le rivage de la mer, par le moyen desquels on peut tirer le vaisseau.

A l'égard de la situation des autres mâts, il faudra chercher de la même maniere deux points; ensorte que la direction des deux puissances qui agiront, soit parallele à l'axe de résistance trouvée Z R.

III. Plus les voiles sont élevées, plus elles ont de force, parce que le vent est toujours plus frais à mesure qu'on s'éloigne de la mer, & que les voiles y font plus expofées. C'eft donc un avantage que de donner une grande hauteur aux mâts : mais cet avantage eft diminué par le mouvement circulaire du mât, qui tend à faire incliner le vaiffeau ; & cette inclinaifon eft d'autant plus grande, que le mât a plus de hauteur. Voilà un inconvénient qu'il faut éviter. Ainfi ce qu'on gagne d'un côté, on peut le perdre de l'autre. Pour tout compenfer, il eft certain que la hauteur du mât doit être déterminée par l'inclinaifon même du vaiffeau, & que le point de cette plus grande inclinaifon doit être le terme de cette hauteur. Il s'agit donc de découvrir ce point, afin de fixer ce terme.

A cette fin foit A B (*Pl. 1, Fig. 12.*) la coupe verticale d'un vaiffeau incliné à l'horizon, ou qui fille dans le fens de fa largeur ; M M le mât ; V la voile ; C V la direction du vent. Lorfque le vaiffeau eft en repos, & qu'il eft fitué horizontalement, fon centre de gravité G eft dans la même ligne GO perpendiculaire à l'horizon, que la pouffée verticale de l'eau, dont l'effort eft égal à la pefanteur du vaiffeau. C'eft ici une vérité démontrée dans tous les Traités d'Hydroftatique. Le vent venant à agir fur les voiles, le mât incline & parcourt un arc comme OM. Alors le point *P* de la pouffée verticale de l'eau, s'écarte du centre de gravité, parce que le volume d'eau eft plus grand du côté de l'inclinaifon P : elle vient donc à un point quelconque *P*. Elle acquiert par-là une nouvelle force, puifqu'elle agit pour foulever le vaiffeau avec un bras de levier *PG*, mefuré par la diftance du centre de gravité G à ce point. Or par cette augmentation de force, cette pouffée verticale contrebalance à la fin l'effort circulaire du mât ; de forte que cet effort n'a plus lieu dès qu'elle eft en équilibre avec elle.

Si l'on connoiffoit le bras du levier par lequel le vent agit fur les voiles, ou la grandeur de l'arc OM, on pourroit déterminer jufqu'à quel point iroit l'inclinaifon du vaiffeau , la force du vent fur les voiles, étant connue. Il n'y auroit qu'à multiplier cette force (compofée de la furface des voiles , & du quarré de la vîteffe du vent,) par le bras du levier, & ce produit feroit égal à celui de la pouffée verticale de l'eau , par fa diftance au centre de gravité du vaiffeau.

Mais ce bras de levier eft une chofe très-difficile à découvrir. Le point fur lequel le mât tourne , eft un centre libre, un centre fpontané de rotation, qui varie fuivant les différentes circonftances ; & pour le déterminer, il faudroit connoître celui où fe concentre la force mouvante : connoiffance qu'il eft prefque impoffible d'acquérir. *Voyez la mâture difcutée & foumife à de nouvelles loix.* Contentons-nous donc d'obferver que la hauteur du mât doit être telle que dans fa plus grande inclinaifon, l'eau n'entre pas dans les fabords du vaiffeau. Ainfi c'eft à fes hauts, qui font fes parties au deffus de la ligne d'eau, qu'on doit la proportionner. En général, plus fes hauts feront élevés , plus on pourra donner de hauteur aux mâts ; & ceci peut fe découvrir par expérience , d'autant mieux que, quelque élevés que foient les mâts , on peut toujours hauffer & baiffer les voiles, pour que le centre de leur effort réponde à la hauteur prefcrite par la plus grande inclinaifon. *Voyez* encore TANGAGE. En effet on confervera ainfi tout l'avantage qui réfulte d'une voile élevée, fans craindre de faire eau. Pour que cette inclinaifon foit moins confidérable , ou qu'on puiffe en même temps donner beaucoup de hauteur aux mâts, on les incline du côté de la pouppe ; ce qui leur donne un plus grand jeu dans leur mouvement, fans que le navire penche beaucoup.

Mais ne pourroit-on pas faire enforte que cette inclinaifon du navire n'eût pas lieu, foit par une certaine pofition des mâts, ou par une conftruction particuliere de la pouppe ? Non , parce que le

vaiſſeau n'incline pas comme quand il eſt plus chargé du côté de la proue, que du côté de la pouppe.
Cette inclinaiſon eſt bien différente. Le navire recule dès que le mât incline ; & c'eſt ce reculement
qui produit l'inclinaiſon. Il arrive ici la même choſe
qu'au levier. Les deux forces du vent ſur les voiles,
& de la peſanteur du vaiſſeau, ſe meuvent en ſens
contraire, autour du centre de rotation.

J'ai an lyſé, dans le *Dictionnaire univerſel de
Mathématique & de Phyſique*, art. MATURE, les
ſentimens des plus célebres auteurs ſur cette matiere.
J'ajouterai ſeulement à cet article une anecdote,
dont j'ai oublié de faire mention : c'eſt que M. *Va-
rignon*, en travaillant au jaugeage des navires, avoit
eu de nouvelles idées ſur la maniere de les
mâter, qu'on a trouvées dans ſes papiers après ſa
mort. Grand partiſan du principe de la décompoſition
des forces, qu'il a ſi bien fait valoir dans ſa *Nouvelle
Méchanique*, il vouloit prévenir abſolument l'inclinaiſon du navire ; & pour cela il donnoit au mât
une hauteur telle que l'effort de l'eau ſur la proue,
ſe réuniſſant avec la direction de la force du vent,
ſe décompoſoit, & que ces deux forces dégénéroient
en une troiſieme, qui ſoulevoit le vaiſſeau. M. *Va-
rignon* ſuppoſoit que cette inclinaiſon étoit la même
que celle que produiroit un poids attaché à la proue:
ſuppoſition évidemment fauſſe, comme je l'ai déja
dit.

MATURE. Nom général, qu'on donne aux mâts du
vaiſſeau. C'eſt auſſi celui du lieu où l'on fait les
mâts.

MAUGERES ou MAUGES. Bourſes de cuir ou de groſſe
toile goudronnée, longues d'environ un pied, reſ-
ſemblant à des manches, ouvertes par les deux
bouts, qu'on met à chaque dalot, pour ſervir à
l'écoulement des eaux qui ſont ſur les tillacs, ſans
que l'eau de la mer puiſſe entrer dans le vaiſſeau,

parce que les vagues applatissent les *maugeres* contre le bordage.

MAY. Grand espace de bois, grillé par le fond, où l'on met égoutter le cordage, lorsqu'il est nouvellement sorti du goudron.

MECHE. Bout de corde, allumé, dont on se sert pour mettre feu aux canons & aux brûlots.

MECHE DE MAT. C'est la principale piece du mât, quand il est composé de plusieurs pieces : elle est comprise depuis son pied jusqu'à la hune.

MECHE DU GOUVERNAIL. C'est la premiere piece de bois qui en fait le corps.

MEMBRE DE VAISSEAU. Nom général, qu'on donne à toute grosse piece de bois qui entre dans sa construction, comme varangue, alonge, génoux, &c.

MER. C'est cette étendue d'eau qui couvre la plus grande partie de la surface de la terre. On la divise en plusieurs parties, auxquelles on donne le nom de divers pays qui servent à les fixer. Les principales sont la *mer du Nord*, ou *mer Atlantique*, comprise entre l'équateur & le cercle polaire arctique ; la *mer du Sud*, ou *mer Pacifique*, située au-delà de l'équateur ; la *mer Glaciale*, sous les poles ; la *mer Baltique*, vers la Suede & le Dannemarck, c'est-à-dire, au-delà du détroit nommé *le Sond* ; la *mer d'Allemagne*, proche le pas de Calais ; la *mer Britannique*, qui baigne les côtes de Bretagne & d'Angleterre ; enfin la *mer Méditerranée*, ou *mer de Levant*, qui divise l'Europe, l'Asie & l'Afrique. Les parties particulieres sont le *lac Asphaltite*, la *mer Caspie*, *Caspienne*, de *Bahu* ou de *Sala*, la *mer Rouge*, *Arabique*, *Vermeille* ou de *la Mecque*, &c.

On croit que la plus grande profondeur de la *mer* n'excede pas les plus hautes montagnes qui n'ont que cinq ou six milles : mais ceci n'est qu'une conjecture, qu'il est très-permis de rejetter. Premiérement, parce qu'on n'a pu encore parcourir toutes

les

les *mers* ; & en second lieu , parce qu'on n'a point
découvert jusqu'ici de moyens entiérement exacts
pour la sonder , quoiqu'on en ait proposé de très-
ingénieux. On a d'abord fait usage d'une boule de
bois , creuse , que l'eau ne pouvoit pénétrer , & à
laquelle on cramponnoit un poids ; de façon que le
tout ensemble étant plongé lentement dans la *mer* ,
dans un temps tranquille , la boule se détachoit du
poids , aussi-tôt que celui-ci touchoit le fonds. Alors
la boule remontoit vers la surface de l'eau. Ainsi , en
mesurant le temps qui s'étoit écoulé entre la des-
cente & le retour de la boule , on connoissoit la
profondeur de la *mer* à cet endroit. On suppose ici
qu'on a déja un terme de comparaison du temps
écoulé par une expérience faite avec la même machine , à une profondeur connue. *Voyez* les *Transactions philosophiques* , n° 9, pag. 148, & n° 24,
pag. 439. On pourroit même y suppléer, en posant
pour principe cette expérience de M. *Hook :* c'est
qu'une boule de plomb , attachée à une autre de
bois, de même pesanteur , tomboit avec elle dans
l'eau , à 14 brasses de profondeur , en 17 secondes ,
& que le globe de bois remontoit lui seul dans le
même temps. *Voyez* l'*Abrégé des Transactions philosophiques* , second vol. pag. 218. Il seroit aisé de
tirer parti de cette expérience : mais cette maniere
de connoître la profondeur de la *mer* est sujette à
trop de difficultés pour pouvoir être perfectionnée.
La seule objection contre la certitude du moment
précis, où le poids commence à se détacher de la
boule , suffit pour faire perdre l'espérance de
succès.

Aussi M. *Hales* , qui a cherché un moyen de sonder cette profondeur, s'est principalement attaché
à prévenir cette objection. A cette fin il plonge un
tuyau de fer ou de cuivre , bien fermé par un bout ,
& le fait descendre dans la *mer* , l'orifice en bas.
L'eau entre dans ce tuyau, & y comprime d'autant

plus l'air, qu'il s'enfonce davantage. Pour avoir une idée de cette invention, supposons qu'on fasse descendre ce tuyau à 33 pieds dans la *mer*. La colonne d'eau de *mer* de 33 pieds, pese presqu'autant qu'une colonne aussi grosse de notre atmosphere, & elle est au poids d'une pareille colonne d'eau douce, comme 41 à 40. Or l'air se comprimant à proportion des poids dont il est chargé, quand le tuyau sera descendu à 33 pieds, il n'y occupera que la moitié de l'espace qu'il y occupoit d'abord, & l'eau, en montant dans ce tuyau, remplira l'autre moitié. Si on le laisse descendre 33 pieds, l'air n'occupera que le tiers du tuyau, & ensuite $\frac{1}{4}$, $\frac{1}{5}$, $\frac{1}{6}$, &c. Connoissant donc la hauteur à laquelle l'eau monte dans le tuyau, on connoîtra aussi la profondeur à laquelle ce même tuyau est descendu.

Ce n'est ici que le principe de l'invention de. M. *Hales*. Il faut en voir le développement & la machine qui s'ensuit, dans sa *Statique des végétaux*, ou dans le *Cours de Physique expérimentale* du docteur *Désaguliers*, tom. II, pag. 268. Cette machine est susceptible encore de bien des difficultés. La principale est qu'à de grandes profondeurs, la compression de l'air ne suit peut-être pas la même proportion que proche de la surface de la *mer*, à cause des particules aqueuses & hétérogenes qui sont dans l'air, & qui, en s'approchant de plus près, peuvent changer sa compressibilité. M. *Hales* a tâché de lever cette objection, & il faut lire ses raisons dans les Ouvrages cités ci-dessus.

Malgré toutes ces difficultés, on s'est pourtant assuré, par plusieurs expériences, que la *mer* du Nord, entre l'Angleterre & la Hollande, a en plusieurs endroits 30 toises, en d'autres 24 ou environ, excepté sur le sable, devant la côte de Hollande, où l'on ne trouve réguliérement que 14 toises de profondeur; qu'au nord-ouest du banc de Doggers, la *mer* a 50 toises; 50 à 60 dans le Canal; 80 entre la France & l'Irlande ; 100, 120, 140 un peu plus loin dans la pleine *mer* ; enfin que la plus grande profondeur de la *mer* Baltique, à l'est de Stockolm, est de 50 à 60 toises. *Voyez* les *Transactions philoso-phiques*, n° 352, pag. 591.

Voilà ce qu'on sçait sur la profondeur de la *mer*. A l'égard de sa surface, les observations ont appris qu'elle est entrecoupée de rochers, de bancs de sable & d'isles flottantes. Dans le lac, proche le bourg Oret, il y a une de ces isles qui est couverte d'excellens pâturages. Si l'on en croit *Pline*, l'isle de Délos a été autrefois flottante. Toutes ces isles changent journellement de lieu, selon les divers mouvemens de la *mer*. On voit aussi, sur cette surface, des especes de prés, &c. *Voyez* encore d'autres détails sur tout ceci à l'art. CONNOISSANCE.

MER SANS FOND. C'est un parage qui est trop profond pour pouvoir y jetter l'ancre.

Voici l'explication de quelques façons de parler, qui ont rapport à la *mer*.

La mer a perdu : On entend par-là que la *mer* a baissé.

La mer blanchit. Voyez MOUTONNER.

La mer brise : Cela signifie que la *mer* bouillonne, en frappant contre la terre ou contre quelque roche.

La mer est longue : Etat de la *mer*, lorsque les vagues se suivent de loin & lentement. On dit que la *mer* est courte, quand ses vagues se suivent de près.

La mer étale : C'est-à-dire que la *mer* ne fait aucun mouvement, ni pour monter, ni pour descendre.

La mer mugit : Cette expression signifie que la *mer* est agitée, & qu'elle fait un grand bruit.

La mer rapporte : C'est que la grande marée recommence.

La mer se creuse : C'est-à-dire que les vagues deviennent plus groſſes, & s'élevent davantage, que la *mer* s'enfle & s'irrite.

La mer va chercher le vent : Cela veut dire que le vent ſouffle du côté où va la lame.

La mer va contre le vent : On entend par-là que le vent change ſubitement après une tempête.

Il y a de la mer : C'eſt-à-dire, la *mer* eſt agitée. On dit qu'*il n'y a plus de mer*, quand le contraire arrive.

Mettre à la mer, ou *Faire voile :* C'eſt partir pour commencer ſa route.

Mettre une chaloupe à la mer : C'eſt ôter la chaloupe de deſſus le tillac, & la mettre à l'eau.

Mettre un vaiſſeau à la mer. Voyez LANCER.

Tenir la mer : C'eſt courir en haute *mer*, loin des ports & des rades.

MÉRIDIEN. C'eſt un grand cercle, qui paſſe par les poles du monde, coupé l'équateur à angles droits, diviſe la ſphere en deux hémiſpheres égaux, l'un oriental, & l'autre occidental, & ſert de terme, d'où l'on commence à compter la longitude. *Voyez* LONGITUDE.

Comme il y a autant de *méridiens*, qu'il y a de points ſur l'équateur, & que tous ces cercles ſont égaux, on eſt obligé d'en choiſir un pour terme. Dans nos anciennes cartes on a pris pour premier *méridien* celui qui paſſe par l'iſle de fer : mais aujourd'hui on ſe fixe à celui de Paris. Chaque nation a droit de préférer un endroit plutôt qu'un autre, pour y établir le premier *méridien ;* & cette liberté donne lieu à différens *méridiens*. Afin d'éviter tous les embarras, la plûpart des pilotes commencent à compter la longitude à l'endroit d'où ils partent; ce qui leur procure plus de commodité & de facilité pour le pointage des cartes marines, & plus de certitude dans leur eſtime.

MERLIN. Petit cordage ou ligne à deux fils, dont on ſe ſert pour faire des rabans & pour amarrer de petites

poulies & les bouts des gros cordages, quand on
met un vaisseau en funin.

MERLINER. C'est coudre une voile à la ralingue, avec
du merlin.

MESTRE. On sous-entend *arbre de*. C'est le grand mât
d'une galere. *Voyez* GALERE.

METTRE A BORD. C'est porter quelque chose dans
le vaisseau.

METTRE A LA VOILE. C'est partir d'un port.

METTRE A TERRE. C'est descendre du monde ou autre
chose, du vaisseau à terre.

METTRE LA GRANDE VOILE A L'ÉCHELLE. C'est amarrer
le point de la grande voile vis-à-vis de l'échelle par
où l'on monte à bord, ou au premier des grands
haubans.

METTRE LES BASSES VOILES SUR LES CARGUES. C'est se
servir des cargues pour trousser les voiles par en
bas.

METTRE LES VOILES DEDANS, METTRE A SEC ou MET-
TRE A MATS & A CORDES. Ces trois termes ont la
même signification : c'est qu'il faut ferler & plier
toutes les voiles, sans en excepter aucune.

METTRE LE LINGUET. C'est mettre la piece nommée
Linguet ou *Elinguet* contre un des taquets du cabestan, pour l'empêcher de dériver en arriere.

METTRE UN MATELOT A TERRE. C'est se défaire d'un
matelot, en le débarquant, quand on n'en est pas
content.

METTRE UN VAISSEAU A L'EAU. *Voyez* LANCER.

METTRE UNE ANCRE. C'est amarrer une ancre en place,
c'est-à-dire, à l'endroit où elle doit être, qui est le
côté de l'avant du vaisseau.

MEURTRIERES ou JALOUSIES. Ce sont des petites
ouvertures, par lesquelles on peut tirer.

MIDI. *Voyez* SUD.

MI-MAT. *Voyez* HUNIER.

MINOT, BOUTE-DEHORS ou DÉFENSE. Longue
piece de bois, au bout de laquelle est un crampon

de fer, dont les matelots fe fervent pour tenir l'ancre éloignée du bordage du vaiffeau, quand on la leve, crainte qu'elle ne l'endommage.

MIRER. Les marins difent que les terres *fe mirent* quand les vapeurs les font paroître de telle forte qu'il femble qu'elles foient élevées fur des nuages bas.

MIROIR. C'eft un cartouche de menuiferie, placé au deffus de la voûte de l'arriere du vaiffeau, dans lequel on met les armes du fouverain, celles de l'amiral, & le nom du bâtiment.

MISAINE. C'eft le mât d'avant ou de la proue. *Voyez* MAT. Il eft pofé fur le bout de l'étrave du vaiffeau, & garni d'une hune, avec fon chouquet, de barres de hune, de haubans & d'un étai. Cette derniere manœuvre embraffe le mât au deffous du chouquet; & paffant au travers de la hune, vient fe rendre au milieu du mât de beaupré, où il y a un étrope, avec une grande poulie amarrée. Au bout de cet étai eft une autre grande poulie, & dans ces deux poulies paffe une manœuvre, qui fert à le rider.

La vergue de ce mât, qui y eft jointe par fon racage, eft garnie d'une driffe qui paffe dans deux poulies doubles, lefquelles font amarrées au chouquet; de deux autres poulies doubles, qui fervent à hiffer la vergue, & à l'amener lorfqu'il eft néceffaire; de deux bras, de deux balancines, de deux cargues-points, de deux cargues-fons, & de deux cargues-boulines. Pour l'intelligence de ceci, *voyez* tous ces mots.

Les bras paffent dans deux poulies placées aux deux extrêmités de la vergue. Leurs dormans font amarrés au grand étai; & à environ une braffe & demie au deffous de ces dormans, il y a des poulies par où paffent lefdits bras, pour venir tomber fur le milieu du gaillard d'avant. Ces bras fervent à braffier ou tourner la vergue, tant à ftribord, qu'à basbord.

Les balancines paffent dans le fond de la poulie

du fond de la vergue , & delà vont paſſer dans une
autre poulie , qui eſt amarrée au deſſous du chouquet. Elles ſervent à dreſſer la vergue , lorſqu'elle
penche plus d'un côté que de l'autre.

Les cargues-points paſſent dans des poulies , qui
ſont amarrées de chaque bord au tiers de la vergue,
& viennent delà dans d'autres poulies amarrées aux
coins de la voile du mât , qui fait le ſujet de cet article , & retournent delà à la vergue , où leurs dormans ſont amarrés proche ſes poulies.

Les cargues-fonds paſſent dans des poulies amarrées aux barres de hune , & viennent de-là amarrer
leurs dormans en bas de la ralingue.

Enfin les cargues-boulines paſſent dans des poulies
amarrées aux barres de hune, & delà paſſent par des
poulies coupées , qui ſont clouées ſur la vergue.

Le mât de *miſaine* a un mât de hune , qui paſſe
dans ſes barres, au milieu de ſa hune & de ſon chouquet. Ce mât de hune eſt garni d'une guindereſſe ,
qui paſſe deux fois dans le pied du mât de hune , &
dans deux poulies amarrées au chouquet. Il a un
dormant qui eſt amarré auſſi au chouquet , & qui
paſſe dans une poulie amarrée ſur le pont , par laquelle on l'hiſſe. Le pied de ce mât eſt poſé dans
l'endroit où paſſe une barre de fer , qui a environ
ſept pouces en quarré. On appelle cette barre la
Clef du mât de hune. Quand ce mât eſt hiſſé en ſon
lieu , on paſſe cette clef dans le trou du pied du mât,
& on l'arrête ſur les barres de hune. Ce ſecond mât
eſt garni de barres, de haubans, de galaubans, d'un
chouquet & d'un étai. Cet étai embraſſe le mât ; &
paſſant dans les barres de hune , va delà juſqu'au
mât de beaupré, un peu au deſſous de ſa hune, où
il eſt ridé avec un palan. Il a encore une vergue
avec un racage, qui les joint enſemble.

Cette vergue a une itaque, une fauſſe itaque &
une driſſe. L'itaque paſſe dans la tête du mât , au
deſſous des barres. Un de ſes bouts eſt amarré à la

vergue du petit hunier , & à l'autre bout il y a une poulie , dans laquelle paſſe une fauſſe itaque , dont une extrêmité vient en bas , en dehors du vaiſſeau , & s'amarre à un anneau. A l'autre extrêmité eſt une poulie double , dans laquelle paſſe la driſſe , en deux ou trois tours, qui ſert à amener le petit hunier avec la vergue.

Le reſte de la garniture de cette vergue conſiſte en deux bras, deux balancines, deux cargues-points, deux cargues de fond , deux cargues-boulines ; deux boulines & deux écoutes. Voici la poſition de ces pieces.

Les bras paſſent dans des poulies qui ſont amarrées aux deux extrêmités de la vergue , à deux bragues, d'environ une braſſe & demie de long. Leurs dormans ſont amarrés à l'étai du grand mât de hune, & paſſent dans des poulies amarrées au deſſous d'eux, à la diſtance d'environ une braſſe. Delà ces dormans paſſent dans d'autres poulies , qui ſont amarrées au grand étai , d'où ils viennent tomber ſur le gaillard d'avant.

Les balancines paſſent dans des poulies amarrées au deſſous des barres de ce mât de hune , & paſſent delà dans des poulies amarrées aux extrêmités de la vergue. Leurs dormans ſont amarrés au chouquet de ce mât, & venant enſuite le long des haubans du petit hunier, paſſent à travers de la hune de miſaine , d'où coulant le long de ſes haubans , ils tombent ſur le pont. Ces balancines ſervent d'écoutes au petit perroquet.

Les cargues-points paſſent dans des poulies , qui ſont amarrées au tiers de la vergue ; vont paſſer delà dans deux poulies , qui ſont amarrées au coin du petit hunier ; retournent enſuite en haut, proche les poulies, où elles ont paſſé la premiere fois , à l'endroit où ſont attachés leurs dormans ; & enfin paſſant delà à travers de la hune de miſaine , viennent le long des haubans s'amarrer ſur le pont.

Les cargues de fond passent en arriere de la hune de *misaine* ; & delà passant pardessus son chouquet, viennent s'amarrer à la ralingue d'en bas. Ces cordes sont faites en forme de palans. Elles viennent directement en arriere du mât.

Les cargues-boulines passent dans la hune , & vont passer delà dans des poulies, qui sont amarrées à l'itaque du petit hunier.

Les boulines sont amarrées à des herses, qui sont en dehors de la ralingue, & delà vont passer dans des poulies amarrées à l'étai du petit hunier, d'où elles vont passer dans des poulies doubles, qui sont amarrées sur le beaupré, une brasse pardessus l'étai de *misaine*.

Enfin les deux écoutes sont amarrées au point du petit hunier ; passent delà à la poulie du bout de la vergue ; viennent tout au long de la vergue, jusqu'au mât de *misaine* ; passent ensuite dans des poulies amarrées au dessous de la vergue ; & coulant delà le long du mât de *misaine*, viennent enfin dans les bittes, où on les amarre.

Au dessus du mât de hune est un autre mât appellé le *Perroquet*. Il passe dans les barres & le chouquet du mât de hune , & a un trou au pied , dans lequel entre une clef de bois, en forme de cheville quarrée, qui l'arrête sur les barres. Il est garni de croisettes, de haubans, de galaubans, d'un chouquet & d'un étai, qui embrasse le mât au dessous, d'où il va aboutir au ton de perroquet de beaupré, où il est ridé, avec une poulie, sur les barres de hune de ce dernier mât. Sa vergue, outre son racage, a encore une drisse, des bras, des balancines, des carguespoints & des boulines.

La drisse sert à amener & à hisser le perroquet. Elle passe à la tête du mât. Un de ses bouts est amarré à la vergue , & il y a à l'autre bout une poulie ; dans laquelle passe un bout de corde , qui vient tomber sur le pont.

Les bras paſſent dans des poulies qui ſont amarrées aux deux extrêmités de la vergue, & tiènnent
à des bragues d'environ une braſſe de long. Leurs
dormans ſont amarrés à l'étai du grand perroquet.

Les balancines paſſent dans des poulies amarrées
à la tête du mât de perroquet ; vont delà paſſer
dans des poulies amarrées aux deux extrêmités de
la vergue, & vont répondre au chouquet de perroquet, où ſont leurs dormans.

Les cargues-points ſont amarrés aux points de
perroquet, d'où ils vont paſſer dans d'autres poulies,
qui ſont au tiers du perroquet ; aboutiſſent enſuite à
une pomme amarrée aux haubans du petit hunier ;
coulant après cela le long deſdits haubans, paſſent
au travers de la hune de *miſaine* ; enfin coulant encore le long des haubans de cette hune, viennent
ſur le gaillard d'avant.

Les boulines ſont amarrées à la ralingue du perroquet ; vont paſſer dans de petites poulies, qui ſont
amarrées à l'étai de ce petit mât ; delà vont repaſſer
dans d'autres petites poulies amarrées aux haubans
de perroquet de beaupré ; reviennent paſſer dans de
troiſiemes poulies amarrées à la lieure de beaupré,
& tombent ſur le fronteau d'avant.

Misaine. C'eſt la voile du mât de *miſaine*. Elle a deux
boulines, deux écoutes & deux couets.

Les deux boulines ſont amarrées aux ralingues du
côté du dehors. Elles forment deux branches ; paſſent dans deux poulies amarrées ſur le beaupré,
proche l'étai du mât de *miſaine*, & viennent le long
du mât s'amarrer ſur le gaillard d'avant.

Les deux écoutes paſſent dans des poulies doubles,
qui ſont enchâſſées dans le bord, un peu en avant,
à travers du grand mât. Elles repaſſent enſuite dans
d'autres poulies amarrées aux coins de la voile ;
& les deux écouets ſont amarrés aux coins de la
voile, & delà paſſent dans deux trous qui ſont

au deffous du taille-mer. Ils fervent à amarrer cette voile.

MODELE. *Voyez* GABARIT.

MOIS DE GAGE. Ce font les gages des matelots.

MOLE. Maffif de maçonnerie, placé au devant d'un port, pour le mettre à couvert de l'impétuofité des vagues, & en empêcher l'entrée aux vaiffeaux étrangers.

MOLER EN POUPPE, ou PONGER, *terme du Levant.* C'eft faire vent arrière, ou prendre le vent en pouppe.

MOLETTES. *Voyez* AMOLETTES.

MOLIR. C'eft lâcher une corde, afin qu'elle ne foit pas fi étendue.

MONSON ou MOUSON. Ce mot eft arabe. C'eft le nom qu'on donne à un vent réglé, qui regne en certains parages fur la mer des Indes, cinq ou fix mois de fuite, fans varier, & qui fouffle enfuite cinq ou fix autres mois du côté oppofé. *Voyez* VENT.

MONTANS DU VOUTIS ou DU REVERS D'ARCASSE. Ce font des pieces de bois d'appui en revers, qui font faillie en arriere, & qui foutiennent le haut de la pouppe, avec tous fes ornemens. On les appelle auffi *Courbatons.*

MONTANT. C'eft une piece de bois droite, fur laquelle eft une tête de More, où paffe le bâton ou la gaule d'enfeigne de pouppe.

MONTÉ. On exprime, par ce terme, le nombre d'hommes & de canons qui font fur un vaiffeau. On dit qu'un vaiffeau eft *monté* de quatre cens hommes, de quatre-vingts, cent canons, &c.

MONTER AU VENT. C'eft louvier pour prendre l'avantage du vent.

MONTER LE GOUVERNAIL. C'eft attacher le gouvernail à l'étambord, par le moyen des rofes & des vittes. On fait le contraire quand on le démonte.

MONTURE. C'eft la même chofe qu'armement. *Voyez* ARMEMENT.

MOQUE. Efpéce de mouffle percé en rond par le milieu, & qui n'a point de poulie.

Moque de civadiere. C'eft la *moque* par laquelle paffe l'écoute de civadiere.

MOQUES DE TRÉLINGAGE. Efpeces de caps de mouton, par lefquels paffent les lignes de trélingage des étais. Les Hollandois n'en font point ufage. *Voyez* Trélingage.

Moques du grand étai. Ce font deux gros caps de mouton, fort longs & prefque quarrés, dont l'un eft mis au bout de l'étai, & l'autre au bout de fon collier. Ils font joints enfemble par une ride, qui leur fert de lieure; enforte qu'ils ne font qu'une même manœuvre.

MORDRE. On exprime par ce mot l'enfoncement de l'ancre dans le fond : on dit qu'elle *mort* alors.

MORNE. C'eft le nom que les François, habitans de l'Amérique, donnent à un cap élevé, ou à une petite montagne qui s'avance en mer.

MORTAISE DE GOUVERNAIL. C'eft le trou quarré, qu'on fait à la tête du gouvernail, afin d'y paffer la barre.

Mortaise de poulie. C'eft le vuide du mouffle, où l'on met le rouet.

Mortaise du mat de hune. C'eft le trou qu'on fait dans le pied du mât de hune, pour paffer la clef. *Voyez* Grand mat de hune à l'article Grand mat.

MORTE D'EAU, ou MORTE EAU. C'eft le temps que la mer monte dans le flux; ce qui arrive entre la nouvelle & la pleine lune, & entre la pleine lune & la nouvelle, c'eft-à-dire, environ le 7 & le 22 de la lune. *Voyez* Flux & Reflux. On défigne auffi, par ce terme, le plus bas de l'eau, lorfqu'elle eft entre la fin du reflux & le commencement du flux.

MORTIER. Piece d'artillerie, dont on fe fert fur mer pour jetter des bombes, des carcaffes, des pierres & des cailloux. On les place au milieu d'une galiote, sur une plaque portée par une grosse piece de bois, quarrée. Cette plaque assure si bien le *mortier*, qu'il est inébranlable & toujours élevé à quarante-cinq degrés, qui est l'inclinaison de sa plus grande portée.

MOUDRE. *Voyez* HORLOGE QUI MOUT.

MOUFFLE. Assemblage de poulies renfermées dans des écharpes. *Voyez* la théorie de cette machine à l'art. MOUFFLE du *Dictionnaire universel de Mathématique & de Physique.*

MOUILLAGE ou ANCRAGE. C'est un endroit de mer, propre à donner fond, ou à jetter l'ancre. Lorsque ce fond est rempli de roches qui coupent les cables, ou que l'ancre ne peut y mordre, le *mouillage* est mauvais.

MOUILLE. Commandement que l'officier fait de laisser tomber l'ancre à la mer.

MOUILLER. C'est jetter l'ancre pour arrêter le vaisseau. On se prépare ainsi à cette opération. Quand on est proche du lieu du mouillage, on pare l'ancre & la bouée, & on élonge le cable jusqu'au grand mât; après quoi on lui donne un tour de bitte. On frele en même temps la grande voile; on cargue la misaine, & on amene aussi les huniers à mi-mât. Enfin arrivé au lieu du mouillage, on borde l'artimon pour venir au vent; on met un des huniers sur le mât, tandis qu'on frele l'autre; & lorsque l'aire du vaisseau est entiérement perdue, & qu'il commence à s'abattre, on laisse tomber l'ancre, en filant doucement du cable, autant qu'il est nécessaire.

Ceci est une regle générale, qu'il faut modifier suivant les temps, pour parvenir à faire perdre insensiblement l'aire du vaisseau, qui est la fin des manœuvres qu'on fait avant que de *mouiller*. Par exemple, lorsqu'il y a du mauvais temps, on va au mouillage avec la misaine seulement, dont on se sert pour rompre l'aire du vaisseau. On trouvera d'autres exemples dans le *Traité de la Man.* du P. *Hôte*, imprimé à la fin du troifieme tome de fon *Recueil des Traités de Mathématique*, tome III.

Mouiller a la voile. C'eft jetter l'ancre lorfque le vaiffeau a encore les voiles au vent.

Mouiller en croupiere. C'eft faire paffer le cable de l'ancre le long des préceintes, & le conduire delà à des anneaux de fer, qui font à la fainte-barbe. On le fait auffi paffer quelquefois par les fabords.

On *mouille en croupiere* pour faire préfenter un des côtés du vaiffeau au vent, afin de mieux canonner, foit un fort, foit des vaiffeaux ennemis, qui veulent entrer dans un port, ou dans une rade.

Mouiller en patte d'oie. C'eft *mouiller* fur trois ancres à l'avant du vaiffeau ; enforte que les trois ancres foient difpofées en triangle ; ce qui, felon les marins, forme une patte d'oie.

Mouiller l'ancre de touei. C'eft porter l'ancre avec la chaloupe dans l'endroit qu'il faut, & virer pour touer.

Mouiller les voiles. C'eft jetter de l'eau fur les voiles, afin de les rendre plus épaiffes; ce qui leur fait mieux tenir le vent.

Mouiller par la quille. Expreffion ironique, qui fignifie qu'un vaiffeau a échoué; ce qui lui a fait donner de la quille à terre.

MOULINET, VIROLET ou NOIX. C'eft une noix de bois, qui a la forme d'une olive, qu'on met dans le hulot du gouvernail, & au travers de laquelle la manivelle paffe.

Moulinet a bistord. C'eft un tour qu'on tient dans le vaiffeau pour faire du biftord.

MOURGON. On appelle ainfi, fur la Méditerranée, un plongeur. *Voyez* Plongeur.

MOUSSE. C'eft un jeune garçon, qui eft apprentif matelot. Il fert les gens de l'équipage; les appelle quand quelque officier veut leur parler dans des temps extraordinaires; balaie le vaiffeau, & fait en général ce que les officiers lui commandent. Sur les vaisseaux de guerre, il y a ordinairement six *mousses* pour chaque cent hommes.

MOUSSON. *Voyez* MOUSON.

MOUTONNER. On dit que la mer *moutonne* quand l'écume de ses lames blanchit ; de sorte que les vagues paroissent comme des moutons ; ce qui arrive quand il y a beaucoup de mer, & qu'elle est poussée par un vent frais.

MOYEN PARALLELE. C'est un parallele qui tient un milieu entre le parallele du départ & celui de l'arrivée, & sur lequel on compte les lieues mineures. *Voyez*, pour comprendre ceci, PARALLELE & LIEUES.

Ces lieues sont celles qu'on fait sous un parallele. Quand on suit une route oblique aux méridiens, on parcourt différens paralleles. Or quel est celui qu'on doit préférer ou choisir pour réduire le chemin qu'on a fait en lieues mineures ? Si on les comptoit sur le parallele du départ, il est évident qu'on supposeroit qu'on n'auroit point changé en longitude, puisqu'on compteroit ces lieues comme si l'on avoit couru est-ouest ou ouest-est. Si au contraire on se servoit du parallele de l'arrivée, on trouveroit un changement de longitude trop considérable, puisqu'on supposeroit que c'est sous ce parallele qu'on a fait les lieues estimées. D'où il faut conclure qu'on doit chercher un parallele qui soit *moyen* proportionnel entre le parallele du départ & le parallele de l'arrivée, c'est-à-dire, entre la latitude du départ & la latitude de l'arrivée. Pour le trouver, la méthode la plus en usage, & sans contredit la plus aisée, est d'ajouter ensemble les deux latitudes, quand elles sont de même espece, toutes deux nord, ou toutes deux sud, & la moitié de leur somme est la latitude moyenne, ou le *moyen parallele*. Lorsque les latitudes sont de différente espece, on prend seulement la moitié de la plus grande latitude. Cette méthode est assez exacte, quand la différence en latitude n'est que de deux ou trois degrés. Car soit A B le parallele du départ; C D le parallele de l'arrivée (*Pl. 1, Fig. 13.*). Suivant la regle des pilotes, le *moyen parallele* doit être E F, qui partage également la ligne K G. Mais cette ligne ne divise pas exactement l'arc A G en deux parties A E, E C, puisqu'on démontre que les perpendiculaires qui divisent un arc de cercle, comme A C, en parties données., ne divisent pas en même raison le diametre K G, mais en parties qui vont en diminuant vers les poles : donc, &c. Il vaut donc beaucoup mieux faire usage de l'échelle des latitudes croissantes, où l'on a égard à cette progression décroissante. *Voyez* CARTE RÉDUITE. Cette échelle se trouve ordinairement à côté du quartier de réduction. On prend, avec un compas, le milieu de la distance, entre les deux latitudes, & ce point détermine le *moyen parallele.* On a encore des tables, dont on peut faire usage pour cette détermination, comme on peut le voir dans la *Nouvelle Méthode abrégée & facile pour réduire les routes de navigation par les routes de loxodromie ,* &c. par M. *Lemare ,* pag. 1.

MULET. C'est un vaisseau de Portugal, de moyenne grandeur, qui a trois mâts, avec des voiles latines.

MUNITIONNAIRE. Nom de celui qui fournit les vaisseaux du Roi, de biscuit, de breuvage, de chair, de poisson, de légumes, & en général des autres provisions qui servent à la subsistance des équipages. Il a un ou deux commis sur chaque vaisseau, qui font placer les vivres dans le fond de cale, & le biscuit dans les soutes. *Voyez* COMMIS DU MUNITIONNAIRE. Les frégates légeres, les brûlots & les flûtes, ne font point fournis par un *munitionnaire.* Comme les équipages ne font que de quarante à cinquante hommes, les commandans se chargent de l'économie & de la distribution des vivres.

NACELLE.

NACELLE. Petit bateau, qui n'a ni mâts, ni voiles, & dont on se sert pour passer une rivière.

NAGE, *terme de batelier.* C'est un morceau de bois du bachot, où l'on pose la platine de l'aviron, quand son anneau est au touret.

NAGE A BORD. Commandement aux gens de la chaloupe de venir au vaisseau.

NAGE A FAIRE ABATTRE. Commandement aux gens de la chaloupe, qui touent un vaisseau, de nager du côté où l'on veut que le vaisseau s'abatte.

NAGE AU VENT. Commandement aux gens de l'équipage, qui touent un vaisseau ; de nager du côté d'où le vent vient.

NAGE DE FORCE. Commandement aux gens de l'équipage de redoubler leurs efforts.

NAGE QUI EST PARÉ. Commandement de nager à qui est prêt ; ce qui se fait lorsqu'il n'est pas d'une nécessité absolue que les gens de l'équipage de la chaloupe nagent tous ensemble.

NAGE SEC. Commandement à l'équipage de la chaloupe de tremper dans l'eau l'aviron, en nageant de telle sorte qu'il ne la fasse pas sauter, & qu'il ne mouille pas ceux qui y sont.

NAGE STRIBORD, & SCIE BAS-BORD, ou NAGE BAS-BORD, & SCIE STRIBORD. Commandemens à l'équipage d'une chaloupe de la faire naviger & gouverner en moins d'espace.

NAGER, RAMER ou VOGUER. C'est se servir des avirons pour faire siller un bâtiment.

NAGER A SEC. C'est toucher la terre avec les avirons.

NAGER A TANT D'AVIRONS PAR BANDE. C'est ramer ou voguer à tel nombre d'avirons de chaque côté.

NAGER DE BOUT. C'eſt ramer ſans être aſſis. *Voyez* PAGAIE.

NAGER EN ARRIERE. C'eſt faire arrêter ou reculer un petit vaiſſeau avec des avirons. Cela ſe pratique ſur tous les bâtimens à rames, afin d'éviter le revirement, & de préſenter toujours la proue.

NAGER LA CHALOUPE A BORD. C'eſt mener la chaloupe à bord.

NATTES. C'eſt une eſpece de couverture faite de petits roſeaux fendus & entrelacés les uns les autres, ou d'écorces d'arbres, de dix-huit à vingt pouces en quarré, dont on ſe ſert, dans les vaiſſeaux, pour garnir la ſoute au biſcuit, les ſoutes aux voiles, & le fond de cale, lorſqu'il eſt rempli de grains, afin de les garantir de l'humidité.

NAVAGE. Vieux mot, qui ſignifie Flotte. *Voyez* FLOTTE.

NAVE. Vieux mot, qui ſignifie Navire. *Voyez* NAVIRE.

NAVETTE. Petit bâtiment des Indiens de Mouſtique.

NAUFRAGE. C'eſt le bris, la rupture, le fracaſſement & la perte d'un vaiſſeau qui donne contre des rochers, ou qui coule à fond, ou enfin qui périt par quelqu'autre accident. Cela provient fort ſouvent des tempêtes : mais l'impéritie des pilotes y a auſſi beaucoup de part ; car on reconnoît qu'à meſure que la navigation s'eſt perfectionnée, les *naufrages* ſont devenus plus rares. Dans la naiſſance & les premiers progrès de cet art, ces malheurs étoient très-fréquens, & les Anciens ſe contentoient d'implorer la clémence des Dieux, en général, & de Neptune, en particulier. *Homere*, avant que de s'embarquer, lui fit cette priere.

Audi, qui pelagus validè Neptune tridenti

Imperioque regis, ſpatioſaque culta Heliconis :

Da, precor, his nautis reditum, ventoſque ſecundos,

Qui mihi ſunt comites placidi, naviſque magiſtri,

Et mihi da misero sacram contingere terram.

Aerius qua parte mimas ad sidera surgit :

Inde hominis justi me fac succedere testis ;

Vicissique virum, qui me improbitate fefellit,

Læsit & hospitii sacra jura, Jovemque benignum.

De vita Homeri. Lond. 1679.

Les négocians formoient leurs vœux pour *Isis*, patrone du commerce, & ils en chargeoient les murs de son temple : c'est ce que nous apprend *Juvenal* par ces vers.

Et quam votiva testantur fana tabella

Plurima, pictores quis nescit ab Iside pasci ?

Sat. 12.

Ovide prêt à faire *naufrage*, adressa aux Dieux une belle priere, qu'on lit dans les Tristes, & qui commence ainsi :

Di maris & cæli, quid enim nisi vota supersunt;

Solvere quassatæ parcite membra ratis.

Trist. Liv. 1, Eleg. 2.

Enfin la vue des *naufrages* faisoit tant d'impression sur les esprits, que les plus méchans hommes, après avoir épuisé les ressources humaines, osoient recourir à la protection divine. L'histoire nous apprend à ce sujet que le philosophe *Bias*, faisant voile avec des scélérats qui, effrayés d'un danger imminent, s'étoient mis en priere, indigné de cette audace, leur parla en ces termes : Suspendez vos prieres, malheureux, crainte que les Dieux ne vous entendent ; car s'ils sçavoient que vous êtes ici, ils vous puniroient, & sans être coupables de vos crimes, nous serions enveloppés dans vos châtimens.

L ij

Cette ferveur se conservoit encore après avoir échappé du péril. Lorsqu'un vaisseau s'étoit brisé, ceux qui avoient fait *naufrage*, faisoient peindre l'image de leur infortune, & exposoient ce tableau dans un temple bâti sur le rivage. Ils consacroient aussi à *Neptune* les habits avec lesquels ils avoient été sauvés.

Me tabulâ sacer

Votivâ paries indicat uvida

Suspendisse potenti

Vestimenta maris Deo.

Horat. Liv. 1, Od. v.

Pour les matelots, ils faisoient peindre leur *naufrage* sur un débris du vaisseau, & le portoient sur leurs épaules. Ils tâchoient par-là d'attendrir ceux qui les voyoient, & de les engager à leur faire l'aumône.

Mersa rata naufragus assem

Dum rogat & picta se tempestate tuetur.

Juven. Sat. xiv.

(*Voyez* encore la premiere satyre de *Perse*, & le commencement de l'art poétique d'*Horace*.) Je pourrois accumuler ici d'autres traits, & rapporter plusieurs exemples qui prouveroient combien les périls de la mer rendoient les hommes pieux : mais pour user d'économie dans mes citations, & pour faire connoître en même temps les coutumes des Anciens sur cet article, il me doit suffire de citer ce proverbe, fort en vogue parmi eux : c'est que, pour apprendre à prier, il faut aller sur mer. Je termine donc ici cet article, & je renvoie à celui de Tempête d'autres détails sur cette matiere, & aux articles Bris, Débris & Echouement, les réglemens qui s'observent lors d'un *naufrage*.

L

NAUFRAGÉ. Epithete qu'on donne aux vaisseaux & aux effets qui ont été plongés dans la mer, ou jettés sur les côtes dans un naufrage. *Voyez* ECHOUEMENT.

NAVIGABLE. Epithéte qu'on donne à une riviere, & même à un canal, sur lesquels on peut naviger.

NAVIGATEUR. C'est un homme qui voyage par mer.

NAVIGATION. L'art de conduire facilement & sûrement un vaisseau sur mer. Il a trois parties : le pilotage, la manœuvre & la mâture. *Voyez* PILOTAGE, MANŒUVRE & MATURE. Après ces renvois je n'ai rien à dire ici sur les principes de cet art. C'est aux articles, que je viens de citer, qu'il faut recourir, si on veut les connoître. Ma tâche actuelle est de faire l'histoire de la *navigation*, & d'apprécier son utilité.

Quelques raisons qu'on puisse alléguer pour prouver que l'art de naviger étoit connu avant le déluge, cependant les historiens les plus sensés conviennent que ces raisons peuvent être balancées par d'autres aussi puissantes, & qu'on n'a aucun fait qui favorise absolument cette ancienne origine. Peu satisfaits des conjectures même les plus vraisemblables, ils doutent encore si les enfans de *Japhet*, troisieme fils de *Noé*, s'embarquerent les premiers sur mer, pour aller s'établir dans les isles de la Méditerranée. Ce qu'il y a de certain, c'est que *Javan*, fils de *Japhet*, s'étendit sur toute la côte maritime de la Grece, & que *Cetthim*, fils de *Javan*, s'étendit dans l'isle de Chypre, avec *Dodanim*, son frere. Or tout cela n'a pu se faire sans l'usage de la *navigation*. Les descendans de *Japhet* sont donc les premiers navigateurs. *Horace* en étoit si persuadé, qu'il donne à la postérité de *Japhet* l'épithete d'audacieuse, *audax Japeti genus*. Nous sçavons encore que les premiers voyages par mer, se firent à vue de terre, en rangeant toujours la côte. *Pline* décrit, dans son *Histoire natu-*

L iij

relle, liv. II. ch. XXIII. de havre en havre, que les stations que fit *Alexandre le Grand*, depuis les embouchures du Tygre & de l'Eufrate, dans le Sein Persique, jusques dans l'Inde. La *navigation* s'étant ensuite perfectionnée, les marchands trouverent un chemin plus court. Ils alloient droit du cap Fartague à Anor ou en Calicut. Pour avoir une idée de ces sortes de *navigations*, voici comment ce fameux historien naturaliste décrit le chemin que les Romains tenoient en allant aux Indes. Ils se rendoient tous à Héliopolis, d'où ils alloient, par bateaux, sur le Nil, jusqu'à Copte ou Cana, en se servant des vents étésiens. A Copte, ils se débarquoient & se transportoient par terre, sur des chameaux, jusqu'à Bérénice, ville située au bord de la Mer Rouge. Arrivés en cet endroit, ils se mettoient en mer au milieu de l'été, pour profiter d'un vent qui les poussoit dans trente jours à Ocelis, havre d'Arabie, ou à Canan. Enfin d'Ocelis ils arrivoient, à la faveur d'un vent d'ouest, en quarante jours, à Muziris, ou à Anor, qui est le premier havre de l'Inde.

Il paroît par-là que l'art de la *navigation* consistoit alors dans la connoissance des côtes, des vents & des marées; & comme cette connoissance étoit encore très étendue, en la considérant en général, il y avoit dans chaque havre des pilotes, dont l'étude se bornoit à sçavoir l'état d'un havre, & les vents qui y régnoient, pour aller de celui-ci à un autre; de sorte qu'on changeoit de pilotes à tous les havres.

Strabon, qui nous apprend ces particularités dans le deuxieme livre de sa Géographie, dit, dans le dix-septieme livre du même Ouvrage, que tous ces navigateurs ne marchoient que de jour, & que les Sidoniens sont les premiers qui ont commencé à voguer de nuit.

Les mémoires manquent quand on veut suivre les progrès de la *navigation*, & on ignore absolument comment d'une *navigation* bornée à côtoyer les mers, on est parvenu à les traverser. Ce qu'il y a de certain, c'est que les Anciens faisoient par mer des voyages presqu'aussi longs que ceux que nous faisons à présent. Tels sont ceux qui ont été entrepris par *Bacchus*, *Hercule*, *Jason*, *Ulisse*, *Thésée*, *Pirithoüs*, *Minos*, & par les Phéniciens qui, ayant passé les colonnes d'*Hercule*, bâtirent de grandes villes au milieu de la côte d'Afrique, peu de temps après la guerre de Troye. Ces colonnes avoient été élevées par *Hercule*, au détroit de Gades, avec cette inscription : *nec plus ultra*, parce que ce navigateur n'avoit pu aller plus avant, & ne croyoit pas que la chose fût possible. (*Strabon*, liv. 1.)

Hérodote confirme le récit de *Strabon*. Il dit que *Néchao*, Roi d'Egypte, en 605 avant Jesus-Christ, ayant fait cesser le canal qu'il avoit commencé à faire creuser depuis le Nil, jusqu'au golfe Arabique, envoya une flotte de Phéniciens pour reconnoître l'Afrique, avec ordre de revenir en Egypte, par la Méditerranée. Cette flotte partit de la Mer Rouge ; doubla le cap de Bonne-Espérance ; fit le tour de l'Afrique ; entra par le détroit de Gades dans la Méditerranée, & revint en Egypte, après trois ans de *navigation*.

Le même auteur (*Hérodote*) ajoute que les Carthaginois ont fait la même route, & qu'un homme nommé *Sataspes*, ayant été condamné à être crucifié, pour avoir ravi l'honneur de la fille de *Zophyrus*, on commua sa peine en une *navigation*, depuis l'Egypte, par les colonnes d'*Hercule*, jusqu'au Sein Arabique. Cet homme n'acheva pas son voyage, mais il arriva à la Mer Australe, après avoir doublé le cap Siloës. Il rapporte aussi que *Darius*, ayant envie de sçavoir en quelle mer le fleuve Indus se déchargeoit, envoya un nommé *Scylas*, reconnoître exactement toutes les côtes, & ce navigateur revint trente mois après son départ.

L iv

On lit, dans le soixante-septieme chapitre de l'*Histoire Naturelle* de *Pline*, que sous *Auguste*, on envoya une flotte, qui côtoya l'Allemagne & les Cimbres ; qu'*Alexandre* avoit fait reconnoître la mer Orientale, jusqu'au Sein Arabique ; que sous le regne de *Caïus César*, on trouva dans le Sein Arabique des débris de vaisseaux, qu'on reconnut être Espagnols ; qu'un nommé *Himilco*, Carthaginois, reconnut la mer Océane, qui baigne l'Europe ; qu'un certain *Eudoxus*, fuyant la colere du Roi *Lathyrus*, sur le golfe Arabique, & ayant couru toutes les côtes de l'Afrique, arriva en Espagne ; enfin que de son temps on navigeoit en la partie méridionale de la Mauritanie. (*Voyez* encore la *Géographie* de *Strabon*, liv. 11.) Mais de tous ces peuples, aucun n'a tenu la mer si avantageusement que les Phéniciens. Aussi leur attribue-t'on l'invention de l'art de naviger. Cette considération m'oblige d'exposer ici en peu de mots les *navigations* de ces peuples, & ce qui leur a donné lieu.

Les Phéniciens, descendus de *Chanaam*, petit fils de *Noé*, s'étendoient le long de la Méditerranée, depuis l'isle d'*Ærad*, jusqu'au Mont-Carmel. Ils étoient ainsi placés avantageusement pour se répandre dans la mer. Familiarisés avec cet élément, dit l'auteur du premier volume de l'*Histoire générale de la Marine*, pag. 15, l'attrait du commerce seul leur en diminua l'horreur. Des ports commodes leur présentoient un abri pour leurs vaisseaux, & le Mont-Liban leur offroit les bois nécessaires pour les construire. Resserrés dans un coin de l'Asie, dont le climat est très-fâcheux, & effrayés sans cesse par de fréquens tremblemens de terre, ils songerent à profiter de ces avantages, pour chercher un asyle plus sûr que l'endroit qu'ils habitoient. Dans l'espérance de trouver un meilleur climat, en traversant la mer, ils se livrerent à la merci des flots, & acquirent, par leurs tentatives réitérées, de l'habileté dans la *navigation*.

Avant *Salomon*, les *navigations* de ces peuples ne s'étendoient pas hors de la Méditerranée; & malgré ces bornes si étroites, leur commerce enrichit tellement Sidon & Tyr, que ces villes devinrent les plus opulentes & les plus célebres du monde. Tyr surtout fut dans la suite le siege du commerce de toutes les nations. Ses nombreuses flottes se répandoient dans tous les pays maritimes, & en revenoient chargées de richesses immenses. On lui apportoit de toutes parts les plus précieuses productions de la terre. Elle recevoit des Carthaginois, du fer, de l'étain & du plomb; des Grecs, des esclaves & des chevaux; des Ethiopiens, de l'ébene & de l'ivoire; des Syriens, des pierres précieuses, de la pourpre, des toiles, du lin & de la soie; de la Judée, du froment, du baume, de l'huile & des résines; de Damas, des vins & des laines; de l'Arabie, des bestiaux; & de Saba, des parfums & de l'or. Enfin l'Afrique, l'Asie & l'Europe étoient encore tributaires du luxe de Tyr.

Il s'agit de sçavoir maintenant de quelle maniere ce commerce s'étoit établi; comment les Phéniciens avoient fait connoissance avec tous ces peuples, & en un mot quelle est l'histoire de leur colonie. Quoique plusieurs auteurs, nommément *Bochart*, aient voulu débrouiller tout cela, cependant les plus habiles gens assurent que les progrès que les Phéniciens firent dans la *navigation*, sont absolument inconnus, & qu'on ignore par conséquent leurs expéditions maritimes. Ce qui paroît certain, c'est que Chypre est une des premieres conquêtes de ces peuples; que delà ils se répandirent dans la Cilicie; qu'ils s'étendirent sur tout l'Océan par la Mer Rouge; qu'ils entrerent dans les golfes Arabique & Persique, & qu'ils pénétrerent jusqu'aux Indes, où ils occuperent la Tapotrane. On veut aussi que les Sporades, les Cyclades, l'isle de Crete, aujourd'hui Candie, la Sicile & la Sardaigne, aient été autant de colonies des Phéniciens, & que l'un d'eux, nommé *Cadmus*, en ait fondé une dans l'isle de Rhodes, devenue depuis si fameuse par ses expéditions maritimes.

Voilà donc les Anciens en possession de toutes les mers. Or là-dessus on ne cesse de demander par quel moyen ils pouvoient parvenir à faire des voyages de long cours, sans la connoissance de la boussole, & dépourvus d'instrumens pour observer les astres ; car la boussole n'a été inventée qu'en 1300, & le plus ancien instrument, qui est l'arbalète, & dont ils auroient pu faire usage, est très-défectueux. *Voyez* BOUSSOLE & ARBALÈTE. Il paroît, ou que les historiens ne nous ont pas tout dit, ou qu'ils ont trop dit, ou que les Anciens n'ont pu tenir la mer, comme on nous l'assure, qu'en bravant sans cesse les périls les plus imminens, & les horreurs de la mort la plus prochaine. Quand on hazarde tout, on peut faire de grandes choses ; & les Anciens étoient fort hazardeux. On nous a bien appris les voyages qu'ils ont faits, mais on n'a point parlé de leurs pertes, de leurs naufrages & de leurs mauvais succès. Pour un homme qui a échappé, combien ont dû périr ! Ce qui donne lieu à cette réflexion, c'est que nous sçavons quelle étoit la forme des vaisseaux des Anciens, & ce qu'on pouvoit faire sur mer avec de pareils bâtimens. *Voyez* ARCHITECTURE NAVALE, FLOTTE, GALERE & NAUFRAGE.

Les Egyptiens avoient une grande aversion pour la mer, parce qu'ils la prenoient pour *Typhon*, le grand ennemi de leur *Osiris*. Ils regardoient les marins & les navigateurs comme des impies ; & ils ne mirent que fort tard *Neptune* au rang de leurs divinités. Bornés aux richesses de leur pays, ils s'occupoient uniquement du soin d'y mener une vie heureuse & tranquille, & n'y admettoient les étrangers qu'avec peine. Mais le dégoût, enfant de l'uniformité, s'empara de leur efprit. Pour s'en délivrer, ils prirent infenfiblement le goût de commerce. Le défir de faire des conquêtes & de s'agrandir, & l'attrait des richeffes étrangeres les réconcilia avec la mer. Ils conftruifirent des vaiffeaux, chercherent à découvrir les regles de la *navigation*, & devinrent hábiles navigateurs. (*Hiftoire générale de la Marine*, tom. 1.)

Tels font les motifs qui ont animé dans tous les temps les hommes à cultiver l'art de naviger. On leur doit les progrès qu'on a faits dans cet art ; & ils font la fource de l'utilité générale, que procure la *navigation* : il ne faut point chercher ailleurs. L'envie de dominer, la curiofité & l'inquiétude, qui font inféparables de l'humanité, prouvent mieux la néceffité de la *navigation*, que toutes les raifons qu'on a coutume d'alléguer en fa faveur. J'ai dit de quelle maniere elle avoit rendu Tyr ; & voilà tout ce qu'on peut dire de plus raifonnable. J'ajoute encore pour le philofophe, qu'elle nous procure un moyen aifé de connoître notre demeure & fes productions, & de contribuer par-là à augmenter nos connoiffances ; & c'eft, je crois, ce qu'on peut dire de mieux.

NAVIGATION. Voyage par eau, feulement, foit par mer ou fur les rivieres, ou fur les lacs. Ainfi on dit qu'on a fait une belle *navigation*, quand le vent a été favorable ; que la *navigation* a été heureufe, lorfqu'on eft arrivé au port, fans avoir couru aucun danger ; enfin que la *navigation* eft bonne, fi l'on a eftimé au jufte le fillage du vaiffeau.

NAVIGATION IMPROPRE. *Navigation* qu'on fait de côte en côte, & à la vue des terres.

NAVIGATION PROPRE. C'eft le pilotage. *Voyez* PILOTAGE.

NAVIGER. Les marins prononcent *naviguer*, & on dit l'un & l'autre. Cependant, comme l'on écrit navigation, navigateur, navigable, il femble qu'on doit écrire *naviger* & non *naviguer*. Quoi qu'il en soit, on entend, par ce terme, faire route, voyager par eau, & surtout par mer.

NAVIGER PAR TERRE OU DANS LA TERRE. C'est estimer plus de chemin que le vaisseau n'en a fait ; de sorte que, suivant l'estime, on devroit être à terre, quoiqu'on en soit fort éloigné.

NAVIGER PAR UN GRAND CERCLE. C'est *naviger* en suivant un méridien, lorsqu'on veut passer d'un hémisphere dans un autre. Supposons qu'un vaisseau parte du point C (*Fig. 13, Pl. 1.*) pour parvenir au point D. S'il fait la route C D, qui est un parallele, que je suppose de 60 degrés de latitude, il fera 180 degrés, qui valent 90 degrés de l'équateur, ou 1800 lieues marines. Si au contraire on prend la route C P D, c'est-à-dire qu'on parcoure l'arc C P D du méridien, on ne fera que 60 degrés, qui donnent 1200 lieues. Ainsi le chemin est plus long en suivant un parallele, qu'en suivant un méridien. Véritablement on ne peut passer par les poles : mais quoiqu'on s'en éloigne, il est certain qu'il est toujours très-avantageux, lorsqu'on *navige* auprès des poles, de *naviger par un grand cercle.* Or cette navigation se réduit à la solution de ce problême, par les regles de la trigonométrie sphérique. *La longitude & la latitude de deux points étant données, trouver l'angle que la route doit faire avec tous les méridiens qu'on rencontre pour arriver d'un point à un autre, par l'arc d'un grand cercle.* Toutes les personnes qui sçavent la trigonométrie sphérique, sont en état de résoudre ce problême. Pour avoir néanmoins un guide dans ce travail, on peut lire les exemples que le Pere *Pézenas* a donnés dans sa *Pratique du pilotage,* pag. 487.

NAVIRE. Ce terme est synonime à vaisseau. *Voyez* VAISSEAU. Il vient du Latin *navis,* qui signifie Bâtiment de mer.

NAULAGE. Vieux terme, qui signifie la paie qu'on donne au patron pour le passage.

NAUMACHIE. C'étoit, chez les Anciens, un cirque entouré de sieges & de portiques, dont l'enfoncement étoit rempli d'eau, & dans lequel on donnoit le spectacle d'un combat naval. *Voyez* le *Dictionnaire d'Architecture civile & hydraulique*, article NAU-MACHIE.

NEF. Vieux mot, qui signifie NAVIRE.

NEIÉ. *Voyez* NOIÉ.

NEUVE. Espece de petite flûte, d'environ soixante tonneaux, dont les Hollandois se servent pour la pêche du hareng.

NEZ. C'est la premiere partie du vaisseau, qui finit en pointe.

NOCHER. Vieux terme, qui signifioit Pilote. On s'en sert encore aujourd'hui pour désigner le contre-maître, comme on peut le voir dans l'*Ordonnance de la Marine*.

NOCTURLABE. C'est un instrument par lequel on prétend trouver combien l'étoile du nord est plus basse ou plus haute que le pole, & quelle heure il est pendant la nuit. Le P. *Fournier* a donné, dans son *Hydrographie*, liv. x, ch. xx, la construction & l'usage de cet instrument : mais il est si défectueux, qu'il ne mérite aucune considération. On a un moyen beaucoup plus exact de connoître le passage du nord par le méridien. *Voyez* LATITUDE. Et à l'égard de l'heure, c'est encore un problême dont on n'a pu trouver une solution assez simple pour la pratique, quoiqu'on ait proposé pour cela plusieurs moyens fort ingénieux, comme on peut le voir dans la Piece qui a remporté le prix de l'Académie Royale des Sciences, en 1745, sur cette matiere, par M. *Daniel Bernoulli*.

NOIALE. *Voyez* TOILE.

NOIÉ. Epithete qu'on donne à un pilote qui, en prenant

hauteur, ne découvre pas assez l'horizon avec l'instrument dont il se sert.

NOIRCIR. C'est enduire les vergues & les mâts d'une mixtion faite de noir de fumée & de goudron, ou d'huile & de noir de fumée. On *noircit* les mâts près des joutereaux & de l'étambrai, & les vergues partout.

NOIX DE LA MANIVELLE DU GOUVERNAIL. *Voyez* MOULINET.

NOIX DU CABESTAN. *Voyez* ECUELLE.

NOLIGER. *Voyez* FRÉTER.

NOLIS. On appelle ainsi, sur la Méditerranée, le fret ou louage d'un vaisseau. *Voyez* FRET.

NOLISSEMENT. Terme de la Méditerranée, qui a la même signification qu'affrétement sur l'Océan. *Voyez* AFFRÉTEMENT.

NON VUE. On exprime, par ce terme, la brume, lorsqu'elle est si épaisse qu'on ne peut découvrir le parage où l'on est. On dit qu'un vaisseau a péri par *non vue*, c'est-à-dire, faute d'avoir pu découvrir les côtes & les bancs.

NORD. C'est le pole septentrional, ou la plage du pole arctique.

NORD-EST ou GALERNE. Nom de la plage qui est entre le nord & l'est. C'est aussi celui du vent qui souffle de ce côté-là.

NORD-EST QUART A L'EST. Plage qui décline de 32° 45′ du nord à l'est.

Il y a d'autres points dans l'horizon, qu'on appelle *Nord-est-quart au nord*, *Nord-nord-est*, *Nord-nord-ouest*, *Nord-ouest*, &c. & tout ceci est suffisamment expliqué à l'article ROSE DE VENT, auquel je renvoie pour éviter les répétitions.

NORD-ESTER. C'est décliner ou se tourner du côté du nord, vers le nord-est. Ce terme est particuliérement en usage pour exprimer la variation de l'aiguille aimantée du côté de ce point de l'horizon.

NORD-OUESTER. C'est, en parlant de l'aiguille, décliner vers le nord-ouest.

NOYALE. *Voyez* NOIALE.

NOYÉ. *Voyez* NOIÉ.

NUAISON. C'est tout le temps que dure un vent fait & uni.

OCCIDENT. *Voyez* OUEST.

OCEAN. On appelle ainsi la mer qui est jointe à la Méditerranée par le détroit de Gibraltar, & qui est détachée de la mer Caspienne par la partie du continent, qui regne au sud, dans le royaume de Perse. *Voyez* MER.

OCTANT. Nom d'un instrument nouvellement inventé pour observer les astres sur mer, malgré le tangage & le roulis du vaisseau. C'est un secteur de cercle de 45 degrés, garni d'une pinnule ou d'une lunette, & de deux miroirs, avec lequel on réunit l'astre & l'horizon. On doit la premiere idée de cet instrument à M. *Hook*, auteur de la Micrographie, & à MM. *Street*, *Newton* & *Halley*, ses premiers progrès. MM. *Godfrey*, *Hadley*, *de Fouchy* & *Smith*, sont enfin parvenus à mettre toutes ces tentatives à exécution, & à construire un *octant*, dont on a fait usage sur mer avec succès. Celui de M. *Hadley*, surtout, a acquis une réputation qu'il conserve encore aujourd'hui. Son *octant* n'est cependant pas sans défaut (*voyez* le *Traité des instrumens propres à observer les astres sur mer*, imprimé en 1752): mais la date de son exécution, antérieure à celle des autres *octans*, & le mérite supérieur de l'auteur, contribuent beaucoup à le maintenir dans ce haut degré d'estime ; & ceux qui se sont prévenus en sa faveur, ne veulent point s'être trompés. Quand on dit à ces personnes qu'on ne peut pas faire usage de cet *octant*, lorsque le soleil est proche du zénith, & que M. *Godin* s'en est assuré par plusieurs expériences, elles répondent que les hauteurs varient bien plus sensiblement aux environs du méridien,

lorsque

lorfque l'aftre eft proche du zénith, que quand il
en eft éloigné, & qu'il eft plus aifé de diftinguer la
plus grande hauteur *de celles qui la précedent im-*
médiatement, ou qui la fuivent de près. D'où l'on
conclud que l'*opération doit fe faire plus vîte, &*
tout au moins auffi fûrement en ce cas qu'en tout
autre (*Mémoires de Mathématique & de Phyfique,*
redigés à l'Obfervatoire de Marfeille, premiere
partie, pag. 43). Premiérement, ce n'eft point là
répondre à l'objection. En fecond lieu, cette confé-
quence peut être jufte, fuivant les idées des auteurs
de cette réponfe : mais peut-elle détruire un fait
conftant, certifié par M. *Godin*, pour ne citer ici
que ce célebre aftronome ? Or, fuivant lui, l'opération n'eft abfolument point fûre, & l'inftrument
de M. *Hadley* n'eft point en cette occafion plus
exact qu'aucun autre: ce font les termes de M. *Godin*.
Que répondre à cela ? Entre le droit & le fait, il y a
une grande différence. Tout ce qui fe doit, ne fe
fait point : mais un fait l'emporte toujours fur le
droit, par rapport à l'événement. Donc l'*octant* de
M. *Hadley* n'eft point propre aux obfervations mé-
ridiennes, lorfque le foleil eft proche du zénith.

On objecte encore à cet *octant* que la double réflexion qu'éprouve la lumiere, caufe une grande
diminution, & on répond : *la critique eft jufte* (pag.
48 des *Mémoires* ci-deffus cités). La troifieme imperfection, qu'on trouve toujours au même inftrument, eft de n'être qu'à pinnules, fans lunette ; &
M. *Hadley* avoit prévu cette imperfection. On nie
d'abord, dans la réponfe qu'on fait à cette objection,
ce fecond point ; & pour appuyer cette négation,
on dit que ce Docteur Anglois, en faifant la defcription de fon inftrument, « ne parle de pinnule,
»» que pour les obfervations parderriere ; qu'en pro-
»» pofant cette pinnule, il laiffe à l'obfervateur la
« liberté d'employer le télefcope à fa place »». (*Ubi*
fuprà, pag. 50.) Mais j'oferai demander pourquoi

cette diſtinction entre les obſervations pardevant &
les obſervations parderrière ? Si le téleſcope eſt également bon pour ces deux obſervations, pâr quelle
raiſon le Docteur Anglois veut-il qu'on faſſe uſage
de pinnule ? Il faut choiſir : ou la pinnule fait le
même effet que le téleſcope, ou non. Si elle produit le même effet, pourquoi multiplier les êtres
ſans néceſſité : je veux dire, compliquer un inſtrument à pure perte ? Si au contraire elle ne le produit pas, elle eſt abſolument inutile. Tel n'a pu
être le raiſonnement de M. *Hadley*. Quand il a
parlé de pinnule, c'eſt qu'il a compris que l'uſage
du téleſcope n'étoit point auſſi aiſé & auſſi ſûr que
la pinnule. Il avoit donc prévu l'imperfection de
ſon *octant*, où le téleſcope ne peut être adapté avec
avantage. Auſſi, lorſqu'on s'eſt déterminé à ſe ſervir de cet inſtrument, on a été obligé de le conſtruire ſans lunette, & de mettre à ſa place des pinnules. On ne l'a pas même préſenté autrement dans
les brochures qu'on a publiées, contenant ſa deſcription & ſon uſage. J'ai vu des *octans* de M. *Hadley*,
conſtruits en Angleterre & en France, & je n'en ai vu
aucun avec une lunette. Cependant on ajoute ›› que
›› la pinnule propoſée par M. *Hadley*, eſt bien dif-
›› férente de celles qu'on a miſes aux prétendus
›› *octans* de M. *Hadley;* qu'elle fait à peu près l'effet
›› d'une lunette, au moyen d'un conducteur pour
›› la vûe, que ſon inventeur y a ajouté, & que
›› M. *Hadley* ne s'eſt peut-être jamais ſervi d'*octant*
›› à pinnules, tel qu'on les fait aujourd'hui ‹‹. Voilà
ce que c'eſt que de ſoutenir une mauvaiſe cauſe.
L'eſprit ſe trouve quelquefois hors de garde ; la
vérité perce, & les contradictions s'accumulent.
On vient d'avancer que M. *Hadley* n'a fait que pro-
poſer les pinnules ; & qu'il a laiſſé à l'obſervateur
la liberté d'employer le téleſcope ; & on dit ici que
cet inventeur s'en eſt ſervi, qu'il avoit même imaginé un conducteur pour la vûe. Encore une fois,

pourquoi tant de frais, si le télescope peut être appliqué dans tous les cas à cet instrument? N'est-il pas cent fois supérieur aux pinnules? Remarquez encore ces paroles, que M. *Hadley* ne s'est jamais servi de pinnules, telles qu'on les adopte aujourd'hui à son *octant*. N'est-ce pas avouer que ce sçavant en connoissoit les avantages? A l'égard de la plainte qu'on fait sur ce qu'on ne construit point l'*octant* de M. *Hadley* avec des pinnules, comme il l'avoit prescrit, ce n'est point ici le lieu d'examiner si elle est fondée. Je n'ai voulu que soutenir ce que j'ai avancé dans le *Traité des instrumens propres à observer les astres sur mer ;* sçavoir, qu'on ne peut appliquer une lunette à l'*octant* de M. *Hadley.*

Quoiqu'on ne réponde pas, dans les *Mémoires de Mathématique* de Marseille, à toutes les objections que l'usage a suggérées contre l'*octant* de M. *Hadley*, & surtout à la difficulté qu'il y a à lui procurer une situation verticale, difficulté reconnue par M. *Godin*, qui avertit qu'il y a à cet égard « un tâtonne-» ment incommode, & qui en diminue la préci-» sion »; (*voyez* l'Extrait du Mémoire de M. *Godin*, dans la *Description & l'Usage d'un nouvel instrument pour prendre la latitude sur mer*, par M. *** 1751, page 17.) quoiqu'on ne satisfasse peut-être pas aux autres, & enfin, quoiqu'on convienne de quelques-unes (comme de la foiblesse de la lumiere, &c.), on ne laisse point d'adopter cet instrument, de le regarder comme généralement bon, & d'en recommander expressément l'usage aux marins. On le préconise même avec excès dans les livres nouveaux de Pilotage, qui paroissent ; & malgré la mauvaise construction dont on le taxe, on le trouve encore meilleur qu'on ne le jugeoit il y a vingt ans, & que M. *Hadley* ne le reconnoissoit lui-même.

Il faut avouer que la prévention est une chose bien étrange. En 1739 on estimoit cet *octant* si défectueux, que M. *de Maurepas*, alors ministre de la marine, inftruit de ce jugement, & connoiffant d'ailleurs la bonté du principe d'après lequel il eft conftruit, chargea M. *de Fouchy*, de l'Académie Royale des Sciences, de perfectionner cet inftrument, ou d'en inventer un nouveau. Cet aftronome prit le fecond parti, & publia, dans les *Mémoires de l'Académie* de 1740, un nouvel *octant*, où il adapte une lunette. N'eft-ce pas là une preuve bien forte que M. *de Fouchy* n'approuvoit pas celui de M. *Hadley*? Quelle raifon affez puiffante peut obliger aujourd'hui à faire plus de cas de cet *octant*, qu'on ne le faifoit autrefois?

Dans le temps que M. *de Fouchy* travailloit en France, les Anglois, qui penfoient comme nous, fur l'*octant* de M. *Hadley*, avoient en quelque forte chargé M. *Caleb Smith* de le perfectionner, ou du moins celui-ci avoit cru rendre fervice aux marins, & entrer dans les vues de fa nation, en s'occupant de cet objet. Le réfultat de fes recherches fut un nouvel *octant* femblable à celui de M. *de Fouchy*. Il n'en differe que par un endroit infiniment précieux : c'eft d'être à fimple réflexion, au lieu que celui de l'aftronome François eft à double réflexion. Cet inftrument eut un grand fuccès. On peut voir le jugement avantageux qu'en ont porté les fameux marins *Chriftophe Middleton*, *George Sparrel*, *Jofeph Harrifon*, &c. dans la defcription & l'ufage que M. *Caleb Smith* a donnés de fon inftrument. (*The Defcription, Ufe and excellency*, &c. brochure *in*-4°. de vingt-quatre pages.)

Ce jugement eft fondé fur ces avantages : 1°. que cet *octant* eft lunette ; 2°. qu'il eft à fimple réflexion; 3°. que fa fituation, lorfqu'on obferve, eft très-commode. On en trouve la figure, de même que celle de l'*octant* de M. *Hadley*, dans les *Mémoires de Mathématique & de Phyfique*, déja cités à la *Pl.* 1, *Fig.* 1, 3, & *Pl.* 2, *Fig.* 28, ou dans le *Dictionnaire univerfel de Mathématique & de Phyfique*, tom. 11, *Pl.* 22, *Fig.* 320 & 321. Ces figures font expliquées à l'art. QUARTIER ANGLOIS. Pourquoi donc n'en pas faire usage, ou du moins le tenter ? « C'est que, suivant les sçavans auteurs de ces *Mé-* » *moires*, pag. 69, le grand nombre des construc- » teurs, ne sçachant pas assez d'optique pour sup- » pléer à la théorie que M. *Smith* n'a pas donnée, » & craignant en conséquence de se tromper sur la » position des miroirs, qui n'a pas été suffisamment » déterminée par cet auteur, ils ont mieux aimé » suivre la marche méthodique de M. *Hadley*, & » construire des *octans* sur des modeles & d'après » les regles qu'il donne, que de s'exposer à faire » de mauvais ouvrages, faute d'entendre assez bien » l'idée de M. *Smith* ». Cette raison est très-bonne. Telle a été en effet la cause qui a empêché les ingé- nieurs pour les instrumens de Mathématique, d'exécuter l'*octant* de M. *Smith*.

Lorsque cet *octant* eut acquis en Angleterre, par l'usage, l'estime dont il jouit, je proposai au sieur *Baradelle*, fort habile dans son art, de le construire, & je m'offris de le conduire dans le travail dont il ignoroit absolument les principes. Nous entrâmes donc ensemble dans les explications nécessaires pour cela ; & en réunissant la pratique à la théorie, nous comprîmes que cet instrument n'étoit point sans défauts. Cette découverte suspendit notre travail. J'étudiai avec plus de soin la théorie des *octans*, & mes recherches me conduisirent à la construction d'un autre *octant*, que je jugeai encore plus simple & plus sûr que celui de M. *Smith*. J'en parlai au sieur *Baradelle*, qui en pensa de même. Il s'offrit à l'exécuter. Nous reprîmes donc notre commun travail ; & l'*octant* étant fini, j'en publiai la cons- truction & l'usage dans une brochure intitulée, *Traité des instrumens propres à observer les astres sur mer*, 1752. L'instrument & la brochure furent pré- sentés à feu M. le marquis *de la Galissoniere*, qui les fit voir au Roi à Fontainebleau, en 1751. Sa Majeſté ordonna qu'on nommât des commiſſaires, afin d'examiner l'un & l'autre. Sur le rapport des commiſſaires, il vint un ordre du miniſtre, d'en faire conſtruire pluſieurs pour le compte du Roi, qui furent envoyés dans différens ports de mer. La gazette de France, du 6 janvier 1753, annonça le premier envoi qui fut fait à Breſt, en ces termes : « On a envoyé depuis peu à Breſt, par ordre du » Roi, un nouvel inſtrument pour obſerver les » aſtres ſur mer. Il a été inventé par le ſieur » *Saverien*, ingénieur de la marine, membre de » la *Société Royale de Lyon*, & connu par pluſieurs » ouvrages, & exécuté par le ſieur *Baradelle*, in- » génieur du Roi, pour les inſtrumens de Mathé- » matique. Il eſt à ſimple réflexion, & à lunette, » deux qualités importantes, qu'on n'avoit encore » pu réunir ». M. *Fréron* a annoncé en 1754 les autres envois, dans la treizieme feuille de ſon *Année littéraire* (c'eſt le troiſieme tome).

J'ai cru devoir entrer dans tous ces détails, qui forment l'hiſtoire des *octans*, pour fixer mon choix ſur celui dont je ſuis obligé de donner ici une idée. Ce choix doit ſans doute tomber ſur *l'octant* que j'eſtime le meilleur. La choſe eſt maintenant bien claire. J'ai profité des lumieres de mes prédéceſ-ſeurs ; & ſi mon *octant* peut être de quelque utilité, c'eſt à eux qu'il faut en faire honneur.

Le nouvel *octant* eſt un ſecteur de cercle A. B C, de 45 degrés (*Pl.* 1, *Fig.* 14.), conſtruit d'un bois peu ſujet à ſe déjetter, & dont l'arc eſt couvert d'une plaque de cuivre, diviſée en 90 parties, parce que, par la réflexion, les demi-degrés valent des degrés entiers. Chacun de ces degrés eſt ſous-diviſé en autant d'autres parties que le rayon peut en con-tenir ſans confuſion, ſelon la méthode de *Nonius*. Cette alidade porte un miroir F fixé ſur ſon centre. Derriere & au deſſus de ce miroir eſt une eſpece de pont P, qui se meut circulairement, mais qu'on arrête par le moyen d'une vis , laquelle sert à rappeller le pont lors de l'observation. Ce pont est chargé d'un autre miroir E , qui fait un angle de 22 degrés ½ , au dessous de l'horizon. Les deux miroirs sont situés alors de telle sorte , qu'ils ne forment qu'une seule & même surface, le miroir E s'ajustant exactement avec le miroir F de l'alidade. Par le moyen d'une vis V, on rend parfaite cette identité de surface. Sur le rayon C O est une lunette , au travers de laquelle le spectateur placé en O, voit les objets réfléchis sur les deux miroirs. Afin de n'être pas blessé par l'éclat du soleil , on place en I I deux verres colorés , qui en couvre les rayons.

Sur le rayon qui porte la lunette est une avance, sur laquelle est une espece de chevalet massif, qui soutient un miroir M , qu'on incline par le moyen de la vis T, & qu'on tourne avec la vis S. Ces deux vis servent à rectifier, c'est-à-dire, à situer ce miroir parallélement au miroir F de l'alidade.

Avant que de se servir de cet *octant* , il faut le rectifier ; ce qui se fait ainsi. 1°. On place l'alidade au commencement des divisions du limbe de l'arc de cercle , du côté de la lunette. 2°. On tient le rayon de l'instrument parallele à l'horizon ; de sorte que le limbe est alors vertical. 3°. On observe , à travers la lunette ; la surface de la mer , qui doit tenir lieu d'horizon , ou tout autre objet éloigné , tel que le soleil , la lune ou une étoile vue par la réflexion d'un seul miroir. Et si cette ligne de la surface de la mer , ou l'objet éloigné , correspondent exactement avec l'objet vu dans l'autre miroir ; ou si par la réflexion des deux miroirs, on ne voit qu'une même ligne & un même objet, l'instrument est rectifié, & on peut opérer : mais si l'on distingue deux objets , il faut tourner la vis qui est sous

M iv

un des miroirs, jufqu'à ce que les deux lignes ou objets s'uniffent.

Tels font les ufages de cet inftrument.

Ufage I. Obferver la hauteur d'un aftre. 1°. Tournez l'inftrument vers l'aftre que vous voulez obferver, enforte que le limbe le partage en deux parties égales. 2°. Appliquez l'œil à la lunette, & cherchez l'horizon ou la ligne de la furface de la mer. 3°. Faites glifler l'alidade le long du limbe, jufqu'à ce que l'aftre paroiffe toucher l'horizon ou la ligne de la furface de la mer. L'alidade étant alors arrêtée, les degrés compris entre la ligne qui la divife en deux également, & la premiere graduation, donnent la hauteur défirée.

Ufage II. Prendre des diftances angulaires. 1°. Tenez l'inftrument dans le même plan, avec deux étoiles ou deux autres objets dont on veut obferver la diftance. 2°. Faites glifler l'alidade d'un côté ou de l'autre, jufqu'à ce qu'un des objets paroiffe, par la réflexion du miroir immobile, fur la même ligne que l'objet vu en même temps par la réflexion du miroir mobile. L'angle d'inclinaifon entre les deux miroirs, marqué par l'alidade fur le limbe, fera égal à la moitié de la diftance angulaire defdits objets, c'eft-à-dire qu'un degré entier de l'angle divifé, fera mefuré par l'efpace d'un demi-degré du limbe.

Il n'a été queftion jufqu'ici que des obfervations pardevant, qui font les plus aifées & les plus certaines. Mais lorfque l'horizon du côté de l'aftre n'eft plus vifible, & qu'on eft forcé d'obferver alors, en fe fervant de l'horizon oppofé à l'aftre, on obferve parderriere, en faifant ufage du troifieme miroir M, & voici comment. On éleve l'inftrument, afin de mettre le miroir de l'alidade à découvert & prêt à réfléchir l'aftre, auquel on tourne le dos, à quelque hauteur qu'il foit. On fait mouvoir enfuite l'alidade vers la lunette, jusqu'à ce que l'astre, vu par la lunette sur le miroir de l'alidade, se réunisse avec l'horizon peint sur la même glace, & qu'il en soit coupé. Les degrés compris depuis le commencement de la division, jusqu'au degré où se trouve actuellement l'alidade, sont ceux de la hauteur de l'astre.

Il faut, avant que de faire cette observation, situer exactement le miroir M, parallélement au miroir fixe du pont. Pour vérifier ce parallélisme, il faut choisir deux points diamétralement opposés, qui ne soient point cachés par des nuages, & ajuster le miroir M de maniere que ces deux points de l'horizon ne forment qu'une même image.

Au reste, si l'horizon du côté de l'astre étoit visible, on pourroit observer parderriere, sans faire usage du miroir M, parce qu'alors l'horizon se peindroit sur le miroir fixe du pont, comme aux observations pardevant. *Voyez* le *Traité des instrumens propres à observer les astres sur mer, avec la description & l'usage d'un nouvel instrument. Voyez* encore TOUPIE.

L'usage qu'on fait de cet *octant*, depuis près de quatre ans, doit en avoir fait connoître la valeur; & ce n'est point à moi à l'apprécier: mais je dois dire deux mots sur une espece de critique qu'on a publiée de cet instrument, parce que ceci entre toujours dans l'historique.

Les auteurs de cette critique sont ceux des *Mémoires de Mathématique & de Physique*, ci-devant cités. Ces sçavans prétendent que la *principale ou l'unique différence qui se trouve entre le nouvel octant & celui de M. Smith*, consiste dans l'avance qui porte le miroir M; & voici comment ils le prouvent. Ils soutiennent premiérement que la situation des miroirs du centre & de l'alidade du nouvel *octant*, n'est point différente de celle qu'exige M. *Smith* pour le sien. Dans l'*octant* de ce dernier, le miroir fixe (ou prisme) est placé derriere le

miroir de l'alidade , fur une prolongation du rayon
de l'inſtrument qui porte la lunette. Dans le nouvel
octant , ce miroir fixe eſt placé fur un pont , au centre de l'inſtrument. Or , ſi l'on en croit les auteurs
des *Mémoires de Mathématique & de Phyſique* , cela
revient au même , puiſque M. *Smith* recommande
expreſſément de placer les miroirs dans le même
plan. Cependant les miroirs de M. *Smith* ſont placés
l'un derriere l'autre. Cette ſituation eſt – elle la
même que celle du nouvel *octant* ? N'eſt-elle point
défectueuſe ? Le miroir fixe étant derriere le miroir de l'alidade , couvre celui-ci ; & ſuivant les cas ,
il eſt difficile d'appercevoir l'horizon , & de ſaiſir
par conſéquent l'inſtant de ſa réunion avec l'aſtre.
C'eſt néanmoins en ceci que conſiſte la bonté de
l'inſtrument. Dans le nouvel *octant* , ce défaut
n'exiſte point. Les deux miroirs ſont ſur un même
plan , & le miroir fixe eſt au centre de l'inſtrument.
Ce ſont là deux avantages ſur leſquels on dit cependant que M. *Smith* n'a pas cru devoir s'expliquer en détail (pag. 164 des *Mémoires* cités). On
ſuppoſe ici que M. *Smith* connoiſſoit l'invention du
pont & ſon utilité , ſuppoſition gratuite , que des
auteurs auſſi éclairés que ceux auxquels je réponds ,
n'auroient pas dû faire ſans preuve. Et quelle apparence qu'il la connût , puiſqu'il n'en a point fait
uſage ? Outre cela , M. *Smith* n'a point déterminé
la ſituation de ſon miroir , par rapport à l'horizon ;
& cette détermination eſt abſolument néceſſaire
pour cette réunion eſſentielle à la bonté de l'inſtrument. Mes adverſaires en conviennent. « Il y a
>> néanmoins une choſe , diſent-ils , dont on doit
>> ſçavoir gré à l'auteur du nouvel *octant* : c'eſt
>> d'avoir déterminé l'angle que la ſurface du mi-
>> roir fixe doit faire avec l'horizon , & d'avoir fixé
>> cet angle à 22° $\frac{1}{2}$. C'eſt une attention qui avoit
>> échappé à M. *Smith* , & qui peut ſervir à guider
>> les conſtructeurs dans l'exécution de cet inſtru-

» ment. Cet angle de 22° ½ paroît effectivement le » plus commode pour l'obfervateur (pag. 164) ». Que peut-on conclure delà, fi ce n'eft que M. *Smith*, dans fon *octant*, a placé le miroir fixe au hazard. Il paroît, dit-on, que cet angle eft effectivement le plus commode. Il paroît ! Voilà un doute fingulier. Il falloit dire : il eft certain que cet angle de 22° ½ eft le feul en effet que doive faire le miroir au deſſous de l'horizon, afin que l'angle de réflexion, égal à l'angle d'incidence, étant doublé par la nature de la réflexion, l'aftre & l'horizon foient réfléchis dans une lunette élevée à 45 degrés au deſſus de l'horizon, nombre qui eft le double de 22° ½.

Qu'on dife, malgré ces raifons, que l'unique différence qu'il y a entre le nouvel *octant* & celui de M. *Smith*, confifte dans l'avance qui porte le troifieme miroir M : on ne le perfuadera à perfonne, & mes adverfaires n'en font point perfuadés, comme on vient de le voir. Mais il paroît qu'on a à cœur de dégoûter les marins de l'ufage de cet *octant*, & pour y parvenir avec fuccès, on attaque cette avance, & on tâche de l'anéantir. A cette fin on prétend démontrer que la lumiere qui réfléchit fur ce miroir, ne peut, dans aucun cas, renvoyer l'image de l'horizon fur le miroir fixe. Il faut que les commiſſaires nommés pour l'examen du nouvel *octant*, fe foient bien abufés, eux qui ont vu cette image, & fur le miroir fixe, & fur le miroir de l'alidade. Il faut que tous ceux qui fe font fervis de cet *octant*, que le fieur *Baradelle*, que moi-même, qui l'ai éprouvé peut-être mille fois, ayons été dans une illufion bien étrange. Quand on avance de pareilles objections, on ne devroit pas, ce me femble, s'en tenir au raifonnement feul, mais s'en rapporter un peu à l'expérience. Je fuis perfuadé que fi les auteurs des *Mémoires* avoient vu le nouvel *octant* exécuté, ils n'auroient pas fait toutes les objections qu'ils ont faites, & qu'ils auroient supprimé la derniere. Quant au raisonnement sur lequel ils s'appuient pour soutenir cette derniere objection, il est établi sur un principe qui n'a pas été bien examiné : c'est qu'on ne peut voir un objet peint sur un miroir, que quand on est placé dans la ligne qui le réfléchit, quoiqu'on découvre parfaitement tout le miroir.

Ceci est considéré sous un point de vue géométrique, & non physiquement : je veux dire par-là qu'on n'a point fait attention à la maniere dont la lumiere se répand lorsqu'elle rencontre un obstacle, ou à sa double réflexion ; l'une, suivant la direction de son choc, & l'autre, selon celle de sa réflexion. Ce n'est point ici le lieu d'entrer dans un plus grand détail : il faut s'en tenir au fait & à l'expérience. Une discussion qui s'en écarteroit, ne s'assortiroit point au plan de cet Ouvrage.

Pour faire connoître en peu de mots tout le mal qu'on veut à mon *octant*, il suffira de citer ce dernier trait. On me reproche de n'avoir rien donné de nouveau en graduant cet *octant*, suivant la méthode de *Nonius*, puisque M. *Smith* en a fait usage pour le sien. Qu'est-ce que cela signifie ? Est-ce que j'ai voulu faire valoir le nouvel *octant* par cet endroit ? Si j'avois quelque gloire à prétendre à cet égard, ce seroit d'être le premier en France qui ait fait exécuter cette division. Mais je n'ai point d'autre prétention que cette satisfaction qu'on éprouve lorsqu'on a pu être utile au public. Les sçavans auteurs, auxquels j'ai répondu, auroient dû faire cette attention, & voir, examiner, se servir même du nouvel *octant*, avant que de le décrier. Qu'ils me permettent de leur représenter que le caractere essentiel des *octans*, consiste dans la situation des miroirs. L'*octant* de MM. *Newton* & *Halley* ne differe que par-là de celui de M. *Hadley*. Ceux de M. *de Fouchy*, de M. *Smith*, & le nouvel *octant*, n'ont point entr'eux d'autre différence. Or, si l'on donne des noms particuliers aux instrumens que ces Messieurs ont proposés, pourquoi ne distinguera-t'on point le nouveau ?

ŒIL ou JEU. Nom qu'on donne aux deux points d'en bas de la civadiere, par lesquels s'écoule l'eau qui entre quelquefois dans cette voile.

ŒIL DE PIE, ou JEUX DE PIE. Ce sont les trous ou œillets qu'on fait le long du bas de la voile, au dessus de la ralingue, pour y passer des garcettes de ris.

ŒILLET. Boucle que l'on fait au bout de quelque corde.

ŒILLET D'ÉTAI. Grande boucle, que l'on fait au bout de l'étai, vers le haut, dans laquelle passe le même étai, après avoir fait le tour du ton du mât.

ŒILLETS DE LA TOURNEVIRE. Boucles que l'on fait à chacun des bouts de la tournevire, pour les joindre l'un à l'autre avec un quarantenier.

ŒUVRES DE MARÉE. C'est le radoub & le carénage que l'on donne aux vaisseaux échoués.

ŒUVRES MORTES. Ce sont toutes les parties du vaisseau, qui sont hors de l'eau, ou autrement les hauts du vaisseau, qui comprennent les bordages, qui bordent depuis les dalots du premier pont, jusqu'en haut.

ŒUVRES VIVES. Ce sont les parties du vaisseau, qui entrent dans l'eau, comprises depuis la quille, jusqu'à la ligne d'eau, laquelle monte ordinairement jusqu'au vibord ou au pont d'en haut.

OFFICIER BLEU. *Voyez* BLEU.

OFFICIERS DE PORT. Ce sont des *officiers* commis, dans les arcenaux de marine, pour avoir soin de faire amarrer les vaisseaux, de les faire mâter, radouber, racler, calfater, brayer, goudronner, & enfin garnir de tout ce qui leur est nécessaire.

OFFICIERS DE SANTÉ. *Officiers* qui font les visites, qui donnent des lettres de santé, & qui font faire la quarantaine.

OFFICIERS EN SECOND. Ce sont des *officiers* moins anciens que ceux qui sont en pied, & qui font les fonctions des autres en leur absence.

OFFICIERS GÉNÉRAUX. Ce sont ceux qui commandent les armées navales. Le premier *officier général* est l'amiral, & les autres sont les vice-amiraux, l'un du Ponent, & l'autre du Levant, trois lieutenans généraux & six chefs d'escadre. *Voyez* l'*Ordonnance de la Marine* de 1689, liv. IX.

OFFICIERS MAJORS. On appelle ainsi le capitaine, le lieutenant & l'enseigne du vaisseau.

OFFICIERS MARINIERS. Ce sont les personnes préposées pour la conduite, la manœuvre & le radoub des vaisseaux. Elles forment la sixieme partie de l'équipage, & ont pour chef le maître, le bosseman, le charpentier & le voilier. *Voyez* ces mots.

OH! DU NAVIRE! HOLA! Cri que l'on fait pour parler à l'équipage d'un vaisseau, dont on ne sçait pas le nom. Si au contraire on le sçait, on le nomme en criant : *oh d'un tel vaisseau*, comme *du Foudröyant*, *de l'Intrépide*, &c.

OH D'EN HAUT! C'est ainsi que ceux qui sont sur le pont d'un vaisseau, crient à ceux qui sont sur les mâts ou sur les vergues.

OH HISSE! OH HALE! OH SAILLE! OH RIDE! Ce sont des cris que l'on fait en différens temps, pour s'accorder dans certains travaux où l'on est plusieurs, soit qu'il faille hisser, haler, pousser ou rider quelque chose.

ORAGE. *Voyez* TEMPÊTE.

ORDRE DE BATAILLE. C'est la disposition de deux armées navales, qui sont prêtes à combattre. La meilleure disposition consiste à les ranger sur deux lignes paralleles à une des deux lignes du plus près. Tous les vaisseaux partent au plus près de ces lignes, & se tiennent à la distance de cent vingt toises ou d'un cable les uns des autres ; & les brûlots, ainsi que les bâtimens de charge, restent éloignés d'une lieue de l'armée , du côté opposé à celui que les ennemis occupent. On peut voir cet *ordre* figuré dans la planche 13 de l'*Art des armées navales* du P. *Hôte*, & les raisons qui le font préférer à tout autre, à la pag. 59 du même Ouvrage. *Voyez* COMBAT NAVAL, BATAILLE NAVALE & EVOLUTION.

ORDRE DE MARCHE. C'est l'arrangement & la situation des vaisseaux d'une armée navale , lorsqu'elle est en marche. Il n'y a point de regles fixes là-dessus ; mais l'expérience a fait voir que l'*ordre de marche* le plus avantageux parmi tous ceux qu'on a proposés , consiste à ranger l'armée sur trois colonnes disposées de telle sorte qu'elles soient parallèles à une des lignes du plus près, & que le parallélogramme qu'elles forment , soit un parallélogramme rectangle. Le P. *Hôte* a développé cet *ordre* dans de grandes planches, qui sont absolument nécessaires pour qu'on puisse le comprendre (*Art des armées navales*, pag. 84).

ORDRE DE RETRAITE. Disposition d'une armée qui est obligée de faire retraite à la vue de l'ennemi. Les plus habiles officiers de marine veulent que dans cet *ordre* , le général de l'armée soit au milieu & au vent ; que la partie de l'armée du général , qui est à gauche , soit rangée sur la ligne du plus près stribord ; que la partie qui est à droite , soit sur la ligne du plus près bas-bord , & qu'on mette au milieu les brûlots & les bâtimens de charge. On a plusieurs exemples qui prouvent la bonté de cet *ordre* , & le P. *Hôte* en rapporte un beau dans son *Art des armées navales* , pag. 90, qui vaut seul une démonstration. *Voyez* COMBAT NAVAL.

OREILLE DE LIEVRE. On appelle ainsi une voile qui, étant appareillée , a la forme d'une voile latine ou à tiers-point.

OREILLES DE L'ANCRE. Nom qu'on donne à la largeur des pattes de l'ancre.

ORGANEAU. *Voyez* ARGANEAU.

ORGUES. Ce sont les dalots qu'on fait dans le premier pont de certains vaisseaux (tels que ceux que les Hollandois envoient aux Indes), pour faire tomber à fond de cale l'eau qui pourroit entrer dans le vaisseau.

ORIENT. *Voyez* EST.

ORIENTER. C'est tourner quelque chose de telle sorte qu'il soit dans la situation que l'on souhaite, à l'égard de quelque partie du monde. On dit que les voiles sont *orientées* lorsqu'elles sont situées avantageusement pour recevoir le vent.

ORSE. Terme du Levant, qui signifie Bas-bord. On se sert aussi, dans le même endroit, de ce terme pour commander de serrer & de tenir le vent.

ORSER, *terme du Levant*. C'est aller contre le vent, par le moyen des rames.

ORTODROMIE. C'est la route que décrit un vaisseau, lorsqu'il navige est-ouest ou nord-sud. Ce mot, qui, selon son étymologie, signifie Droite course, est opposé à loxodromie, qui veut dire Course oblique.

OSSEC. C'est la sentine. *Voyez* SENTINE. On donne aussi ce nom, sur les rivieres, à l'endroit où s'amassent les eaux du bateau, qu'on vuide avec l'escope.

OUACHE. *Voyez* HOUACHE.

OUAICHE. On sous-entend *tirer en*. C'est secourir un vaisseau qui est incommodé ou pesant à la voile', en le remorquant par l'arriere d'un autre vaisseau. Cela se fait ainsi. Le vaisseau qui *tire en ouaiche*, attache le bout d'un cable au pied de son grand mât; & faisant passer l'autre bout par un sabord de l'arriere, il fait porter ce bout à l'autre bord du vaisseau incommodé, où on l'attache au pied du mât de misaine.

On appelle Tenir un pavillon en *ouaiche*, lorsqu'on le laisse pendre en bas, jusqu'à fleur d'eau. Cela ne se fait qu'à l'égard de quelque pavillon ennemi, pour marquer qu'on en est victorieux.

OVERLANDES.

OVERLANDES. Petits bâtimens qui navigent sur le Rhin & sur la Meuse.

OUEST ou OCCIDENT. C'est l'un des quatre points cardinaux, & où le soleil se couche lorsqu'il est dans l'équateur, c'est-à-dire, dans l'équinoxe du printemps, & dans celui d'automne. On donne aussi ce nom au vent qui souffle de ce côté-là.

OUEST-NORD-OUEST, OUEST-SUD-OUEST, OUEST QUART DE NORD-OUEST, &c. Ce sont les noms des vents qui soufflent entre l'ouest & le nord, ou entre le sud & & l'ouest. *Voyez* ROSE DES VENTS.

OURAGAN. Tempête horrible & violente, qui se forme par la contraction de plusieurs vents, qui soufflant tantôt d'un côté, tantôt d'un autre, élevent des flots prodigieux, qui se brisent en se choquant. Quand il doit y avoir un *ouragan*, la mer vient ordinairement unie tout à coup, & parfaitement calme. Après cela l'air s'obscurcit ; les nuages s'accumulent, & des éclairs effroyables remplacent la clarté du jour. Ils durent assez long-temps, & sont suivis d'accidens affreux. Pendant ce temps fâcheux, les vaisseaux qui sont dans les rades, doivent appareiller & s'éloigner de terre, en se laissant dériver, après avoir mis leurs vergues & leurs mâts de hune bas.

Les *ouragans* sont très-fréquens dans les isles Antilles, depuis environ le 20 juillet, jusqu'au 15 octobre.

OURSE. Nom qu'on donne à deux constellations composées de sept principales étoiles, qui sont proche le pole nord, l'une appellée *la grande ourse*, & l'autre *la petite ourse*, & dont on se sert pour connoître la hauteur du pole. *Voyez* LATITUDE. L'étoile polaire est à l'extrêmité de la queue de cette derniere constellation.

OUVERT, ÊTRE A L'OUVERT D'UNE PASSE. C'est être vis-à-vis de quelque chose, comme de l'entrée d'un port, d'une rade ou d'une riviere.

OUVERTURE. Petit détroit entre deux éminences ou montagnes.

OUVRIERS, TRAVAILLEURS ou MANŒUVRES. On appelle ainſi ceux qui ſont employés dans les atteliers de conſtruction. Leur journée eſt depuis ſept heures du matin, juſqu'à ſix heures du ſoir, pendant l'hyver, & depuis cinq heures du matin juſqu'à huit, pendant l'été. Dans cette derniere ſaiſon, ils font pendant ce temps trois repas, & deux ſeulement en hyver, & pour cela ils ne peuvent ſortir du port. Les heures du travail & du repos ſont marquées par le ſon d'une cloche, & aucun *ouvrier* ne peut quitter l'ouvrage, que cette cloche n'ait ſonné.

OUVRIR. C'eſt découvrir en mer deux objets ſéparément, & non l'un par l'autre, ou l'un dans l'autre.

PACFI ou PAFI. C'est une basse voile. On distingue deux *pacfis*, un grand & un petit. Le premier est la grande voile, ou la voile la plus basse, qui est au grand mât, & le second est la voile de misaine. *Voyez* VOILE. Lorsqu'on ne se sert que de deux basses voiles, on dit qu'on est aux deux *pacfis*.

PACIFIER. Ce verbe est synonyme à calmer. Les marins disent: la mer se *pacifia*, pour dire, elle se calma.

PAGAIE. Nom que les Sauvages donnent à la rame dont ils se servent pour faire voguer leurs piroques. A cette fin, ils se tiennent de bout sur un banc qui est situé dans le sens du bordage de la piroque, & regardant l'endroit où ils veulent aller, ils poussent la *pagaie* de l'avant à l'arriere. Cette façon de ramer est très-inférieure à la nôtre, & parce que l'homme ne peut pas faire un effort aussi grand, étant de bout, que s'il étoit assis, & pour plusieurs autres raisons, qui sont développées dans le cinquieme chapitre de la *Nouvelle Théorie de la manœuvre des vaisseaux, à la portée des pilotes*, lequel contient un parallele de la rame & de la *pagaie*.

PAGE DE LA CHAMBRE DU CAPITAINE. C'est le garçon qui sert le capitaine.

PAGES, MOUSSES ou GARÇONS. Ce sont des apprentifs matelots. *Voyez* MOUSSES.

PAILLES DE BITTES. Longues chevilles de fer, qu'on met à la tête des bittes, pour assujettir le câble.

PAILLOT, *terme de galere*. C'est la chambre où se met l'écrivain, avec le biscuit.

PAIS SOMME. Bas fond, où il y a peu d'eau.

PALAMANTE, *terme de galere*. Nom général, qu'on

donne à des rames de quarante pieds six pouces de long, accompagnées chacune de deux galvernes, qui se posent sur l'apostis, pour les manier, & d'une manivelle, avec le giron au bout.

PALAN. Assemblage d'une ou de deux cordes, avec une mouffle à deux poulies, & une poulie simple, qui lui est opposée, dont on se sert pour embarquer & débarquer de pesans fardeaux. Une de ces cordes s'appelle *Itague*, & l'autre *Garant*.

On définit encore autrement ce terme. C'est, selon quelques marins, la corde qu'on attache à l'étai ou à la grande vergue, ou à la vergue de misaine, pour tirer quelque fardeau, ou pour bander quelques étais : mais la premiere définition est la plus reçue.

PALAN A CALIORNE. C'est la caliorne entiere. *Voyez* CA- LIORNE.

PALAN A CANDELETTE. *Voyez* CANDELETTE.

PALAN D'AMURE. Petit *palan*, qui sert à amurer la grande voile dans un gros temps.

PALANQUE. Commandement de faire servir ou tirer sur le palan.

PALANQUER. C'est se servir des palans, soit pour embarquer ou débarquer quelque fardeau.

PALANQUIN. Petit palan, qui sert à lever de médio- cres fardeaux.

PALANQUINES. *Voyez* BALANCINES.

PALANQUINS DE RIS. Ce sont des *palanquins* qu'on met aux bouts des vergues des huniers, par le moyen desquels on amene les bouts des ris, quand on les veut prendre.

PALANQUINS SIMPLES DE RACAGE. *Palanquins* qui servent à guinder ou à amener le racage de la grande vergue, lorsqu'il la faut guinder ou amener.

PALANS DE BOUT. Petits *palans* frappés à la tête du mât de beaupré, pardessous, qui sert à tenir la vergue de la civadiere en son lieu, & à aider à la hisser lorsqu'on la met en place.

PALANS DE CANON. *Voyez* DROSSE DE CANON, & PALANS DE RETRAITE.

PALANS DE MISAINE. *Palans* attachés au mât de misaine, & qui servent à haler à bord les ancres & la chaloupe, à rider les haubans, &c.

PALANS DE RETRAITE. Petits *palans*, dont les canonniers se servent pour remettre le canon dedans, quand il a tiré, & que le vaisseau est à la bande.

PALANS D'ÉTAI. *Palans* amarrés à l'étai.

PALANS DU GRAND MAT, ou GRANDS PALANS. *Palans* qui tiennent au grand mât.

PALARDEAUX. Bouts de planches, que les calfateurs couvrent de goudron & de bourre, pour boucher les trous qui se font dans le bordage. On donne aussi ce nom aux tampons qui servent à boucher les écubiers.

PALE. C'est le bout plat de la rame, qui entre dans l'eau.

PALÉAGE. C'est l'action de mettre hors d'un vaisseau les grains, les sels & autres matieres qui se remuent avec la pelle. Les matelots sont obligés de faire ce travail sans aucun salaire, de même que pour le manéage (*voyez* ce terme) : mais ils sont en droit d'en exiger pour le guindage.

PALME. *Voyez* PALE.

PANNE. On sous-entend *mettre en*. C'est rendre un vaisseau immobile, en situant tellement ses voiles, que l'effort du vent sur les unes, soit contrebalancé par celui des autres. Ces forces contraires se détruisent mutuellement, & le vaisseau ne fait aucune direction. Cela peut s'exécuter de différentes façons. La pratique ordinaire consiste à carguer les basses voiles, en brassant le petit hunier, afin qu'il prenne vent devant, & on brasse ensuite le grand hunier, afin qu'il porte. Alors le vaisseau est poussé de l'avant & au vent par le grand hunier, & il est poussé de l'arriere & à arriver par le petit ; de sorte qu'il reste comme immobile. On comprendra la raison de ceci, en lisant l'article MANEGE DU NAVIRE.

PANNEAU. Assemblage de planches, qui servent de

trapes ou mantelets pour fermer les écoutilles. Le grand *panneau* est le mantelet, qui ferme la plus grande écoutille, laquelle est toujours en avant du grand mât.

PANNEAU A BOÎTE. *Panneau* qui s'emboîte dans une bordure qu'on met autour des écoutilles.

PANNEAU A VASSOLE. C'est un *panneau* qui tombe dans la feuillure des vassoles.

PANON. *Voyez* PLUMET.

PANTAQUIERES ou PANTOCHERES. Cordes de moyenne grosseur, entrelacées entre les haubans de stribord à bas-bord, qu'elles traversent d'un bord à l'autre, pour les tenir plus roides & plus fermes, & pour assurer les mâts dans une tempête, surtout lorsque les rides ont molli.

PANTENNE. Ce terme exprime une situation particuliere des voiles. *Voyez* VOILES EN PANTENNE.

PAPIER DE GARGOUSSE. Gros *papier* gris, dont on se sert pour faire les gargousses, & qu'on forme sur un moule.

PAPIERS & ENSEIGNEMENS. Ce sont tous les *papiers* & manuscrits qui se trouvent dans un vaisseau.

PAQUEBOT ou PAQUET-BOT, ou encore PAQUET-BOOT. Espece de galiote, dont on se sert pour porter les lettres de Douvres à Calais, & de Calais à Douvres, c'est-à-dire, de France en Angleterre, & d'Angleterre en France. Il y a aussi des *paquebots* en Hollande, qui partent de Harwich, & viennent à la Brille.

PAR. Préposition dont on se sert, sur mer, pour exprimer une situation ou une distance. Ainsi on dit : nous sommes *par* la hauteur de vingt degrés ; on nous a attaqué que nous étions *par* huit brasses d'eau, &c.

PARADE. On sous-entend *faire la.* C'est parer ou orner un vaisseau de tous ses pavillons & de tous ses pavois.

PARADIS ou BASSIN. Partie d'un port, où les vaisseaux font en plus grande sûreté.

PARAGE. Espace ou étendue de mer, sous quelque latitude que ce soit. On dit : *être en parage*, c'est-à-dire, être en certains endroits de la mer, où l'on peut trouver tout ce qu'on cherche ; *être mouillé en parage*, c'est-à-dire, être mouillé dans un lieu où l'on peut appareiller quand on veut.

PARALLELES. Ce sont les cercles *parallelés* à l'équateur, fur lesquels on compte les lieues mineures. *Voyez* LIEUES. On en compte autant qu'il y a de poins dans le méridien

PARC. C'est, dans un arcenal de marine, un enclos où l'on construit les vaisseaux du Roi, & qui renferme les magasins.

PARC D'UN VAISSEAU. C'est une espece de menagerie formée avec des planches entre deux ponts, pour enfermer les bestiaux que les officiers font embarquer pour leur nourriture.

PARCLOSES. Ce sont des planches qu'on met à fond de cale, sur des pieces de bois, nommées *Vitonnieres*. Elles sont mobiles, & on les leve quand on veut voir si rien n'empêche le cours des eaux qui doivent aller à l'archipompe.

PARCOURIR LES COUTURES. C'est visiter les coutures, pour calfater où il est nécessaire.

PARÉ. On sous-entend *être*. C'est être prêt à faire la manœuvre, ou à se battre.

PAREAU ou PARRE. Sorte de grande barque des Indes, qui a le devant & le derriere semblables ; de sorte qu'on met le gouvernail indifféremment dans l'un & dans l'autre, quand il faut changer de bord. Elle ne s'éloigne jamais des côtes. On s'en sert vers Ceilon, & principalement dans la Tutocorie, aux côtes de Malabar.

PARENSANE. On sous-entend *faire la*. Les Levantins entendent, par ce terme, appareiller. *Voyez* APPAREILLER.

PARE A VIRER. Commandement que le capitaine fait à l'équipage, & qu'il répéte deux fois à haute voix, quand on est prêt à changer de bord, afin que chacun se prépare à faire, comme il faut, la manœuvre de revirement.

PARER. C'est se mettre en état de se servir de quelque chose. Ainsi *parer un cable*, c'est le mettre en état de s'en servir ; & *parer une ancre*, c'est la débarrasser & la tenir prête pour mouiller.

PARER UN BANC. C'est éviter un banc.

PARER UN CAP. C'est doubler un cap. *Voyez* DOUBLER.

PARFUMER. C'est faire brûler du goudron & du genievre, & jetter du vinaigre entre les ponts du vaisseau, pour en chasser les mauvaises odeurs, & en purifier l'air.

PARQUET. Petit retranchement fait sur le pont, avec un bout de cable, dans lequel on met les boulets de canon, pour les avoir tout-prêts quand on en a besoin. C'est aussi le retranchement où l'on tient les boulets dans un magasin. Lorsqu'on désarme une flotte, on porte les canons & les mortiers dans ce retranchement, & le commissaire général de l'artillerie de la marine, a soin de faire séparer les canons de fonte de ceux de fer ; de les faire ranger par calibre, & de placer les bombes & les grenades chargées dans un endroit différent de celui où sont celles qui ne le sont pas.

PART. On sous-entend *être à la.* C'est avoir droit aux prises qu'on fait sur les ennemis. Ceux qui vont aux pêcheries, sont aussi quelquefois à la *part*, & dans ce cas ils ne reçoivent point de gages.

PARTAGER L'AVANTAGE DU VENT. C'est louvoyer le même rumb de vent que celui à qui on veut le gagner, ou qui le veut gagner sur vous, & ne pouvoir parvenir à le gagner, mais se maintenir toujours au même rumb à l'égard de l'autre vaisseau.

PARTAGER LE VENT. C'est prendre le vent en plusieurs

bordées à peu près égales, tantôt d'un côté, tantôt de l'autre.

PARTANCE. C'est le temps du départ. C'est aussi le lieu d'où l'on est parti. Lorsqu'on est prêt à partir, on tire un coup de canon sans boulet, qu'on appelle *Coup de partance* ou *Signal de partance*. On arbore aussi un pavillon à la poupe, pour avertir ceux de l'équipage, qui sont à terre, de venir à bord pour appareiller. On le nomme *Banniere de partance*.

PAS. C'est un détroit entre deux terres. Tel est celui qui est entre Calais & Douvres, qu'on appelle *Pas de Calais*.

PAS DE HAUBANS. *Voyez* ENFLÉCHURES.

PASSAGER. C'est un voyageur qui paie son passage sur un vaisseau, ainsi qu'il est convenu, & qui par conséquent n'est point compris dans le nombre de ceux qui forment l'équipage.

PASSE. C'est un canal ou passage entre deux terres ou entre deux bancs, par lequel les vaisseaux passent pour entrer dans un port ou dans une riviere. Dans les isles de l'Amérique, on appelle cela *Débouquement*.

PASSER AU VENT D'UN VAISSEAU. C'est gagner le vent à un vaisseau.

PASSER SOUS LE BEAUPRÉ. C'est *passer* fort près de la proue du vaisseau. C'est une impolitesse qu'on commet, & par conséquent une civilité de ne pas le faire quand on le peut.

PASSE-VOGUE. Effort qu'on fait pour ramer plus fort qu'à l'ordinaire.

PASSE-VOLANT. C'est un faux matelot, qu'un capitaine ou un maître de vaisseau fait passer en revue, afin que son équipage paroisse complet.

PASSE-VOLANTS. *Voyez* FAUSSES LANCES.

PATACHE. Petit vaisseau de guerre, destiné pour le service des grands vaisseaux, & qui mouille à l'entrée d'un port pour aller reconnoître ceux qui rangent les côtes. Ainsi ce bâtiment sert de premiere garde

pour arrêter les vaisseaux qui veulent entrer dans le
port. Elle est gardée non seulement par son équipage, mais encore par des soldats. Les fermiers généraux ont des *pataches* qui se tiennent à l'entrée des
ports, pour avoir inspection sur les vaisseaux qui y
entrent.

PATACHE D'AVIS. *Voyez* FRÉGATE D'AVIS.

PATARASSE ou MALEBÊTE. Sorte de ciseau, qui sert
pour ouvrir les joints d'entre deux bordages, quand
ils sont trop serrés, afin de faire mieux la couture.

PATENTES DE SANTÉ. *Voyez* LETTRES.

PATRON. Les Levantins appellent ainsi le maître d'un
bâtiment en général, & d'une barque en particulier.
Voyez MAITRE.

PATRONE. *Voyez* GALERE PATRONE.

PATRONS DE CHALOUPE. Ce sont des officiers mariniers, qui servent sur nos vaisseaux de guerre, &
auxquels on donne la conduite des chaloupes & des
canots.

PATTE D'OIE. *Voyez* MOUILLER EN PATTE D'OIE.

PATTES D'ANCRE. Ce sont deux plaques de fer,
triangulaires, qui sont soudées à chaque bout de
la croisée de l'ancre. *Voyez* ANCRE. On dit : *laisser*
tomber la patte de l'ancre, lorsqu'on tient l'ancre
verticalement, afin qu'elle soit prête à être mouillée. On dit encore : *la patte de l'ancre tourne*, quand
le jas touche le fond, & que la *patte* tourne en
haut.

PATTES DE BOULINE. Cordages qui se divisent en plusieurs branches au bout de la bouline, pour saisir la
ralingue de la voile par plusieurs endroits, en façon
de marticles. Ils répondent l'un à l'autre par des
poulies.

PATTES DE VOILES. Morceaux quarrés de toile, qu'on
applique aux bords des voiles, proche la ralingue,
pour les renforcer, afin d'y amarrer les *pattes* de
bouline.

PAUCRAINS. *Voyez* MANŒUVRES.

PAVIER. *Voyez* PAVOISER.

PAVILLON. C'est un drapeau ordinairement d'étamine, qui a une forme différente, selon les pays, & qu'on arbore au haut des mâts ou sur le bâton de l'arriere, pour faire connoître la qualité des commandans des vaisseaux, & la nation à laquelle ils appartiennent. Les couleurs différentes & les armes servent à ces deux usages. Suivant les Ordonnances de 1670 & 1689, l'amiral doit porter le *pavillon*, qui est quarré & blanc, au grand mât; le vice-amiral, un *pavillon* de même au mât de misaine; & le contre-amiral ou lieutenant général, ou même un chef d'escadre, qui fait les fonctions de contre-amiral, au mât d'artimon. Chaque *pavillon* a un quart de battant plus que de guindant. Les chefs d'escadre portent une cornette blanche, avec l'écusson particulier de leur département, au mât d'artimon, lorsqu'ils sont en corps d'armée, & ils la portent au grand mât quand ils sont séparés, & qu'ils commandent en chef. *Voyez* CORNETTE.

Tout ceci n'a lieu pour l'amiral, que quand il est accompagné de vingt vaisseaux de guerre; & pour le vice-amiral & le contre-amiral, de douze, dont le moindre doit porter trente-six pieces de canon. On appelle le vaisseau qu'ils montent, *Vaisseau pavillon*, ou simplement *Pavillon*. Les vice-amiraux, lieutenans généraux & chefs d'escadre, qui commandent un moindre nombre de vaisseaux, ne portent qu'une simple cornette; & encore, lorsque plusieurs chefs d'escadre se trouvent joints ensemble dans une même division ou escadre particuliere, il n'y a que le plus ancien qui puisse arborer la cornette : les autres n'arborent qu'une simple flamme. Les capitaines qui commandent plus d'un vaisseau, portent une flamme blanche au grand mât, qui a dix aunes de battant, & la moitié de la cornette de guindant. Enfin l'officier général, commandant en chef, porte, tant dans les ports &

rades , qu'à la mer , une enseigne blanche à l'avant de sa chaloupe , pour le distinguer des autres officiers, qui le portent à la pouppe. Au surplus on n'arbore sur nos vaisseaux aucun *pavillon* , flamme ou enseigne de pouppe , que de couleur blanche, & on ne se sert des *pavillons* de différentes couleurs, que pour les signaux. *Voyez* SIGNAUX & l'*Ordonnance de la Marine* de 1689, liv. III, tit. II.

Avant que de faire connoître les *pavillons* des autres nations , & de détailler plus particuliérement ceux de nos vaisseaux marchands , il convient d'expliquer ici les divers usages de ces sortes de drapeaux.

On met le *pavillon* en berne , lorsqu'on rappelle à bord quelqu'un qui est hors du vaisseau , ou quand on a un pressant besoin de quelque chose. On le met à mi-mât , lorsqu'il y a dans le vaisseau quelque personne notable , qui est morte. On attache les *pavillons* aux haubans ou à la galerie de l'arriere aux vaisseaux vaincus , & on les laisse traîner en ouaiche , c'est-à-dire , la pointe dans l'eau. On arbore un *pavillon* de beaupré , les jours de réjouissance. Dans une révolte de l'équipage contre les officiers , les séditieux arborent encore ce *pavillon* , & ils ôtent tous les autres.

Les *pavillons* sont portés par des bâtons , dont on regle ainsi les dimensions. Le bâton du *pavillon* du grand mât ou de l'amiral , est d'une septieme partie plus long que le perroquet sur lequel il est arboré , & d'une sixieme moins épais. Le bâton du *pavillon* du mât de misaine ou du vice-amiral , a la même proportion avec son perroquet , que le *pavillon* du grand mât avec le sien. Le bâton du *pavillon* d'artimon ou du contre-amiral, est plus court d'une sixieme partie , & plus mince de moitié que le perroquet sur lequel il est arboré. Enfin le bâton du perroquet de beaupré a les trois quarts de la longueur , & la moitié de l'épaisseur de son perroquet.

A l'égard des *pavillons* qui s'arborent sur les mâts de hune, ils sont plus longs que les perroquets; & ceux qui se mettent sur les perroquets, en comprenant les perroquets d'artimon, sont plus courts que les perroquets.

On distingue, par des noms particuliers, les *pavillons* suivans:

Pavillon de beaupré. Petit *pavillon*, qu'on porte au mât de beaupré. *Voyez* ci-dessus.

Pavillon de chaloupe. Pavillon quarré, que les officiers généraux, ou les capitaines de vaisseaux, portent dans leur chaloupe lorsqu'ils y sont.

Pavillon de combat. C'est un *pavillon* rouge. On ne s'en sert plus en France.

Pavillon de conseil. Petit *pavillon*, qu'on arbore à bord du commandant quand on veut tenir conseil.

Pavillon de pouppe, on *Enseigne de pouppe. Pavillon* qu'on arbore à l'arriere du vaisseau.

Pavillon en berne. Voyez BERNE.

Voici la forme & la couleur des *pavillons* de toutes les nations maritimes.

PAVILLON D'ALEXANDRETTE OU DE SCANDRONA. *Pavillon* à huit bandes, qui sont, à commencer par la plus haute, rangées dans cet ordre: rouge, blanche, verte, rouge, verte, rouge, blanche & verte. Il se termine en pointe.

PAVILLON D'ALGER. Ce *pavillon* est exagone; sa couleur est rouge, & il est chargé de la tête d'un Turc, coëffée de son turban.

PAVILLON D'ANCONE. *Pavillon* mi-parti rouge & jaune.

PAVILLON D'ANGLETERRE, qu'on nomme aussi *Pavillon de l'union.* C'est un *pavillon* rouge, qui a la forme d'un quarré long, & sur lequel sont écrits ces mots: *pour la religion protestante, & pour la liberté de l'Angleterre,* & au dessous de l'écusson ceux-ci: *je maintiendrai.*

Pavillon royal d'Angleterre. Pavillon jaune ou

en or, chargé d'un écusson écartelé d'Ecosse, de France & d'Irlande. Il ne peut être porté que par le Roi ou par commission.

Il y a encore un autre *pavillon royal d'Angleterre*, qui est parti & coupé tout entier, ou écartelé en écusson. Le premier quartier & le quatrieme sont partis & coupés au premier & au quatrieme de France, au second & au troisieme d'Angleterre. Le troisieme quartier est d'Ecosse, & le quatrieme d'Irlande. Il est aussi chargé d'un écusson de Nassau en cœur (depuis le regne de l'Electeur de Hanovre), qui porte d'azur semé de billets d'or, au lion d'or, brochant sur le tout.

Pavillon d'Amiral d'Angleterre. C'est un *pavillon* rouge, chargé d'une ancre d'argent, mise en pal, entalinguée & entortillée d'un cable de même.

Lorsqu'une armée navale d'Angleterre est divisée en trois escadres & en neuf divisions, chaque escadre a son amiral, & chaque amiral a son *pavillon*, qui donne le nom à l'escadre. Le premier amiral porte le *pavillon* dont je viens de parler, & à cause de la couleur de ce *pavillon*, on appelle son escadre *Rouge*. Les autres amiraux ont des *pavillons* blancs & bleus. Le premier blanc au franc quartier, a une croix rouge ; & le second bleu au franc quartier d'argent, à une croix rouge ; & on nomme leurs escadres, l'*Escadre blanche*, & l'*Escadre bleue*.

Pavillon de beaupré d'Angleterre, qu'on nomme *Jac* ou *Jaque*. *Pavillon* bleu, chargé d'un sautoir d'argent, & d'une croix rouge, bordée d'argent.

Pavillon de l'union d'Angleterre. Pavillon rouge, chargé de ces paroles en Anglois : *pour la religion protestante*.

Pavillon des vaisseaux marchands Anglois. Pavillon rouge, au franc quartier d'argent, chargé d'une croix rouge.

Pavillon de la Compagnie des Indes Orientales d'Angleterre. Pavillon à neuf bandes, dont cinq sont rouges, & quatre blanches, au franc quartier d'argent, chargé d'une croix rouge.

Pavillon de la Nouvelle Angleterre, en Amérique. *Pavillon* bleu, au franc quartier d'argent, écartelé d'une croix rouge, ayant au premier quartier une sphere céleste, faisant allusion à l'Amérique, qu'on appelle communément le *Nouveau Monde.*

Pavillon Anglois du yacht de Guinée. Pavillon rouge, bordé de billettes d'argent, ayant le battant billeté ou semé de même, & chargé au milieu d'un écusson d'argent, environné de billettes d'argent, parti & coupé ou écartelé d'une croix rouge.

PAVILLON DE BATAVIA. *Pavillon* à six bandes orangées, blanches & bleues alternativement, chargé d'une épée à la garde d'or, entourée d'une couronne de lauriers de sinople, ornée de fleurs aux quatre extrêmités, du haut, du bas & des deux côtés.

Pavillon de Batavia, aux Indes Orientales. Pavillon rouge, chargé d'une croix d'argent, ayant la pointe en haut, couronnée de lauriers ; l'épée entiere est aussi entourée d'une couronne de lauriers de sinople, & surmontée d'une petite guirlande de même.

PAVILLON DE BERG, EN NORWEGE. *Pavillon* rouge, traversé d'une croix d'argent, chargée d'un écusson d'argent, à un lion rouge, tenant en sa patte droite une épée d'azur, avec une poignée de sable, & entourée de deux branches d'arbre, avec leurs feuilles vertes ou de sinople, en couronne.

PAVILLON DE BRANDEBOURG. *Pavillon* blanc, chargé d'un aigle de gueule, tenant dans sa serre droite une épée d'azur, à la poignée de sable, & dans sa serre gauche un sceptre d'or.

Il y a un autre *pavillon* de Brandebourg, qui a sept bandes, quatre blanches & trois noires, chargé d'un écusson d'argent, à un aigle de gueule.

PAVILLON DE BRÊME, DANS LA BASSE SAXE. *Pavillon* qui a neuf bandes, dont cinq sont rouges, & quatre blanches, chargé, proche du bâton, d'un pal échiqueté d'argent & de gueule ou de rouge.

Pavillon de Bugie, capitale de la province de ce nom, dans le royaume d'Alger. *Pavillon* rouge, au franc quartier d'azur, chargé d'un fautoir d'argent, & d'une croix de gueule, bordée d'argent.

Pavillon de Candie. *Pavillon* qui fe termine en pointe, & qui eft à trois bandes, rouge, blanche & rouge.

Pavillon de la Chine. *Pavillon* quarré & jaune, où font les armes de l'Empereur de la Chine; fçavoir, un dragon de fable, à cinq griffes à chaque patte.

Il y a encore dans cet empire d'autres *pavillons.* Les uns font chargés d'une efpece de volute ronde, divifée en deux couleurs, dont l'une eft rouge, & l'autre jaune. Autour de cette volute il y a huit marques ou caracteres, dans une moitié defquels font fix points, & quatre points dans l'autre côté, avec une raie au deffus. Ces *pavillons* font tellement refpeĉtés, que tous les vaiffeaux qui les apperçoivent, fe retirent.

Les Chinois ont encore des flammes fendues par le bas, noires par le haut & par le bas, & grifes au milieu. Elles font d'une toile de coton, bien fine.

M. *Witfen* nous apprend qu'en 1662, lorfque l'amiral *Bort* fut envoyé de Batavia à la Chine, avec une flotte confidérable, pour aider aux Tartares à reprendre les ifles d'Eimoi & Queimoi, les jonques des Tartares, qui fe joignirent aux Hollandois, portoient les *pavillons* fuivans; fçavoir, les jonques de *Sanglemon*, gouverneur de Fokien, portoient un *pavillon* noir, chargé d'une pleine lune de gueule; la jonque de *Matthithelauïas*, qui étoit fon lieutenant, portoit des *pavillons* jaunes, & des flammes blanches, & les jonques qui étoient fous lui ou à fes ordres, avoient un *pavillon* blanc, chargé d'une lune rouge, avec une flamme rouge. *Santokquon*, amiral de Lipoui, portoit des *pavillons* bleus,

chargés

chargés d'une lune noire , & avoit ses flammes blanches. Un autre amiral , nommé *Salavia* , avoit des
pavillons verts , avec une lune rouge. Les *pavillons*
de l'amiral *Schunluwan* étoient rouges , chargés
d'une lune noire ; ceux de *Quolavia* étoient verts,
chargés d'une lune blanche ou d'argent ; ceux de
Jan Sumpin étoient verds ; enfin *Goo Sumpin* portoit
des *pavillons* noirs , & des flammes bleues.

Toutes les jonques avoient au milieu de leurs voiles un cercle noir , dans lequel il y avoit une lettre
noire.

PAVILLON DE CONINGSBERG OU KONINSBERG. *Pavillon*
formé de trois bandes noires & de trois blanches. La
premiere est noire.

PAVILLON DES CORSAIRES. *Pavillon* rouge , chargé au
milieu d'un bras , ayant au poing un sabre d'azur , à
la garde d'or , & au dessus du coude une bande d'or,
bordée d'azur ; du côté du bâton , d'une horloge de
sable , montée dans une boîte à jour , qui est de
bois doré , & aîlée d'azur ; & de l'autre côté , vers
le bout , d'une tête & de deux os du devant des jambes d'un cadavre , le tout d'or & couronné de lauriers.

PAVILLON DE COURLANDE. *Pavillon* rouge , chargé
d'un cancre de sable.

On se sert encore , dans le même pays , d'un autre
pavillon mi-parti en deux bandes , dont la premiere
d'en haut est rouge ; & l'autre blanche.

PAVILLON DE DANEMARCK. Ce *pavillon* est fendu en
cornette rouge , & est traversé d'une croix blanche.
Le *pavillon* des vaisseaux marchands est quarré.

On fait usage , dans ce royaume , d'un autre *pavillon* , dont la pointe de la croix blanche est échancrée , & sort entre les deux autres pointes rouges.

PAVILLON DE DANTZIC. *Pavillon* rouge , chargé , proche du bâton , de deux croix d'argent , l'une sur
l'autre , dont la plus haute est surmontée d'une couronne d'argent.

Tome II.   Q

On fait encore usage, à Dantzic, d'un autre *pavillon* à quatre croix d'argent, deux & deux, surmontées d'une couronne d'argent.

PAVILLON D'ECOSSE. Il y a ici deux *pavillons*. Le premier est bleu, au franc quartier d'argent, chargé d'une croix rouge. Le second est rouge, au franc quartier d'azur, chargé d'un sautoir ou d'une croix de saint André d'argent.

Pavillon des Indes Orientales d'Ecosse. Pavillon rouge, chargé d'un soleil d'or, qui se leve & qui sort de derriere trois bandelettes, dont l'une est bleue, l'autre blanche, & la troisieme bleue.

Pavillon de division ou de rang des vaisseaux Ecossois. Pavillon de onze bandes, six bleues & cinq blanches, au franc quartier d'argent, chargé d'une croix rouge.

PAVILLON D'ELBING, EN PRUSSE. *Pavillon* mi-parti, dont la bande en haut est blanche, chargée d'une croix de gueule, & la bande du bas est blanche.

PAVILLON D'EMBDEN, EN OOST-FRISE. C'est un *pavillon* à trois bandes, l'une jaune, l'autre rouge, & l'autre bleue.

PAVILLON DE L'EMPIRE. *Pavillon* jaune ou d'or, chargé de l'aigle Impérial, de sable, à deux têtes, diadémé, langué, becqué & membré de gueule, tenant dans sa serre droite une épée nue & un sceptre, & un monde dans sa gauche.

PAVILLON D'ESCLAVONIE. *Pavillon* mi-parti jaune & rouge. Le jaune est en haut.

PAVILLON D'ESPAGNE. On a deux *pavillons* dans ce royaume ; l'un blanc, chargé de l'écu des armes d'Espagne ; l'autre blanc, chargé d'un écusson écartelé de Castille au premier & au quatrieme, & de Léon au second & au troisieme. Les galeres de ce royaume portent ce second *pavillon*.

Pavillon des vaisseaux marchands Espagnols. Pavillon qui a trois bandes, dont la plus haute est rouge, celle du milieu blanche, & la plus basse bleue.

PAVILLON ROYAL DE FRANCE. *Pavillon* blanc, femé de fleurs de lys d'or, & chargé d'un écuſſon des armes de France, entouré des colliers des ordres de ſaint Michel & du ſaint Eſprit.

Pavillon de l'Amiral de France. Pavillon quarré & blanc. *Voyez* ci-devant PAVILLON.

Pavillon de Calais. Pavillon bleu, traverſé d'une croix blanche.

Pavillon de Dunkerque. Pavillon à ſix bandes mêlées de bleu & de blanc.

Pavillon des galeres de France. Voyez ETENDARD.

Pavillon des vaiſſeaux marchands François. Suivant l'*Ordonnance de la Marine* de 1689, l'enſeigne de pouppe de ces vaiſſeaux doit être bleue, avec une croix blanche, qui traverſe, & les armes du Roi ſur le bout, ou telle autre diſtinction qu'on juge à propos, pourvu que leur enſeigne de pouppe ne ſoit point entiérement blanche. Je dis enſeigne, parce que les vaiſſeaux de ces marchands ne peuvent point porter des *pavillons* proprement dits. *Voyez* ci-devant PAVILLON.

PAVILLON DE GÊNES. *Pavillon* blanc, traverſé d'une croix de gueule.

PAVILLON DU GRAND MOGOL. *Pavillon* rouge, chargé d'une femme toute nue, qui danſe, & de ces paroles au bord d'en haut : *noch, niet, half gewonnen,* c'eſt-à-dire, *il n'y a pas encore la moitié de gagnée.*

Ce Prince a encore un *pavillon* verd, chargé d'un croiſſant d'or.

PAVILLON DE HAMBOURG. *Pavillon* rouge, chargé d'une groſſe tour d'argent, ſommée de trois donjons de même.

Il y a un autre *pavillon* à Hambourg, qui eſt rouge, chargé de trois tours d'argent, une & deux, les unes près des autres.

PAVILLON DE HARLINGEN. *Pavillon* jaune, bordé de bleu en haut & en bas, & chargé au milieu d'un écuſſon d'argent, bordé de bleu au premier & au

quatrieme de trois fleurs d'or, au second & au troisieme de trois croix de gueule.

PAVILLON DE HOLLANDE. *Pavillon* à trois bandes, ou
à six, dont la premiere est orangée, la seconde
blanche, & la troisieme bleue. On l'appelle aussi
Pavillon du Prince.

Pavillon de beaupré de Hollande ou du Prince.
On fait usage de trois *pavillons* pour ce mât. Le
premier est tout rouge ; le second est gironné d'argent, de gueule & d'azur ; & le troisieme, qu'on
appelle *Simple*, est gironné d'argent par le milieu,
de gueule dans les deux pointes du haut, & d'azur
dans les deux pointes du bas.

Pavillon des Etats-Généraux des Provinces-Unies.
Pavillon rouge, chargé d'un lion d'or, qui tient
en sa patte droite un sabre d'argent, & en sa patte
gauche un faisceau de sept fleches d'or, dont les
pointes & les pennes sont d'azur. Ce sont les armes
de l'Etat.

Pavillon de beaupré des Etats-Généraux. Pavillon
tranché & taillé d'orangé & de bleu, & coupé
d'une croix d'argent, avec un écusson en cœur, de
gueule.

Pavillon des Provinces - Unies. Ce *pavillon* est
toujours des Etats-Généraux. Il est chargé de trois
lettres P, qui signifient : je combats pour la patrie.

Pavillon d'Amsterdam. Pavillon à trois bandes.
La plus haute est rouge ; celle du milieu blanche, &
la plus basse noire. Il y a sur la bande blanche les
armes d'Amsterdam, qui sont de gueule, à un pal
de sable, chargé de trois sautoirs d'argent, ayant
pour cimier une couronne Impériale, & pour sup-
port deux lions de sable.

Pavillon de Flandres. Pavillon à trois bandes,
l'une rouge au haut, l'autre blanche au milieu, &
la troisieme jaune. Celle du milieu est chargée
d'une croix de Bourgogne de pourpre. *Voyez Pavillon des pays-bas Espagnols*, ci-après.

Pavillon de beaupré de Flandres. Pavillon jaune, chargé d'un lion de sable, enfermé dans un orle de sable, posé en écusson, cantonné de huit fleurs de lys de sable, trois en haut, & cinq autour, & surmonté d'une couronne de sable, avec trois fleurs de lys aussi de sable, pour fleurons.

Pavillon de Hoorn, en Nord-Hollande. Pavillon à trois bandes, dont deux rouges, & une blanche au milieu, sur laquelle est une corne de gueule, garnie de cercles d'or, & pendante à un cordon de gueule.

Pavillon des isles de Schelling & de Vlie. Pavillon à dix bandes, qui sont rangées dans l'ordre suivant, en commençant par la plus haute : rouge, blanche, bleue, rouge, bleue, jaune, verte, rouge, blanche & bleue.

Pavillon des pays-bas Espagnols ou de Bourgogne. Il y a ici deux *pavillons* : le premier blanc, traversé d'un sautoir ou d'une croix de saint André, bastonnade rouge, & le second bleu, chargé de la même croix.

Pavillon de Zélande. Pavillon à trois bandes, dont une est orangée, l'autre blanche, & la troisieme bleue. La blanche, qui est au milieu, est chargée des armes de Zélande, qui sont coupées d'or en chef, au demi-lion de gueule, au lion de gueule, sortant de trois ondes ou trangles ondées d'azur, en champ d'argent en pointe.

Pavillon de beaupré de Flessingue, dans la province de Zélande. Pavillon rouge, chargé d'une urne d'argent, & couronnée de même.

Pavillon de Middelbourg, capitale de Zélande. Pavillon à trois bandes, dont l'une est rouge, la seconde blanche, & la troisieme jaune.

Pavillon de beaupré de Middelbourg. Pavillon rouge, chargée d'une tour crénelée d'or.

Pavillon de Roterdam. Pavillon de onze bandes, qui sont, à commencer par la plus haute, vertes & blanches.

Pavillon de beaupré de Terveer, dans la province de Zélande. *Pavillon* rouge, chargé d'un écusson de sable, à la face d'argent.

PAVILLON DU JAPON. *Pavillon* rouge, chargé d'un croissant d'or, & de deux épées bleues, ondées & garnies d'or, passées en sautoir.

PAVILLON DE JÉRUSALEM. *Pavillon* blanc, chargé d'une croix potencée d'or, cantonnée de quatre croissettes de même.

PAVILLON D'IRLANDE. *Pavillon* blanc, chargé d'une croix de saint André de gueule.

PAVILLON DE LEUWARDE, villé capitale de la province de Frize. *Pavillon* verd, chargé d'un lion d'or.

PAVILLON DE L'ISLE DU MAN. *Pavillon* rouge, chargé de trois jambes d'hommes, entées ou aboutées en-semble, ayant au haut un franc quartier blanc, chargé d'une croix rouge.

PAVILLON DE LIVOURNE. *Pavillon* blanc, chargé d'une croix de gueule, dont les bouts se terminent en de-mi-lune, & a chacun desquels il y a une boule.

PAVILLON DE LUBEC. *Pavillon* mi-parti de deux bandes, dont la plus haute est blanche, & la plus basse rouge.

PAVILLON DE LUNEBOURG. *Pavillon* rouge, chargé d'un cheval volant d'or.

PAVILLON DE MALTE. *Pavillon* blanc, chargé d'une croix de Malte, rouge, c'est-à-dire, d'une croix pattée à huit pointes.

On a encore, à Malte, un autre *pavillon*, qui est rouge, traversé d'une croix blanche.

PAVILLON DE MANTOUE. *Pavillon* bleu, bordé de rouge aux trois côtés. Sur celui d'en haut il y a ces paroles: *al bisogno rassembro*, c'est-à-dire, *je rassemble dans le besoin*; & sur le côté d'en bas, on lit ces mots : *l'huomo gira il fato*; ce qui signifie, *l'homme fait changer le destin.* Le milieu du *pavillon* est chargé de la tête d'une femme, dont le derriere est garni d'un masque noir, qui lui sert de coëffure.

PAVILLON DE MAROC. *Pavillon* rouge, bordé de pointes rouges & blanches, chargé au milieu de ciseaux ouverts, à deux branches & à deux taillans, dont les pointes font en dehors.

PAVILLON DES MAURES DE L'AFRIQUE, *Pavillon* à deux bandes, verte & rouge. La premiere, qui eft rouge, eft plus étroite que l'autre.

PAVILLON DE MESSINE. *Pavillon* blanc, chargé d'un aigle à deux têtes, éployé de fable.

PAVILLON DE MODENE. *Pavillon* rouge, écartelé d'un aigle blanc ou d'argent.

PAVILLON DE MONACO, ou MORGUE. *Pavillon* blanc, chargé d'un écuffon fufelé d'argent & de gueule.

PAVILLON DE MOSCOWIE. On fe fert de trois *pavillons* dans ce royaume.

Le premier eft à trois bandes, dont la plus haute eft blanche, celle du milieu bleue, & celle du bas rouge. La bande du milieu eft chargée d'un aigle à deux têtes, éployé d'or, couronné d'une couronne Impériale, & chargée en cœur d'un écuffon d'or, à un faint Georges d'argent, fans dragon.

Le fecond *pavillon* eft auffi à trois bandes des mêmes couleurs que celles du premier, & il eft traverfé d'une croix de faint André, bleue.

Enfin le troifieme *pavillon* eft écartelé d'une croix d'azur au premier quartier, & au quatrieme d'argent, au fecond & au troifieme de gueule.

PAVILLON DE NANQUIN, On porte deux *pavillons* à Nanquin: un blanc & rouge au grand mât, & un rouge au mât d'avant, avec deux enfeignes de pouppe, qui font grifes, bleues, rouges & blanches. Les jonques portent auffi des *pavillons* au beaupré, qui font de pourpre. Leurs flammes font rouges, blanches & bleues; & le *pavillon* du grand mât, qui traverfe, eft jaune, rouge & bleu.

PAVILLON DE NAPLES. *Pavillon*, chargé d'un griffon de finople.

PAVILLON DE NOORDEN, EN OOST-FRISE. *Pavillon* bleu, chargé de trois étoiles d'or.

PAVILLON D'OSTENDE. *Pavillon* mi-parti rouge par le haut, & jaune par le bas.

PAVILLON DU PAPE. *Pavillon* blanc, chargé des images de saint Pierre & de saint Paul : celle de saint Pierre, tenant dans sa main droite deux clefs posées en sautoir, & ayant un livre dans sa main gauche ; & celle de saint Paul, tenant un livre en sa main droite, & une épée en sa main gauche. Les flammes sont de trois bandes, une blanche, l'autre jaune, & la troisieme rouge.

PAVILLON DE PERSE. *Pavillon* jaune, chargé, ou de trois croissans d'argent, dont les pointes sont en dehors, ou de trois lions d'or.

PAVILLON DE POLOGNE. *Pavillon* rouge, chargé d'un bras qui sort d'un nuage d'azur, tenant au poing une épée d'argent, à la poignée de sable, vêtu jusqu'au coude de toile blanche, avec une manchette d'or.

PAVILLON DE PORT A PORT. *Pavillon* à onze bandes, dont six sont vertes, & cinq blanches.

PAVILLON DE PORTUGAL. Il y a cinq *pavillons* dans ce royaume.

Le premier est blanc, chargé des armes de Portugal.

Le second est blanc, chargé d'une sphere céleste d'or, surmonté d'une sphere du monde, d'azur, avec un horizon d'or, & une croix de pourpre au dessus.

Le troisieme est blanc, chargé d'une sphere céleste de pourpre, avec une croix de gueule à chaque côté, & une de même au dessus, placée sur une sphere du monde d'azur, avec un horizon d'or ; & au milieu de la sphere céleste est une autre sphere du monde d'azur, sur un pilier d'or.

Le quatrieme est blanc, chargé, vers le bâton, des armes du royaume, & d'une sphere céleste de pourpre au milieu, surmontée d'une sphere du monde d'azur, avec un horizon d'or, & une croix de gueule au dessus, soutenue par un pilier d'or, & ayant deux boules d'or; & vers l'autre bout il y a, au côté de la sphere, un moine vêtu de noir, qui tient une croix de gueule en sa main droite, & un chapelet en sa gauche.

Ces trois derniers *pavillons* sont ceux que portent les vaisseaux qui vont aux Indes.

Enfin le dernier *pavillon* de Portugal est écartelé d'une croix noire ou de sable, bandé de huit bandes à chaque quartier, rouge, bleu & blanc, le premier en franc quartier, chargé d'une croix blanche.

PAVILLON DE RAGUSE, EN DALMATIE. *Pavillon* blanc, chargé d'un écusson, où est le mot *libertas*.

Il y a, à Raguse, un autre *pavillon*, qui est blanc, chargé d'un moine vêtu de noir, ayant à ses côtés ces deux lettres S. B. Saint Blaise.

PAVILLON DE REVEL. *Pavillon* à six bandes bleues & blanches, dont la premiere du haut est bleue.

PAVILLON DE RIGA. *Pavillon* bleu, chargé d'une croix jaune ou d'or, chargée au milieu ou en cœur, d'un écusson de gueule, aux deux clefs d'argent, adossées & passées en sautoir.

PAVILLON DU ROI DE BANTAM. *Pavillon* rouge, bordé d'or, chargé de deux croissans & de deux épées garnies d'or, passées en sautoir d'azur.

Pavillon de Bantam, aux Indes Orientales. Pavillon jaune, chargé de deux épées ou estramaçons, à la garde d'or, passées en sautoir d'argent.

PAVILLON DE ROME. *Pavillon* blanc, chargé de deux clefs d'or, passées en sautoir, & couronnées d'une mitre épiscopale d'or.

Il y a encore deux *pavillons* de Rome.

Le premier est rouge, chargé d'un ange d'argent.

Le second est rouge, chargé des armes de Rome,

qui font en ovale & en cartouche , bordé d'or , l'écu tiercé en pal de gueule , d'azur & de gueule , l'azur bordé d'or , & chargé de quatre lettres aussi d'or : S. P. Q. R. *Senatus , Populusque Romanus.*

PAVILLON DE ROSTOC. *Pavillon* à trois bandes , dont la plus haute est bleue , celle du milieu blanche , & la plus basse rouge.

PAVILLON RUSSIEN. *Voyez* PAVILLON DE MOSCOWIE.

PAVILLON DE SAINT-GEORGES. *Pavillon* blanc , chargé d'une croix rouge.

PAVILLON DE SALÉ. *Pavillon* rouge , terminé en pointe.

PAVILLON DE L'ISLE DE SARDAIGNE. *Pavillon* blanc , traversé d'une croix d'azur , qui le divise en quatre quartiers , dans chacun desquels est une tête de Maure , entourée d'une bande blanche , ou tortillée d'argent.

PAVILLON DE SAVOIE. *Pavillon* rouge , traversé d'une croix d'argent , qui le divise en quatre quartiers , dans chacun desquels est une de ces quatre lettres : F. E. R. T , qui signifient *Fortitudo ejus Rhodum tenuit* , sa valeur a sauvé Rhodes.

On a encore , à Savoie , un autre *pavillon* , qui est blanc , chargé de l'image de Nôtre-Dame.

PAVILLON DE SICILE. *Pavillon* blanc , chargé d'un aigle de sable.

PAVILLON DE SLESWICK HOSTEIN. *Pavillon* rouge , chargé des armes de Sleswick.

PAVILLON DE STAVÉREN. *Pavillon* bleu , chargé de deux crosses épiscopales , mises en croix.

PAVILLON DE STETIN. *Pavillon* mi-parti : le haut est blanc , chargé d'une billette de gueule , & le bas est rouge , chargé d'une billette d'argent.

PAVILLON DE STRALSUND , EN POMÉRANIE. *Pavillon* rouge , chargé d'un soleil d'or.

PAVILLON DE SUEDE. *Pavillon* fendu & bleu , traversé d'une croix d'or , dont la pointe , qui vient dans la fente , en sort en échancrure.

Les vaisseaux marchands de ce royaume portent le *pavillon* quarré.

PAVILLON DES TARTARES. *Pavillon* jaune, chargé d'un dragon de sable, à la queue de basilic de même, à cinq griffes à chaque patte, & la tête tournée dehors, *Voyez* encore PAVILLON DE LA CHINE.

Ces peuples ont un autre *pavillon*, qui est jaune, chargé d'un hibou, dont la gorge est isabelle.

PAVILLON DE TÉTUAN, EN BARBARIE. *Pavillon* à trois bandes, dont l'une est rouge, l'autre verte, & la troisieme rouge. La bande verte, qui est au milieu, se termine en forme de langue.

PAVILLON DE TOSCANE. *Pavillon* blanc, chargé d'un écusson des armes du Grand Duc.

On fait usage, dans ce Duché, d'un autre *pavillon*. Il est blanc, chargé d'une croix de saint Étienne, qui est de gueule, à la bordure d'or, qui a la même forme que celle de Malte.

PAVILLON DE TRIPOLI, EN BARBARIE. *Pavillon* vert, qui se termine en pointe.

PAVILLON DE TUNIS. *Pavillon* à cinq bandes, bleue, rouge, verte, rouge & bleue. Il se termine en pointe, & la bande du milieu est en forme de langue.

PAVILLON TURC. On distingue, en Turquie, trois pavillons.

Le premier est appellé *Pavillon du Grand Seigneur*. Il est verd, chargé de trois croissans d'argent, dont les pointes sont opposées l'une à l'autre. On ne peut le porter que quand le Grand Seigneur est à bord, ou par commission.

Le second est bleu, chargé de trois croissans d'argent, dont toutes les pointes sont en dehors.

Et le troisieme est rouge, chargé de trois croissans d'argent, rangés comme dans le second pavillon.

Il y a encore d'autres *pavillons* en Turquie, qui sont chargés de différentes lettres noires, mais qui sont toujours ou verds, ou rouges ou blancs. Celui de leurs galeres est rouge, & se termine en pointe.

PAVILLON DE VENISE OU DE SAINT MARC. *Pavillon* rouge, chargé d'un lion aîlé d'or, placé fur une petite bande d'azur, tenant en fa patte droite une croix d'or, & en fa gauche un livre, où font écrits ces mots : *Pax tibi, Marce, Evangelifta meus.*

Il y a encore deux autres *pavillons* à Venife.

L'un eft femblable au premier, avec cette différence que le lion tient en fa patte droite une épée d'azur, a la poignée de fable.

L'autre *pavillon* de Venife eft blanc, chargé du même lion.

PAVILLON DE VLIELAND. *Pavillon* à quinze bandes, qui font, à commencer par la plus haute, rouge, blanche, bleue, verte, bleue, jaune, verte, jaune, rouge, bleue, jaune, verte, rouge, blanche & bleue.

PAVILLON DE WATERLAND, EN NORD-HOLLANDE. *Pavillon* à trois larges bandes, rouge, blanche & bleue, bordé aux trois côtés de petites bandes étroites, rouge, blanche & bleue. Sur la bande large du milieu, il y a un écuffon quarré, dont les deux tiers d'en haut font bleus, chargés d'un cigne blanc, nageant en eau de mer de finople.

PAVILLON DE WEST-FRISE. *Pavillon* d'azur, femé de billettes d'or, à deux léopards de même.

PAVILLON DE WISMAR, DANS LE DUCHÉ DE MECKLEN-BOURG. *Pavillon* à fix bandes mêlées, qui font alternativement, à commencer par la plus haute, l'une rouge, & l'autre blanche.

PAUMER. Les Levantins entendent, par ce mot, fe touer à force de bras.

PAUMET. C'eft un dez concave, qui tient à un cuir à la paume de la main du voilier, & dont il fe fert pour pouffer l'aiguille, lorfqu'il coud les voiles.

PAVOIS, PAVESADE, PAVIERS, BASTINGUE ou BASTINGURE. Tous ces termes ont la même fignification. C'eft une tenture de frife ou de toile, que l'on tend autour du platbord des vaisseaux de guerre, & qui est soutenue par des pontilles, pour cacher ce qui se passe sur le pont pendant un combat. On s'en sert aussi pour orner un vaisseau dans un jour de réjouissance. *Voyez* BASTINGUE.

Les *pavois* des Anglois & des Hollandois sont rouges.

PAVOISER. C'est mettre le pavois à un vaisseau. *Voyez* PAVOIS.

PAUSES. Bateaux fort larges & extrêmement longs, dont les étrangers se servent à Arangel, en Moscowie, pour porter les marchandises à bord.

PÊCHER UNE ANCRE. C'est rapporter une ancre du fond de l'eau, avec celle du vaisseau, lorsqu'on la releve ; ce qui arrive quelquefois quand on mouille dans des rades qui sont fréquentées.

PEDAGNE, *terme de galere.* C'est l'appui sur lequel posent les pieds des forçats qui tirent la rame. Il est posé de même que les bancs, & à un pied plus bas.

PEDAGNON. C'est l'appui des pieds des forçats qui tirent la rame, quand ils voguent avant. Il est posé sur la même ligne que les bancs, appuyé d'un bout, par un michon, au surcoursier, & de l'autre bout sur un étrieu de fer, qui est attaché à la potence.

PENDANT. *Voyez* FLAMME.

PENDEUR ou PENDOUR. Bout de corde, d'une moyenne longueur, à laquelle tient une poulie, pour passer la manœuvre.

PENDEURS DE BALANCINES. *Pendeurs* passés à la tête du grand mât, & de celle du mât de misaine, qui pendent sous les hunes, & où les balancines passent.

PENDEURS DE BRAS. *Pendeurs* frappés aux bouts des vergues, & où les bras sont passés.

PENDEURS DE CALIORNE. *Pendeurs* frappés & passés comme les *pendeurs* des balancines, qui servent à tenir les poulies des caliornes du grand mât & du mât de misaine.

PENDEURS DE PALAN. *Pendeurs* qui tiennent les poulies où font paffés les palans de deux mâts.

PENES. Bouchons de laine, que le calfateur attache à un manche appellé le *Bâton à vadel*, & dont il fe fert pour brayer le vaiffeau.

PENINSULE ou PRESQU'ISLE. *Voyez* CHERSONESE.

PENNE. C'eft l'angle le plus haut que forme la voile latine, formée en triangle. On dit, dans les galeres, *faire la penne*, pour dire, joindre l'antenne à fon mât; de forte que la *penne* de la voile répond au bâton de l'étendard. Cela forme une élévation, fur laquelle on fait monter un mouffe, quand on veut découvrir quelque chofe.

PENTURE DE GOUVERNAIL. *Voyez* FERRURE DE GOUVERNAIL.

PENTURE DE SABORDS. *Voyez* FERRURE.

PEOTE. Efpece de chaloupe très-légere, qui eft en ufage chez les Vénitiens, & dont ils fe fervent quand ils veulent envoyer des avis en diligence.

PERCEINTES ou PRÉCEINTES. Ce font les trois dernières ceintes, qui font moins larges que les premieres. *Voyez* CEINTES. Elles font parallèles entr'elles, & ont la même largeur.

PERCEUR. C'eft le nom de l'ouvrier qui perce les vaiffeaux pour les cheviller. Son falaire ordinaire eft de huit fols huit deniers pour chaque double planche, de la longueur de quinze à feize pieds, & de neuf, dix à onze pouces de large. Suivant l'*Ordonnance de la Marine* de 1681, une même perfonne peut-être tout à la fois charpentier, calfateur & *perceur* de vaiffeau.

PERME. Petit vaiffeau Turc, fait en forme de gondole, dont on fe fert, à Conftantinople, pour le trajet de Péra, de Galata, &c.

PERROQUET. Petit mât, qui eft enté à l'extrêmité des autres mâts. *Voyez* MAT.

PERROQUETS D'HYVER. *Perroquets* plus petits que ceux que l'on porte ordinairement dans les belles saisons.

Perroquets en bannière. On sous-entend *mettre les.* C'est lâcher les écoutes des voiles de *perroquet*, lorsqu'on veut donner de jour quelques signes dont on est convenu. *Voyez* Signaux.

Perroquets volans. Ce sont des *perroquets* que l'on met, & que l'on ôte facilement.

PERTEGUETES ou **PERTIGUETES**, *terme de galere. Voyez* Tendelet.

PERTUIS. Passage étroit, pratiqué dans une riviere, aux endroits où elle est basse, pour en hausser l'eau qu'on resserre par le moyen d'une espece d'écluse, afin de faciliter la navigation des bateaux qui montent ou qui descendent. *Voyez* Canal de communication, dans le *Dictionnaire d'Architecture Civile & Hydraulique.*

PERTUISANE. Espece de halebarde, dont on se sert pour défendre l'abordage.

PESER. C'est tirer de haut en bas. Ainsi *peser sur une manœuvre*, c'est tirer cette manœuvre, pour la faire hausser.

PETARASSE. *Voyez* Patarasse.

PHAIOFNÉE. Bâtiment du Japon, dont les Grands-Seigneurs se servent pour aller promener. Il y a au milieu une chambre pour le maître du bâtiment. Elle est couverte de nattes, & les armes du propriétaire sont élevées au dessus.

PHARE. C'est une tour élevée sur la côte, ou bâtie en mer sur quelque rocher, & dont le sommet porte un feu ou un fanal, qu'on allume de nuit pour indiquer la route aux vaisseaux, & empêcher qu'ils ne donnent contre la côte par non vue. Il y a un *phare* à Gênes, à Messine, à Cordouan, &c. Le premier *phare* est celui que *Ptolomée*, Roi d'Egypte, fit construire l'an du monde 470. C'étoit une grande tour élevée sur le sommet d'une montagne de l'isle appellée *Pharos*, d'où l'on a tiré le mot *phare*. *Voyez* le *Dictionnaire d'Architecture Civile & Hydraulique*, art. PHARE.

PHASELE. Vaisseau des Anciens, qui n'étoit ni vaisseau long, ni vaisseau de charge, mais qui réunissoit dans sa construction la forme de ces derniers bâtimens (*voyez* ARCHITECTURE NAVALE), & qui alloit à la voile & à la rame. Voici ce que nous lisons à ce sujet dans le Castor & Pollux de *Catulle*.

> *Phaselus ille quem videtis hospites,*
>
> *Ait fuisse navium celerrimus.*
>
> *Neque ullius natantis trabis impetum*
>
> *Nequisse præterire sive palmulis,*
>
> *Opus foret volare sive linteo.*

Appien, en parlant des *phaseles* qu'*Octavie* envoyá à son frere, dit : *Decem phaselos id est mixtos ex longarum formâ ; & onerariarum.* (*App.* lib. v.)

PIC A PIC. Cela signifie A plomb, perpendiculairement. On dit qu'un vaisseau est à *pic* sur son ancre, lorsque l'ancre est dégagée du fond, & que le vent est à *pic*, lorsqu'il est perpendiculaire. *Voyez* VENT A PIC.

PIECE. Ce terme, sur mer, est synonime à canon. *Voyez* CANON.

PIECES DE CHASSE. Ce sont des canons logés à la proue du vaisseau, dont on se sert pour tirer, par-dessus l'éperon, sur les vaisseaux qui sont à l'avant, ou sur ceux qui prennent chasse. Cette maniere de tirer, retarde le cours du vaisseau ; parce que le recul du canon produit un mouvement contraire à celui de son sillage.

PIED DE VENT. C'est une clarté qui paroît sous un nuage, d'où il semble que le vent vient.

PIED MARIN. On dit qu'un homme a le *pied marin*, quand il a le *pied* si ferme, qu'il peut se tenir de

bout

bout pendant le roulis du vaiſſeau. *Voyez* encore Avoir le pied marin.

PIÉDROITS. Ce ſont des étances poſées ſur le fond de cale, & ſous quelques baux dans les plus grands vaiſſeaux, où il y a des hoches comme à une crémaillere, par le moyen deſquelles les matelots montent & deſcendent, avec le ſecours d'une tireveille. *Voyez* la figure de ces *piédroits* dans la ſeconde planche, art. Vaisseau.

PIÉTER. C'eſt diviſer le gouvernail en pieds, afin de connoître combien il enfonce dans l'eau.

PIGOU ou PICOU. Sorte de chandelier de fer, à deux pointes, dont on ſe ſert dans les vaiſſeaux. L'une de ſes pointes ſert à piquer la chandelle de côté, & l'autre à la piquer de bout.

PILIERS DE BITTES. Ce ſont deux groſſes pieces de bois, poſées de bout, & entretenues par un traverſin. *Voyez* Bittes.

PILLAGE. C'eſt la dépouille des coffres, hardes & effets pris à l'ennemi, & l'argent qu'il a ſur lui, juſqu'à trente livres. Le reſte de la priſe s'appelle *Butin.* Dans cette dépouille, les capitaines retiennent ſeulement les vivres & les menues armes. Le reſte du *pillage* eſt pour les matelots. A l'égard du gros de la priſe, il eſt diſtribué ſuivant les réglemens. *Voyez* Amiral.

PILON ou PETITE ÉCORE. C'eſt une côte qui a peu de hauteur, qui eſt eſcarpée ou taillée en précipice.

PILOTAGE. C'eſt l'art de preſcrire, ſur mer, la route du vaiſſeau, & de déterminer le point du ciel ſous lequel il ſe trouve. La premiere partie de cet art conſiſte dans l'uſage des cartes marines. *Voyez* Carte marine. La ſeconde dépend de l'obſervation des aſtres, & de l'eſtime du chemin du vaiſſeau. On obſerve les aſtres pour connoître la différence de la latitude du lieu du départ à celui de l'arrivée, & on eſtime la vîteſſe du vaiſſeau pour ſuppléer à la connoiſſance de la longitude, qu'on n'a pû encore déterminer ſur mer. *Voyez* LONGITUDE.

D'après ces deux principes, on procede ainſi dans la pratique du *pilotage*.

Avant que de partir, ou quand on a gagné le large, & qu'on eſt en pleine mer, on cherche ſur une carte marine le lieu où l'on veut aller, & on obſerve la route qu'il faut prendre pour aller à ce lieu. *Voyez* l'Uſage I. des cartes marines, à l'art. CARTE MARINE.

On dirige enſuite le vaiſſeau ſelon cette route. Si elle eſt nord & ſud, la différence en latitude du lieu du départ, & de celui de l'arrivée, donne la diſtance de ces deux lieux, ou le chemin qu'on a à faire. Ainſi, en obſervant la latitude aux différens endroits où l'on ſe trouve, on ſçait le chemin qu'on a fait, & celui qui reſte à faire. Il n'y a qu'à réduire pour cela les degrés de latitude en lieues, en les multipliant par 20, parce que vingt lieues marines valent un degré d'un grand cercle.

Si le lieu du départ, & celui de l'arrivée, ſont ſitués eſt-oueſt, la différence en longitude donne toutes ces choſes ; & comme on ne peut pas déterminer la longitude ſur mer, on y ſupplée en meſurant le ſillage du vaiſſeau, ou en eſtimant le chemin qu'on a fait. *Voyez* là-deſſus ESTIME, CONNOISSANCE & SILLAGE. Enfin, ſi la route qu'on doit ſuivre, n'eſt ni nord-ſud, ni eſt-oueſt, mais entre ces deux airs de vent, c'eſt-à-dire, ſi elle eſt ou eſt-nord-eſt, ou ſud-ſud-eſt, ou eſt-ſud-eſt, &c. on change dans ce cas, & en latitude, & en longitude. Cependant, ſi l'on étoit aſſuré d'une bonne eſtime, ce troiſieme cas ne ſeroit pas plus difficile que les deux autres. Il ſuffiroit de ſçavoir le nombre de lieues qu'on auroit faites ſur cet air de vent. Mais on ne peut vérifier l'eſtime, que par l'obſervation des aſtres ; & cette obſervation ne donne encore que la latitude. Il faut donc, par la connoiſſance de la latitude, rectifier l'estime du chemin du vaisseau.

Pour parvenir à cette rectification, on forme le triangle rectangle V A C (*Pl. 1, Fig. 15.*). V C représente la route & le chemin qu'on a fait ; V A la latitude, & A C la longitude. Cela posé, on vérifie l'estime, & on la corrige lorsqu'on connoît, & la différence en latitude du point V au point A, c'est-à-dire, les degrés de latitude, compris entre V & A, & réduits en lieues marines, & l'air de vent V C, ou l'angle A V C, que cet air de vent fait avec la ligne nord & sud V A, parce qu'alors il y a trois choses connues dans le triangle rectangle V A C ; sçavoir, le côté A C, l'angle droit V A C, & l'angle A V C. Or, par les regles de la trigonométrie, on trouve aisément le côté V C. Ces mêmes regles servent pour la solution de deux autres problêmes, qui renferment, avec le cas précédent, tous ceux du *pilotage.* Dans l'un de ces problêmes, l'air & le chemin du vaisseau sont donnés, & on demande la longitude & la latitude de l'endroit où l'on se trouve. On a encore ici trois choses connues : le côté V C, l'angle droit V A C, & l'angle A V C. Dans l'autre problême, il s'agit de déterminer l'air de vent qu'on suit, connoissant la différence en latitude, & le chemin qu'on a fait, c'est-à dire, de déterminer l'angle A V C, les côtés A V & V C, & l'angle droit V A C, étant connus.

Ainsi l'art du *pilotage* consiste dans la solution d'un triangle rectangle, qu'on trouve par les regles de la trigonométrie, par l'échelle Angloise (*voyez* les articles TRIGONOMÉTRIE & ECHELLE ANGLOISE, dans le *Dictionnaire universel de Mathématique & de Physique*), & par le quartier de réduction. *Voyez* QUARTIER DE RÉDUCTION. Ce dernier moyen est celui dont les marins font usage, parce qu'il est beaucoup plus simple que les deux autres, & qu'il n'exige point de calculs. Ce même instrument sert encore à rectifier les solutions l'une par l'autre, en en faisant une espece de preuve. *Voyez* CORREC-TIONS.

J'ai supposé ici qu'on a toujours suivi la même route. Cela ne peut pas toujours avoir lieu, soit par les changemens du vent, ou par quelque obs-tacle, comme rocher, banc de sable, &c. qui se trouvent sur la route. On est obligé alors de faire différentes routes ; & pour s'éviter la peine de ré-duire toutes ces routes les unes après les autres, on les réduit à une seule, afin de trouver tout d'un coup le point de l'arrivée.

Cette réduction se fait ainsi. On forme une petite table à six colonnes. Dans la premiere colonne, on marque les routes ou rumbs de vent ; dans la se-conde, le chemin ou les distances ; & dans les quatre autres, le nord, le sud, l'est & l'ouest. On cherche ensuite les lieues du nord ou du sud, de l'est ou de l'ouest, comme j'ai dit ci-devant, & on les écrit dans la colonne qui leur convient. On ajoute après cela, séparément, tout ce qui porte au nord, au sud, à l'est & à l'ouest ; & pre-nant la différence du nord au sud, & de l'est à l'ouest, on a la différence en latitude & en longi-tude, (en réduisant les lieues en degrés de longi-tude & de latitude). Enfin, connoissant les lieues du nord & du sud, & les lieues mineures, on trouve la route directe & la distance.

Je renvoie à l'article NAVIGATION , pour l'histo-rique du présent article.

PILOTE. C'est un officier de l'équipage, qui est chargé de la conduite du vaisseau, & qui sçait & exerce par conséquent l'art de la navigation. Il est obligé de rendre compte de temps en temps au capitaine du parage où il croit que le vaisseau se trouve. Il y a jusqu'a trois *pilotes* dans les grands vaisseaux, & dans ceux qui font des voyages de long cours. *Voyez* l'*Ordonnance de la Marine* de 1681, livre

11, titre IV, & celle de 1689, livre I, titre XV.

PILOTE CÔTIER. *Voyez* LAMANEUR.

PILOTE HAUTURIER. *Voyez* HAUTURIER.

PILOTER. C'est conduire les vaisseaux hors des embouchures des rivieres, des bancs & des dangers. Tel est l'ouvrage des lamaneurs. *Voyez* LAMANEUR. Les pêcheurs suppléent aux lamaneurs dans les lieux où ils manquent.

PINASSE. C'est un grand vaisseau à pouppe quarrée, dont les François & les Anglois se servent pour faire le commerce aux isles de l'Amérique. Il a pris son nom des pins, qui ont été la premiere matiere de sa construction. En voici les dimensions.

PROPORTIONS GÉNÉRALES D'UNE PINASSE.

	Pieds.	Pouces.
Longueur de l'étrave à l'étambord. . . .	108	0
Quille.	90	0
Bau ou largeur.	24	0
Creux sur la quille.	12	0
Hauteur de l'étambord.	20	0
Hauteur de l'étrave.	22	0
Hauteur entre les deux ponts.	5	6
Hauteur en plat-bord au milieu.	19	0

PINASSE DE BISCAYE. Petit bâtiment à pouppe quarrée, long, étroit & léger, qui porte trois mâts, & qui va à voiles & à rames. Il est très-propre à la course, & à faire des découvertes. On le proportionne de la maniere suivante.

Dimensions générales d'une Pinasse de Biscaye.

	Pieds.	Pouces.
Longueur.	50	0
Largeur.	12	0
Creux.	5	6
Hauteur de l'étambord.	10	0
Hauteur de l'étrave.	11	0

PINCEAU A GOUDRONNER. C'est un *pinceau* de poil de cochon, emmanché de côté, qui sert à goudronner les mâts & les vergues.

PINCER LE VENT. C'est aller au plus près du vent, cingler à six quarts de vent, près du rumb d'où il vient.

PINQUE. Bâtiment fort plat de varangue, qui a le derriere long & élevé. *Voyez* FLUTE.

On donne aussi le nom de pinque à un flibot d'Angleterre. *Voyez* FLIBOT.

PIPRIS. Espece de piroque, dont se servent les Nègres du cap Vert & de Guinée. *Voyez* PIROQUE.

PIQ. *Voyez* PIC.

PIRATE, CORSAIRE ou FORBAN. C'est un voleur de mer, un marin qui court les mers avec un vaisseau armé en guerre, pour voler les vaisseaux amis ou ennemis, sans distinction. Il differe d'un armateur en ce que celui-ci fait la guerre en honnête homme, n'attaquant & ne volant que les vaisseaux ennemis, à quoi il est autorisé par une commission de l'amiral. Il donne même caution aux sieges de l'Amirauté, qu'il ne fera aucune prise sur les sujets des souverains qui sont alliés au Roi. *Voyez* le *Réglement* de 1674. Lorsque les ennemis prennent un armateur, ils le font prisonnier de guerre, & ils pendent un *pirate*.

Les plus fameux *pirates*, dont l'histoire nous a

consacré les noms, sont *Dionides, Stilco, Cléonides, Chipandas, Miltas, Alcamon*, & de nos jours *Murat Rais*. Le premier vivoit du temps d'*Alexandre le Grand*, & ne voulut jamais entrer, ni au service de ce Prince, ni à celui de *Darius*. Il aimoit mieux vivre de ses pirateries, qui l'avoient rendu redoutable sur toute la mer du Levant. Ses forces étoient augmentées à un tel point, qu'*Alexandre* fut obligé de lever une armée considérable pour s'en rendre maître. Il y parvint. On le mena devant *Alexandre*, qui lui ayant demandé pourquoi il avoit voulu causer tant de troubles sur la mer, il répondit : Eh pourquoi vous-même saccagez-vous toute la terre ? Je suis Roi, repliqua *Alexandre*, & tu n'es qu'un corsaire. Cela est vrai, dit *Dionides*: mais n'est-ce pas le même métier ? Je n'y vois, ajouta-t'il, d'autre différence que le nom. En effet on m'appelle *corsaire*, poursuivit *Dionides*, parce qu'avec un petit nombre de personnes j'écume la mer, & on vous appelle *Roi*, parce qu'avec de grosses armées vous volez les empires.

Stilco vola sur la mer Carpathienne pendant seize ans, & fit de grands dommages aux Bartriens & aux Rhodiens. Il fut à la fin pris par l'armée de *Démétrius*. *Cléonides* exerça la piraterie pendant vingt-deux ans, sous le regne de *Ptolomée*. C'étoit un barbare tout contrefait, qui faisoit souffrir les tourmens les plus cruels à ceux qui tomboient malheureusement entre ses mains. *Clipandas* étoit de Thebes. Il avoit cent trente galeres, & s'étoit rendu maître des mers du Levant & du Ponent. Il tint tête pendant long-temps aux armées navales du Roi *Cyrus*, qui s'en saisirent. Le *pirate Miltas*, après avoir saccagé toutes les côtes de l'Asie, pendant trente ans, fut pris par les Rhodiens, qui le condamnerent à être pendu. Arrivé au gibet, il adressa ces paroles à *Neptune*: « Seigneur de la » mer, pourquoi m'abandonne-tu ? Faut-il qu'un

>> homme feul m'étrangle, après t'avoir, de ma
>> propre main, facrifié fur mer plus de cinquante
>> hommes ; après en avoir fait noyer plus de quatre
>> mille ; après en avoir vu mourir de maladie plus
>> de trente mille fur mes galeres ; enfin, après
>> plus de vingt mille qui font morts à mon fer-
>> vice >> ?

Alcamon étoit du parti de *Sylla*, & avoit pris
Jules-Céfar, qu'il prenoit plaifir à menacer : mais
il fut pris à fon tour par *Jules-Céfar*, qui le fit mourir. Enfin *Murat Rais*, qui vivoit dans le dernier
fiecle, étoit Turc. Il exerça la piraterie pendant
foixante ans. A quatre-vingts ans il couroit encore
les mers. Il avoit un grand crédit, tant à la Porte,
que fur toute la milice qui étoit en la côte de Barbarie. (*Hydrographie* du P. *Fournier*, pag. 625.)

On met encore au rang des célebres *pirates Alvilda*, fille d'un Roi des Goths, nommé *Sypardus.*
Ce fut pour fe délivrer de la contrainte qu'on vouloit lui faire, en la mariant avec *Alf*, fils de *Siga-
rus*, Roi de Danemarck. Elle s'habilla en homme,
& compofa fa chiourme & fon équipage de plufieurs filles habillées de même. Dans fes premieres
campagnes, elle aborda en un lieu où plufieurs
pirates pleuroient la mort de leur capitaine. Ceux-ci
furent touchés de la bonne mine d'*Alvilda*, & la
choifirent pour leur chef. Avec ce fecours elle fe
rendit fi redoutable fur mer, que le Prince *Alf* vint
la combattre. Elle foutint pendant long-temps fes
attaques : mais dans une action extrêmement vive,
Alf fauta fur fon bord ; & après avoir tué la plus
grande partie de fes gens, fe faifit du capitaine,
c'eft-à-dire, d'elle-même, qu'il ne connoiffoit
point, d'autant plus que la Princeffe avoit un cafque qui lui couvroit le vifage. Maître de fa perfonne, il lui ôta le cafque ; & malgré fon déguife-
ment, il la reconnut, lui propofa de lui donner la
main, & l'époufa. (*Hiftoire de Danemarck*, liv. VII,
par *Saxo Grammaticus*.)

Le mot *pirate* vient de *pira,* qui fignifioit Dole ou artifice chez les Athéniens , d'où les Grecs appelle-rent *pirates* ceux qui voloient fur la mer, par four-berie. Ce n'eft pourtant pas toujours en mauvaife part qu'on a pris le mot *pirate.* On donnoit ce nom , du temps' des Romains , à ceux qui croifoient la mer , & auxquels quelque Etat confioit fes forces navales, pour garder les côtes & les avenues.

PIRATER. C'eft exercer la piraterie , voler fur la mer.

PIROGUE. Sorte de bateau, fait d'un feul tronc d'arbre, dont les Sauvages , de l'Amérique méridionale fe fervent. Les grandes *pirogues* font garnies de plan-ches élevées tout autour fur le bord , & furtout au derriere. *Voyez* ARCHITECTURE NAVALE.

PISTON. C'eft la partie de la pompe , qui entre dans le tuyau ou corps de pompe , & qui par fon mouve-ment y fait monter l'eau. Elle a la forme cylindri-que , & eft attachée à une barre de fer , qui s'éleve & s'abaiffe par le moyen d'une manivelle , qu'un homme fait agir.

PIVOT. C'eft la pointe fur laquelle la rofe de la bouf-fole eft en équilibre.

PLAGE. C'eft une mer baffe , vers un rivage étendu , qui n'a ni rades , ni ports , ni aucun cap apparent , où les vaiffeaux puiffent fe mettre à l'abri.

PLANCHE. METS LA PLANCHE. C'eft un comman-dement à l'équipage de la chaloupe de mettre une *planche* , dont un bout porte fur le bord de la cha-loupe , & l'autre à terre , pour fervir de paffage à ceux qui veulent s'embarquer dans la chaloupe , ou débarquer.

On dit: *la planche eft halée* , pour dire qu'on ne va plus à terre , qu'on eft embarqué.

PLANGE. Ce terme eft fynonime à uni , felon les matelots de Poitou , de Saintonge & d'Aunis. Ils difent: la mer eft plange, pour dire qu'elle eft unie.

PLAT DE LA VARANGUE. C'eſt la partie de la varangue, qui eſt le plus en ligne droite.

PLAT DE L'ÉQUIPAGE. C'eſt le nombre de ſept rations ou portions, pour nourrir ſept hommes qui mangent enſemble.

PLAT DES MALADES. C'eſt la portion deſtinée aux malades, ſelon l'ordre du chirurgien.

PLATAIN ou PLATIN. Nom qu'on donne, dans le pays d'Aunis, à une côte de la mer, qui eſt plate, & qui eſt très-propre à faire une deſcente.

PLATBORD. C'eſt l'extrêmité du bordage qui regne en haut, ſur la liſſe du vibord, autour du pont, qui termine les alonges de revers, & qui empêche que l'eau n'entre dans les membres.

PLATBORD. C'eſt un retranchement ou batardeau de planches, que l'on fait ſur le haut d'un côté du vaiſſeau, pour empêcher que l'eau n'y entre, lorſqu'on le met ſur le côté pour le caréner.

PLATBORD A L'EAU. On dit que le *platbord eſt à l'eau*, lorſque le vaiſſeau eſt ſi fort couché ſur le côté, que le *platbord* touche à l'eau.

PLATE-BANDES. Bandes de fer, qui ſervent à retenir les tourillons des canons, dans les entailles des flaſques.

PLATE-FORME DE L'ÉPERON. C'eſt la partie du vaiſſeau, compriſe depuis l'étrave, juſqu'au coltie.

PLATE-FORMES. Arrangemens de planches pour les batteries de canons. Lorſque le vaiſſeau a trop de rondeur, ou que leur arriere a trop de montant, comme les flûtes, on fait une élévation irréguliere ſous chaque canon.

PLEIN. *Voyez* PORT-PLEIN.

PLEMPE. Sorte de petit bateau de pêcheur.

PLI DE CABLE. C'eſt la longueur de la roue de cable, de la maniere qu'il eſt roué dans la foſſe aux cables. On ne mouille ou l'on ne file qu'un *pli de cable*, lorſqu'on mouille en un lieu où l'on ne veut demeurer que peu de temps.

PLIER. C'est courber une piece de bois, en la chauf-
fant.

On dit qu'un vaisseau *plie*, lorsqu'il a le côté foible, & qu'il porte mal la voile.

On entend encore, par le mot *plier*, attacher
quelque chose, comme une voile, un pavillon, &c.
de sorte que la premiere n'est point étendue, & que
le second ne voltige point.

PLOC. Sorte de courée, faite avec du poil de vache
Voyez COURÉE.

PLOCQUER. C'est mettre du poil de vache entre le
doublage & le bordage du vaisseau. *Voyez* DOU-
BLAGE.

PLOMB. Les marins entendent par-là sonde. *Voyez*
SONDE.

PLOMBER. C'est voir avec un instrument tel qu'un
grand niveau à plomb, ou avec un niveau, si un vaisseau est parallele à l'horizon, ou de quel côté il penche.

PLOMBER LES ÉCUBIERS. C'est coudre ou clouer du plomb
en table autour des écubiers, tant pour leur conservation, que pour celle des cables qui y passent.

PLONGEUR. C'est un homme qui sçait nager & se
plonger au fond de l'eau, soit pour faire quelque
radoub pressant à la carene du vaisseau, soit pour
faire périr un vaisseau ennemi, soit enfin pour aller
chercher quelque chose qu'on a laissé tomber du
vaisseau dans la mer. Il y a des *plongeurs* sur tous
les vaisseaux, & on ne sçauroit trop en avoir. Il
feroit même à désirer que tous les marins sçussent
nager, afin de se sauver plus aisément quand le
vaisseau fait eau, ou qu'il échoue entre un écueil.
Aussi les Athéniens vouloient qu'on apprît, surtout
aux enfans, à lire & à nager. Nous avons estimé
autrefois cet art de nager, & les premiers François
passoient pour l'emporter à cet égard sur tous les
autres peuples : témoin ce vers.

Curſu Helurus, jaculis Hannus, Francuſque natatu.

Les Hollandois ſe vantent d'avoir eu d'excellens *plongeurs*. Les Indiens & les Braſiliens paſſent aujourd'hui pour les meilleurs du monde : on prétend même que ces derniers reſtent ſouvent huit jours de ſuite dans l'eau, ſans être incommodés. Mais cela n'approche pas du ſéjour qu'y faiſoit un Sicilien, qu'on appelloit le *Poiſſon Colas*. Il s'étoit tellement accoutumé, dès ſa jeuneſſe, à ſe tenir dans l'eau, qu'il vivoit plutôt à la maniere des poiſſons, qu'à celle des hommes. Parmi pluſieurs traits qu'en rapporte le P. *Kirker*, dans le premier tome de ſon *Monde Souterrein* (*De Mundo Subterraneo*), celui-ci eſt principalement remarquable. Le Roi de Sicile jetta une coupe d'or dans le gouffre qu'on appelle *Charybde*, & la lui promit pour récompenſe, s'il la rapportoit. *Colas* ſe jetta à l'inſtant dans le gouffre, & en revint ſain & ſauf, avec la coupe à la main. Il y périt pour avoir voulu chercher une ſeconde fois une bourſe pleine d'or, qu'on y avoit jettée.

Plutarque, en parlant des *plongeurs* qu'*Antoine* & *Cléopâtre* avoient ſur leurs navires, rapporte un trait plaiſant, par lequel le lecteur voudra bien que je termine cet article, en faveur de ſa ſingularité. *Antoine* pêchoit à la ligne devant *Cléopâtre*, ſa maîtreſſe; & comme on eſt bien aiſe de réuſſir à tout ce qu'on fait en préſence de ce qu'on aime, il ordonna à ſes *plongeurs* de ſe couler ſous l'eau, & d'attacher des poiſſons à ſa ligne, qu'il retiroit chargée à coup ſûr. *Cléopâtre* s'en apperçut, trouva cette petite ruſe indigne de ſon amant, & voulut l'en punir. Dans cette vue, elle fit une partie de pêche pour le lendemain, où elle dépêcha des *plongeurs* plus diligens que ceux d'*Antoine*, qui attacherent à ſa ligne un poiſſon ſalé ; ce qui lui attira des railleries de la part de ſa maîtreſſe.

PLUMET ou PANON. C'est un petit morceau de liege, garni de plusieurs plumes, que des marins laissent voltiger au gré du vent, pour connoître sa direction. On prétend que ce moyen, pour sçavoir d'où vient le vent, est plus sûr que les girouettes. Ceci n'est au reste qu'une prétention, que tous les marins n'adoptent pas, & principalement les Hollandois, qui ne connoissent point absolument le *plumet*.

POGE ou POUGE. C'est, chez les Levantins, un commandement qui signifie Arrive tout. *Voyez* ARRIVE TOUT.

POINT. C'est le lieu marqué sur la carte de l'endroit où le pilote croit être à la mer.

POINT D'UNE VOILE. C'est le coin ou l'angle de la voile. Dans les coins du petit pacfi, il y a des écoutes, des couets & des cargues-points.

POINTAGE. C'est la marque que fait le pilote du lieu où il croit que le vaisseau est arrivé. *Voyez* le IVe Usage des cartes marines, à l'article CARTE MARINE.

POINTE. C'est une longueur de terre, qui avance dans la mer. Telles sont les *pointes* de Scague ; dans le Jutland, de Lomaria, à Belle-Isle, &c.

POINTE DE L'ÉPERON. C'est la derniere piece de bois qui est la plus avancée du devant du vaisseau, & sur laquelle la figure d'un monstre marin ou d'un lion est ordinairement appuyée.

POINTE DU COMPAS. C'est une des divisions de la rose de vent de la boussole. Un rumb de vent vaut quatre *pointes* ; un demi-rumb vaut deux *pointes*, & un quart de rumb en vaut une, en supposant huit rumbs de vent principaux.

POINTE DU NORD OU DU SUD, DE L'EST OU DE L'OUEST, &c. C'est la *pointe* d'une terre qui regarde le nord ou le sud, l'est ou l'ouest, &c.

POINTER. C'est dresser le canon, & l'ajuster pour tirer.

POINTER A COULER BAS. C'est *pointer* le canon de manière que le boulet perce la partie du vaisseau, qui est dans l'eau.

POINTER A DÉMATER. C'est *pointer* le canon haut, afin de couper les mâts & les manœuvres du vaisseau ennemi.

POINTER A DONNER DANS LE BOIS. C'est *pointer* de sorte que le boulet donne dans la partie du vaisseau, qui est hors de l'eau.

POINTER LA CARTE. C'est marquer sur la carte en quel parage le vaisseau peut être, & l'air de vent qu'il faut pour arriver au lieu où l'on veut aller. *Voyez* les premiers usages des cartes marines, à l'art. CARTE MARINE.

POINTURE. C'est un raccourcissement de la voile, qu'on fait en en troussant le coin pour l'attacher à la vergue, afin de ne prendre que peu de vent. Cela a lieu dans de gros temps, pour l'artimon & pour la misaine.

POITRINE DE GABORDS. C'est le remplacement de bois retiré des acculemens & rengorgemens des varangues & des genoux.

POIX NAVALE. *Voyez* GOUDRON.

POLACRE. Petit vaisseau du Levant, qui porte couverte, & des voiles quarrées au grand mât & au mât de beaupré, & des voiles latines au mât de misaine & à celui d'artimon. Il est armé de cinq ou six canons, quelquefois de quelques pierriers, & monté de vingt-cinq a trente matelots. Il va à voiles & à rames, & sert pour le négoce du Levant.

POLICE D'ASSURANCE. C'est un contrat passé par-devant notaire ou sous seing privé, par lequel un particulier s'oblige de réparer les pertes & les dommages qui arriveront à un vaisseau ou à son chargement, pendant un voyage, moyennant une certaine somme que l'assuré paie à l'assureur, soit comptant ou au terme dont on convient. *Voyez* PRIME D'ASSURANCE, On y doit marquer le nom du vaisseau, celui du maître, le lieu où le vaisseau doit charger, &

celui de sa destination, sous peine de nullité de l'acte, si le défaut vient de la part de l'assuré; & si au contraire cette omission ne peut lui être imputée, il a droit de prétendre ses dépens, dommages & intérêts contre celui qui a dressé le contrat, à moins que celui-ci ne se lave de cette accusation d'erreur.

On spécifie encore dans ce contrat certaines marchandises, comme l'or & l'argent monnoyés ou non monnoyés, les pierreries, toutes sortes de joyaux, & même les munitions de guerre, s'il y en a. A l'égard des autres marchandises, soit solides ou sujettes à empirement & dépérissement, on ne les énonce que sous les termes généraux de marchandises & effets.

POLICE DE CHARGEMENT. C'est, sur la Méditerranée, ce qu'on appelle *Connoissement* sur l'Océan. *Voyez* CONNOISSEMENT.

POMMES. Ce sont de grosses boules de bois, qu'on met, sur mer, aux flammes, aux girouettes & aux pavillons, pour servir d'ornemens. *Voyez* les trois articles suivans.

POMMES DE FLAMMES. *Pommes* de bois, tournées en rond ou en cul de lampe, qu'on met à chaque bout du bâton de la flamme.

POMMES DE GIROUETTES. Ce sont des *pommes* en cul de lampe, qu'on met au haut des fers des girouettes, pour empêcher qu'elles ne sortent de leur place.

POMMES DE PAVILLON. *Pommes* de bois, tournées en rond, & plates, qu'on met sur le haut du bâton du pavillon & de l'enseigne.

POMMES DE RAQUE OU DE RACAGE. *Voyez* RAQUE.

POMPE. C'est une machine composée de deux tuyaux, l'un grand, l'autre moindre, & d'un piston qui, par son mouvement, fait monter l'eau dans ce dernier tuyau. *Voyez* le *Dictionnaire universel de Mathématique & de Physique*, art. POMPE. On s'en sert, sur les vaisseaux, pour faire monter les eaux qui entrent dans le fond de cale, & pour les conduire dans les dalots. Il y a ordinairement deux *pompes* dans les vaiſſeaux médiocres, l'une à ſtribord, l'autre à basbord, & quatre dans les plus grands. On les place entre le grand mât & le mât d'artimon. *Voyez* l'explication de la *Pl. 3*, article VAISSEAU. On les goudronne, on les entoure de prélards, & on les ſurlie avec des cordes, afin d'empêcher qu'elles ne ſechent trop, & qu'elles ne ſe fendent.

Voici l'explication des façons de parler à l'égard de la *pompe*.

Affranchir ou *franchir la pompe* : C'eſt jetter plus d'eau avec la *pompe*, qu'il n'en entre dans le vaiſſeau.

A la pompe : Commandement à ceux qui doivent pomper, d'aller vuider l'eau qui peut être dans le vaiſſeau.

La pompe eſt chargée : Cela ſignifie qu'on a mis de l'eau dans la *pompe*, afin qu'elle puiſſe attirer celle du fond de cale ; & on dit qu'*elle n'eſt pas chargée*, lorſqu'il n'y a point d'eau.

Etre à une ou *à deux pompes* : C'eſt ſe ſervir continuellement d'une ou de deux *pompes*, pour jetter l'eau du vaiſſeau.

La pompe eſt engorgée : Cela a lieu lorſqu'il vient du ſable avec de l'eau, ou quelqu'autre choſe qui l'empêche d'élever l'eau.

La pompe eſt éventée : On entend par-là que la *pompe* eſt fendue, & qu'elle ne peut plus ſervir, qu'on ne l'ait accommodée.

La pompe eſt haute ou *la pompe eſt franche* : Expreſſion qui ſignifie qu'il n'y a point d'eau dans le vaiſſeau, & que par conſéquent la *pompe* ne puiſe plus.

La pompe eſt priſe : On dit cela quand on a mis de l'eau dans la *pompe*, & qu'elle en a aſſez retenu pour pouvoir ſervir.

La pompe ſe décharge : C'eſt que l'eau qui étoit
reſtée

restée dans la *pompe*, après avoir pompé, retombe dans le fond de cale, & que cette *pompe* n'est point en état de servir, à moins qu'on ne la recharge.

POMPE A LA VÉNITIENNE. *Pompe* en usage à Venise, qui est percée partout également, & qui a une verge de bois, laquelle agissant avec un contrepoids, jette, à ce qu'on prétend, plus d'eau que les autres *pompes*.

POMPE DE MER. Grosse colonne d'eau, qui paroît sur la surface de la mer. *Voyez* TROMPE.

POMPER. C'est faire jouer la pompe.

POMPES A ROUE & A CHAINES. *Pompes* faites à peu-près comme une meule, placées l'une auprès de l'autre, & qui descendent & remontent tour à tour. On prétend qu'elles jettent plus d'eau que les autres *pompes*, & qu'elles se maintiennent mieux : mais elles embarrassent beaucoup le fond de cale, & font un bruit très-désagréable. Les Anglois s'en servent, & les placent au milieu du vaisseau.

PONENT. Suivant sa propre signification, ce mot est synonime à Occident. Cependant nous entendons par ce terme, en France, la mer Océane, que sépare le détroit de Gibraltar de la Méditerranée. Ainsi nous disons, mer du *Ponent*, vice-amiral du *Ponent*, escadre du *Ponent*, &c.

PONT. L'un des étages du vaisseau. Les grands vaisseaux de guerre ont trois *ponts* de cinq pieds de hauteur, l'un sur l'autre ; les frégates ordinaires, deux, & les moindres vaisseaux un, avec un faux pont ou un demi-pont. Ils servent à lier les deux côtés du vaisseau, l'un avec l'autre ; à porter la grosse artillerie, & à loger l'équipage. Dans les vaisseaux marchands, on y met les marchandises qui craignent l'humidité. On appelle *Premier pont* ou *Franc tillac* le pont qui est le plus proche de l'eau, *Second pont* celui qui est au dessus de celui-ci, & *Troisieme pont* celui qui est le plus haut du vaisseau, lorsqu'il est à trois *ponts*. Tous ces *ponts* sont formés par les baux, les bau-

quieres, les gouttieres, les ferre-gouttieres, &c.
Voyez, pour la conftruction d'un *pont*, l'article
Construction.

Quoique les vaiffeaux à trois *ponts* foient plus
propres pour le combat, que les vaiffeaux à deux
ponts, parce qu'ils font plus difficiles à aborder,
cependant les Hollandois préferent les vaiffeaux à
deux *ponts*, qui n'ont pas, comme les premiers,
l'incommodité de la fumée du canon, qui ne s'y
évapore que difficilement. Pour fuppléer au troifieme *pont*, ils veulent qu'on faffe au deffus du fecond *pont* un demi-*pont*, qui s'étende jufqu'au milieu du vaiffeau, laiffant peu d'ouverture entre lui
& le château gaillard d'avant. On ferme cette ouverture, dans un combat, avec un *pont* de caillebo-
botis ou de cordes. On porte même en fagot cette
forte de *pont* ; on l'attache au château d'avant &
au château d'arriere, & on le foutient avec des
montans & des baluftrades tout autour, qu'on
couvre de baftingues. Il y a des marins qui prétendent que ce demi-*pont* vaut infiniment mieux
qu'un troifieme *pont* entier.

Pont a caillebotis ou a treillis. *Pont* fait avec des
caillebotis (*voyez* Caillebotis), dont on fe fert
dans les vaiffeaux de guerre, afin que la fumée du
canon puiffe s'évaporer facilement.

Pont a rouleaux. C'eft un *pont* fur lequel on fait paffer
des bâtimens d'une eau à l'autre, par le moyen des
moulinets.

Pont coupé. C'eft un *pont* qui n'a que l'accaftillage de
l'avant & de l'arriere, fans régner entiérement de
proue à pouppe.

Pont de cordes. Efpece de *pont*, formé avec des cordages entrelacés, dont on couvre tout le haut d'un
vaiffeau. Il fert à incommoder & à chaffer ceux qui
viennent à l'abordage, parce que, de deffous ce
pont, on perce aifément, à coup d'épée ou d'efpon-
ton, ceux qui fautent deffus. On ne s'en fert

guere cependant que dans les vaisseaux marchands.

PONT VOLANT. C'est un *pont* extrêmement léger, qui ne tient qu'à une cheville, afin que l'ennemi venant à bord, on puisse le faire sauter en mer avec des feux d'artifice, sans gâter le vaisseau, ou le faire tomber sous le tillac, lorsque ceux qui sont sur les extrêmités du vaisseau tirent sur eux des canons.

PONTAL. On entend par ce mot, sur la Méditerranée, ce qu'on appelle *Creux* sur l'Océan. *Voyez* CREUX.

PONTÉ. Epithete qu'on donnoit autrefois à un vaisseau qui n'a qu'un pont.

PONTILLES. *Voyez* EPONTILLES.

PONTON. Machine dont on se sert pour passer quelque bras d'eau, & qui est composée de deux bateaux un peu distans l'un de l'autre, couverts de planches, ainsi que l'intervalle qui est entre-deux, & garnis d'appuis & de garde-fous. On appelle encore *Ponton* un grand bateau qui sert au même usage. *Voyez* BAC.

PONTON. Grand bateau plat, qui a environ trois ou quatre pieds de bord, soixante pieds de long, seize pieds & demi de large, & six pieds & demi de creux, qui porte un mât, & qui sert à soutenir les vaisseaux quand on les met sur le côté pour les caréner. Il est garni de cabestans, de vis & d'autres machines nécessaires pour coucher & relever les grands vaisseaux.

PONTONAGE. Droit que le seigneur féodal tire des marchandises qui passent sur les rivieres, sur les lacs & sur les ponts.

PONTONNIER. C'est un batelier, qui tient un ponton pour traverser les rivieres,

PORQUES. Pieces de charpenterie, posées sur la carlingue, & paralleles aux varangues, dont l'usage est de lier les pieces qui forment le fond du vaisseau. Chaque *porque* a ses alonges, qui servent à entretenir & lier toute la masse du bâtiment. *Voyez* CONSTRUCTION. On n'en met point aux vaisseaux marchands, qui n'ont pas besoin d'une si grande liaison que les vaisseaux de guerre, n'ayant point d'artillerie, afin de ne pas embarrasser la cale.

Porques acculées. Ce sont des *porques* qu'on met vers les extrêmités de la carlingue, à l'arriere. Il y en a quatre, & chacune a ses genoux.

Porques de fond. Ce sont les *porques* qu'on place vers le milieu de la carlingue. Elles sont moins ceintrées & plus plates que les *porques* acculées, parce que le fond du vaisseau est plus plat vers le milieu de la carlingue. Elles sont éloignées l'une de l'autre d'environ trois pieds dans un vaisseau d'une grandeur ordinaire, & fortifiées avec quatre genoux, dont deux sont du côté de l'avant, & deux du côté de l'arriere.

PORT. C'est un poste de mer, proche du rivage, destiné au mouillage des vaisseaux. J'ai déduit à l'art. Havre les qualités d'un bon *port*. Je renvoie donc à cet art. Je dois parler ici des *ports* des Anciens, pour compléter, autant qu'il sera possible, une des principales parties de ce Dictionnaire : je veux dire l'histoire de la marine.

Le plus ancien *port*, dont on ait connoissance, est celui de Jaffa, anciennement nommé *Joppé*, bâti, à ce qu'on prétend, par *Japhet*, troisième fils de *Noé*, qui lui donna son nom, même avant le déluge. On dit aussi que ce fut dans ce *port* que *Jonas* s'embarqua pour aller en Tarse ; qu'abordoient les matériaux qui furent employés à la construction du temple de *Salomon*, & que la *Magdeleine*, avec sa sœur *Marthe*, & son frere *Lazare*, s'embarquerent dans un bâtiment sans voile & sans timon, lorsque les Juifs les persécuterent, à cause de leur attachement à *Jesus-Christ*. Quoi qu'il en soit, les Romains l'ont fait raser pendant deux fois. *Saint Louis* l'avoit fait rebâtir & environner de tours & de murs, parce que de tout temps le lieu où étoit ce *port* a été le commun abord des peuples occidentaux, qui alloient en Jérusalem : mais il est aujourd'hui entiérement ruiné.

Après le *port* de Joppé, les historiens nous parlent de deux *ports* sur la mer Rouge ; sçavoir, Ailath & Asiongaber, dans l'Idumée, qui fut sujette aux Rois de Juda, jusqu'au temps de *Josaphat. Voyez* le *Quatrieme Livre des Rois*, ch. VIII. Saint *Hiérosme* dit, dans son Epitre *ad Fabiolam*, que ce *port* avoit l'avantage d'être situé sur une côte où il y avoit quantité de forêts, d'où l'on tiroit beaucoup de bois pour la construction des vaisseaux. Ces deux *ports* étoient fort proches l'un de l'autre. Les Tyriens y venoient souvent ; & c'étoit delà que partoient les flottes de *Hiran* & de *Salomon*, pour aller chercher de l'or en Ophir.

Les autres *ports* fameux dans l'antiquité, sont ceux de Césarée, de Brindes, de Tarente, de la Lune, de Mizenne, de Ravenne, d'Ancone, de Pirée, d'Ostie, &c. Le premier doit sa célébrité aux soins que prit *Hérode* à l'embellir & à le fortifier. Ce Roi y fit jetter une quantité innombrable d'arbres, de quartiers de pierre, de fascines, pour le mettre à l'abri des vents ; le fortifia avec deux grosses tours, qui en fermoient l'entrée, & l'entoura d'une longue suite de bâtimens de marbre très-poli, au milieu desquels s'élevoit un temple magnifique, dédié à *César*, & où il y avoit un amphithéâtre, qui passoit alors pour une merveille. Les *ports* de Brindes & de Tarente étoient à la mer Ionienne. Ce dernier étoit recommendable par sa grandeur. Le *port* de la Lune, ainsi appellé de Luni, derniere ville de Toscane, étoit si spacieux, qu'il en comprenoit plusieurs autres assez profonds ; ensorte qu'il pouvoit contenir toutes les flottes de la plus grande partie des nations maritimes. Il étoit encore fort sûr, étant environné de très-hautes montagnes.

On ne rapporte rien d'assez particulier sur les

ports de Mizenne, de Ravenne & d'Ancone, qui puisse mériter quelque attention : mais je dois faire connoître ceux de Pyrée & d'Ostie, au sujet desquels *Isocrate* & *Suetone* nous apprennent des choses agréables.

Le premier *port* d'Athenes étoit à Phalere, près de la ville. Ce fut delà que *Thésée* partit pour Crete, & *Mnesteus* pour aller devant Troie.

Thémistocle ayant examiné les endroits les plus avantageux pour former un *port* plus considérable que celui-là, le changea, & en fit un nouveau dans un endroit plus éloigné. On l'entoura d'une muraille formée de grosses pierres cubes, sans mortier, mais jointes ensemble par de fortes barres de fer. Cette muraille étoit si épaisse, que deux charriots pouvoient s'y promener de front, sans se toucher. On établit, dans ce port, deux magistrats qu'on nomma *Apôtres*, pour avoir soin de tenir prêts les vaisseaux nécessaires pour une expédition, & pour les faire conduire jusqu'au rendez-vous de l'armée. Dans la crainte que le *port* ne fût dégarni de vaisseaux, on chargea les principaux & les plus riches bourgeois d'Athenes, de bâtir & d'entretenir à leurs dépens un certain nombre de vaisseaux pour le service de la République, & on ne pouvoit être déchargé de cette dépense, qu'en assignant quelque citoyen plus riche que soi. C'est ainsi que *Lysimachus* intenta action contre *Isocrate*, & qu'il l'obligea de prendre sa place.

C'est dans le vingtieme chapitre, *in Claudio*, que *Suetone* parle du *port* d'Ostie. Il dit que l'Empereur *Claudius*, considérant les dangers auxquels étoient exposés les navires qui apportoient les bleds à Rome, étant contraints, à cause du limon que le Tybre charrioit, de se tenir à l'ancre, assez loin du rivage, jusqu'à ce que des barques les eussent déchargés pour monter par ce fleuve, *Claudius*, dis-je, prit la résolution de faire un port où les navires pussent se rendre.

Dans cette vue il fit venir les plus habiles architectes, pour sçavoir la somme à laquelle la construction de ce *port* pourroit monter. Ceux-ci répondirent que cette somme étoit exhorbitante, & lui firent entendre qu'elle excédoit ses facultés. Cette réponse n'intimida point l'Empereur. Il ordonna qu'on fouît dans le rivage, pour faire une grande ouverture en terre ferme, qu'il entoura d'une forte muraille, afin d'y contenir les eaux de la mer. Ensuite il fit conduire de chaque côté de l'ouverture de grandes levées divisées en deux bras opposés, qui environnoient un grand espace de mer, capable de recevoir, par son embouchure, toutes sortes de vaisseaux, & de les tenir en sûreté. Après cela on fonda par son ordre, à l'entrée de ce *port*, en pleine mer, un mole si grand, qu'on le prenoit pour une isle. Dans les fondemens de ce mole, on jetta ce navire tant renommé, qui avoit apporté d'Egypte le plus grand de tous les obélisques qui sont à Rome, & qu'on avoit rempli de maçonnerie & de terre de Puzzol. Enfin cet Empereur ordonna qu'on batît sur pilotis une tour très-haute, à l'imitation du phare d'Alexandrie (*voyez* PHARE), pour servir à guider les vaisseaux.

Dion Cassius a pris plaisir à décrire ce *port* dans son soixantieme Livre, & il l'appelle une chose véritablement digne de la puissance & de la grandeur des Romains : *Rem magnitudine & potentiâ Romanâ dignam*. L'Empereur *Trajan* l'agrandit & le fortifia avec de grosses murailles de pierres équarries. On y vit dans la suite des temps des salles & des magasins pour retirer les marchandises; & il devint un des plus beaux ouvrages qu'aient fait les Romains. Il n'existe plus aujourd'hui. Le Pape *Grégoire*, craignant que les Sarrazins ne s'y fortifiassent, le fit ruiner.

Les *ports* les plus estimés des nations maritimes d'aujourd'hui, sont ceux de Toulon & de Constantinople. Ce dernier a une lieue de large : il eſt ſi ſpacieux ; qu'on ne le cure jamais ; & les vaiſſeaux y ſont ſi bien abrités , qu'on peut les laiſſer ſans ancre.

On donne encore le nom de *port* à un lieu ſur les rivieres , où les bâtimens qui y abordent, ſe chargent & ſe déchargent.

PORT BRUTE. C'eſt un *port* ſans art & ſans artifice.

PORT DE BARRE. *Port* où les vaiſſeaux ont beſoin du flot & de la haute marée pour entrer , parce qu'il n'eſt pas aſſez profond , ou parce que l'entrée en eſt fermée par quelques bancs de ſable ou de roches.

PORT D'ENTRÉE , ou PORT DE TOUTE MARÉE. *Port* où les vaiſſeaux peuvent entrer en tout temps , y ayant toujours aſſez de fond.

PORTS FERMÉS. Ce ſont des *ports* d'où l'on empêche les bâtimens qui y ſont , de ſortir. Quand le Roi veut enrôler des matelots , il ordonne de fermer les *ports* , pour en faire la revue , & pour choiſir ceux qui ſont capables de ſervir ſur ſes vaiſſeaux.

PORT DE VAISSEAU. C'eſt la capacité du vaiſſeau , ou le nombre de tonneaux qu'il peut contenir. Ainſi on dit qu'un vaiſſeau eſt du *port* de deux cens , trois cens tonneaux , &c. pour dire qu'il peut contenir deux cens , trois cens tonneaux , &c. *Voyez* JAU-GEAGE.

PORTAGE. C'eſt le privilege qu'a chaque officier ou chaque matelot , de pouvoir embarquer pour ſon compte une certaine quantité de marchandiſes , ou un certain nombre de barrils.

C'eſt auſſi la quantité de poids ou d'arrimage que peuvent porter ou embarquer des paſſagers , ſur le prix de leur paſſage.

On dit : *faire portage* , & cela ſignifie Porter le canot , avec ce qui eſt dedans , pour paſſer les chûtes d'eau qui ſe trouvent dans quelques fleuves.

PORTE-BOSSOIR. C'eſt un appui qui eſt ſous le boſ-ſoir , en forme d'arcboutant , & dont le haut eſt ordinairement terminé en tête de More.

PORTÉE. *Voyez* PORT DE VAISSEAU.

PORTE-GARGOUSSE. *Voyez* LANTERNE À GARGOUSSE.

PORTE-HAUBANS ou ÉCOTARDS. Ce sont de longues pieces de bois, mises en rebords & en saillie, & qui sont clouées & chevillées de côté, à l'arriere de chaque mât, sur les côtés des hauts du vaisseau, pour soutenir les haubans, & les empêcher de porter contre le bordage. Il y en a aussi sur l'avant du vaisseau, vers les bossoirs, qui servent à placer l'ancre, & où les matelots vont se reposer quand il fait beau.

La longueur ordinaire des *porte-haubans* du grand mât ou des grands *porte-haubans*, est égale à la cinquieme partie de la longueur du vaisseau; leur largeur a l'épaisseur de l'étrave, & leur épaisseur a un tiers de plus que celle de l'étrave. Les dimensions des *porte-haubans* du mât de misaine sont un peu moindres que celles des grands *porte-haubans*, & on donne aux *porte-haubans* du mât d'artimon le tiers de la longueur & de la largeur des grands *porte-haubans*, & la même épaisseur que ceux du mât de misaine.

PORTELOTS. Pieces de bois, qui regnent au dessous des platbords, autour d'un bateau foncet ou autre petit bâtiment.

PORTE-VERGUES. Pieces de charpenterie, qui ont presque la forme d'un arc, qui forment la partie la plus élevée de l'éperon du vaisseau, & qui regnent sur l'aiguille, depuis le bestion, jusqu'au dessous des bossoirs. Ces pieces donnent la forme à l'éperon. Il y en a ordinairement trois de chaque côté, qui s'étendent jusqu'au revers. La plus haute s'étend depuis le bout de la herpe d'éperon, jusqu'au revers, où elle est clouée sur la cagouille, & on met un marmot sur son bout qui est du côté de la herpe. Elle a de largeur, par ce bout, la moitié de la largeur de l'étrave en dedans, & le quart de la même largeur de l'étrave par le bout de devant. Les deux autres *porte-vergues* ont des dimenfions un peu moins grandes que celles-ci.

PORTE PLEIN. Commandement au timonnier, qui ferre le vent de trop près, de barbeyer ou de frifer la voile du côté du lof, c'eft-à-dire, d'arriver pour faire porter plein, & empêcher de prendre vent devant. C'eft auffi un commandement de gouverner de maniere que les voiles foient toujours pleines, ou foient entiérement expofées à l'action du vent.

PORTER. C'eft gouverner, faire route, courir ou faire voile. Ainfi on dit qu'un vaiffeau *porte* au fud, au nord, &c. quand il fait route au fud, au nord, &c.

PORTER A ROUTE. C'eft aller en droiture, fans louvier, au lieu où l'on doit aller.

On dit qu'on *porte à route* quand, par accident, on a été contraint de courir fur un autre air de vent que celui de la route, & alórs on recommande au timonnier de fe remettre fur cet air de vent.

PORTEREAU. Conftruction de bois, qu'on fait fur certaines rivieres, pour les rendre plus hautes, en retenant l'eau, afin de faciliter la navigation. C'eft une grande pelle de bois, qui barre la riviere, & qui, à l'arrivée de quelque bateau, fe leve par le moyen d'un grand manche tourné en vis.

POSER EN DÉCHARGE. C'eft mettre une piece de bois obliquement, foit pour empêcher la charge, foit pour arcbouter & contre-éventer.

POSTILLON. Petite patache, dont on fe fert pour envoyer à la découverte, & pour porter quelque nouvelle.

POT A BRAI. *Pot* de fer, dans lequel on fait fondre le brai.

POT DE POMPE. On appelle ainfi, fur mer, une chopinette. *Voyez* CHOPINETTE.

POTENCE DE BRINQUEBALE. Piece de bois, fourchue, qui eft foutenue par la pompe, dans laquelle entre la brinquebale.

POUDRIER. C'eft une horloge de fable. *Voyez* HORLOGE.

POUGER ou MOLER EN POUPPE. Terme de la Méditerranée, qui signifie Faire vent arriere.

POULAINE. C'est, en général, la même chose qu'éperon. *Voyez* EPERON.

Quelques marins entendent aussi, par ce terme, un taille-mer. *Voyez* TAILLE-MER.

POULAINS. Ce sont des étances, qui tiennent l'étrave du vaisseau, lorsqu'il est sur le chantier, & qu'on ôte après toutes les autres, quand on veut le lancer à l'eau. *Voyez* LANCER.

POULIE. C'est une roue emboîtée dans une écharpe, mobile dans son aissieu, creusée dans sa surface supérieure, pour y recevoir une corde destinée à la faire tourner, & dont on se sert, sur les vaisseaux, pour roidir les manœuvres, & à hisser ou à amener les vergues. On les emploie aussi à d'autres usages, & on les distingue par les noms suivans.

POULIE COUPÉE OU A DENTS. *Poulie* qui a son écharpe échancrée d'un côté, pour y passer la bouline lorsqu'il faut la haler.

POULIE DE BLOC. *Poulie* qui sert à la cargue-bouline.

POULIE D'ÉCOUTE DE MISAINE & D'ÉCOUTE DE CIVADIERE. Ce sont des *poulies* qui servent à la misaine & à la civadiere, situées à l'avant des grands haubans, & emmouflées dans le côté du vaisseau. *Voyez* l'explication de la figure du vaisseau, *Pl. II.*

POULIE D'ÉTROPE. *Poulie* qui est sortie de son étrope. *Voyez* HERSE.

POULIE DE GRANDE DRISSE. C'est un moufle composé de trois *poulies* sur le même aissieu, autour duquel passe la grande drisse, & qui sert à hisser & à amener la grande vergue.

POULIE DE GUINDERESSE. Grosse *poulie*, dont l'écharpe est entourée d'un lien de fer, au bout duquel est un croc, qui sert à hisser & à amener les mâts de hune.

POULIE DE RETOUR. *Poulie* qui est opposée à une autre, & qu'on emploie au même usage.

POULIE D'ITAGUÉ DU GRAND HUNIER. *Poulie* double ou simple, qui tient au bout de l'itague, où la fausse itague est passée, & qui sert à hisser & à amener la vergue du grand hunier.

POULIE DE PALAN. C'est une mouffle double, où il y a deux & jusqu'à quatre *poulies* l'une sur l'autre. *Voyez* PALAN.

POULIE DOUBLE. *Poulie* composée de deux roues placées l'une à côté de l'autre, & qui tournent sur le même aissieu.

POULIE SIMPLE. C'est une *poulie* qui n'a qu'une seule roue dans son écharpe.

POULIES DE CALIORNES. Ce sont des *poulies* qui ont trois rouets sur un même aissieu.

POULIES DE DRISSE DE MISAINE & DE DRISSE DE CIVADIERE. *Poulies* qui, avec les itagues de misaine & de civadiere, servent à hisser & à amener la vergue de ces deux voiles.

POULIES D'ÉCOUTES DE HUNE. *Poulies* qui sont au bout des grandes vergues, & dans lesquelles passent les écoutes des hunes & les balancines.

POULIES DE RETOUR D'ÉCOUTES DE HUNE. Grosses *poulies*, qui tiennent par une herse sous les vergues, près des hunes, par lesquelles passent les écoutes des hunes.

POUPPE. C'est l'arriere du vaisseau, qui comprend les départemens du vaisseau, qui regnent dans les hauts & dans les bas, entre le timon & le gouvernail. Il est décoré de balcons, de galeries, de pilastres & d'autres ornemens, le tout doré ou peint. Cette partie du vaisseau est détaillée à l'article VAISSEAU, auquel je renvoie, comme aussi à celui de CONSTRUCTION, pour la maniere de la construire. *Voyez* encore PROUE, à la fin de l'article.

On dit : *voir par pouppe*, lorsqu'on voit les choses derriere soi, & *mouiller en pouppe*, quand on jette l'ancre par l'arriere du vaisseau.

POUPPE QUARRÉE. On sous-entend *vaisseau à*. C'est

proprement un vaisseau de guerre, ou un vaisseau qui a l'arcasse construite selon la grandeur & la forme d'un vaisseau de guerre. On lui donne ce nom, parce que les flûtes & les bâtimens de cette espece n'ont point d'arcasse, & ont les fesses rondes à l'arriere, comme les joues à l'avant. Suivant l'Ordonnance du Roi de 1673, la *pouppe* des vaisseaux doit être ronde au dessous de la lisse de hourdi, & non quarrée, comme on le pratiquoit avant cette Ordonnance.

POUSSE BARRE. Commandement à ceux qui virent au cabestan, de redoubler leur effort.

POUSSE-PIED. Sorte de bateau, qu'on nomme autrement *Accon. Voyez* ACCON.

PRAME. Espece de barque ou bateau, dont on se sert pour naviger sur les rivieres.

PRATIQUE. Ce terme a une signification différente, selon qu'on le joint avec un verbe. *Avoir pratique* : c'est avoir la liberté d'entrer dans un port, après avoir fait quarantaine. *Etre pratique d'un lieu* : c'est avoir acquis la connoissance d'un lieu, par plusieurs voyages qu'on y a faits.

PRATIQUER LES MANŒUVRES. *Voyez* MANŒUVRES.

PRÉCEINTE. *La préceinte n'est point coupée* : cela signifie qu'un vaisseau est construit de maniere qu'aucun sabord n'a été coupé dans la *préceinte* ou *perceinte*.

PRÉCEINTES. *Voyez* PERCEINTES.

PRÉLART ou PRÉLAT. Grosse toile goudronnée, qu'on met sur les endroits ouverts d'un vaisseau, tels que les caillebotis, les fronteaux, les panneaux & les escaliers.

PRENDRE CHASSE. *Voyez* CHASSER.

PRENDRE HAUTEUR. *Voyez* LATITUDE.

PRENDRE LES AMURES. C'est amurer. *Voyez* AMURER.

PRENDRE TERRE. C'est arriver à terre. On dit aussi *Terrir,* quand on a fait une grande traversée.

PRENDRE VENT DE VENT. C'eſt recevoir le vent ſur les voiles, ſans qu'on le veuille.

PRENDRE UNE BOSSE. C'eſt attacher la boſſe, ou l'amarrer.

PRENDRE UN RIS. C'eſt raccourcir la voile par en haut, avec des bouts de corde, qu'on nomme *Ris*, & qui ſont à trois pieds au deſſous de la vergue. Cela ſe fait dans de gros temps, lorſqu'on ne peut porter la voile entiere. Quand le temps n'eſt pas ſi mauvais ou, en terme de mer, forcé, on ſe contente de porter la voile du côté du vent, autant qu'on peut, afin que la ralingue ne faſſe pas tant de force, & que l'on puiſſe *prendre le ris* avec plus de facilité. Au reſte on doit toujours ſaiſir le point du ris du côté du vent, le premier, parce qu'il n'eſt pas difficile de le faire ſous le vent. *Voyez l'Exercice en général de toutes les manœuvres qui ſe font ſur mer,* &c. par le chevalier *de Tourville*, pag. 47 & 49.

PRÈS & PLEIN. Commandement au timonnier d'aller au plus *près* du vent, mais en ſorte que les voiles ſoient toujours pleines.

PRESSENTER AU VENT. C'eſt aller où l'on a le coup, ſans aucune dérive.

PRESSENTER LA BOULINE. C'eſt paſſer la bouline dans la poulie coupée, pour la haler.

PRESSER. C'eſt arrimer les laines ou autres marchandiſes, en les comprimant.

PRÊTER LE CÔTÉ. On dit qu'un vaiſſeau *prête* le côté, lorſqu'il eſt aſſez fort pour combattre.

PREVOT. C'eſt un homme de l'équipage, chargé de faire balayer le vaiſſeau, & de châtier les malfaiteurs.

PREVÔT GÉNÉRAL DE LA MARINE. C'eſt un officier qui eſt chargé d'inſtruire le procès des gens de mer, qui ont commis quelque crime. Il a entrée au conſeil de guerre, ainſi que ſes lieutenans, & ils y font le rapport de leurs procédures, debout & découverts, ſans avoir voix délibérative. *Voyez l'Ordon.* de 1674.

PRIME D'ASSURANCE. C'eſt la ſomme qu'un marchand, qui veut aſſurer ſa marchandiſe, paie à l'aſſureur, pour le prix de l'aſſurance. On l'apelle *Prime*, parce qu'elle ſe paie d'avance.

PRIS DE CALME. *Voyez* Calme.

PRISE. C'eſt la capture d'un vaiſſeau. Lorſque cette capture eſt déclarée bonne & valable, conformément à l'*Ordonnance* de 1681, liv. III, tit. IX, le cinquieme denier appartient au Roi, le dixieme du reſtant à l'amiral, & le dernier reſte eſt partagé entre les armateurs, les capitaines, les autres officiers & les matelots, conformément à la charte-partie qui aura été faite entr'eux. A l'égard des *priſes* faites par des vaiſſeaux de guerre, on leve ordinairement les cinq ſixiemes parties pour le Roi ; on prend du reſtant le dixieme denier pour le droit de l'amiral, & on diſtribue le reſte, en forme de don gratuit, aux officiers & aux matelots qui ont fait les *priſes*, à moins que, par des conſidérations particulieres, il n'en ſoit autrement ordonné.

On dit qu'un vaiſſeau eſt *de bonne priſe*, lorſqu'on peut l'arrêter comme ennemi, ou portant des marchandiſes de contrebande à l'ennemi.

PROFIT AVANTUREUX. C'eſt l'intérêt de l'argent que l'on prête ſur un vaiſſeau marchand, ſoit pour un voyage, ſoit pour chaque mois qu'il eſt en mer, moyennant quoi le prêteur court les riſques de la mer & de la guerre. *Voyez* encore BOMERIE & GROSSE AVENTURE.

PROFONTIÉ. C'eſt ainſi qu'on appelle un bâtiment qui tire beaucoup d'eau, ou à qui il en faut beaucoup pour qu'il flotte.

PROLONGER UN VAISSEAU. C'eſt ſe mettre flanc à flanc d'un vaiſſeau, & vergue à vergue.

PROMONTOIRE. Pointe de terre, qui s'avance dans la mer.

PROUE. C'eſt l'avant ou la pointe du vaiſſeau, & par laquelle il diviſe l'eau. *Voyez* CONSTRUCTION &

Vaisseau. Pour qu'elle soit parfaite, il faut qu'elle la divise le plus facilement qu'il est possible. Cela forme un problême qui se réduit à ceci : la largeur du navire étant donnée, trouver la base, dont il faut la couvrir pour que l'impulsion de l'eau sur cette base, soit la moindre qu'il est possible. J'ai annoncé, à l'article Construction, une formule de calcul pour la solution de ce problême ; & cette formule étoit dressée : mais ayant fait réflexion que de longs calculs algébriques figuroient mal dans cet Ouvrage, suivant la preuve que j'en ai faite depuis aux articles Ligne de force mouvante & Manœuvre, j'ai cru n'en devoir point faire usage. Ainsi j'aime mieux supprimer un travail, sur lequel je pourrois avoir quelques prétentions, que de rebuter les marins, peu accoutumés aux calculs algébriques, de la lecture d'un livre composé principalement pour eux. Je me contenterai donc d'indiquer aux personnes qui voudroient connoître la solution de ce problême, les ouvrages qu'elles doivent consulter. Ce sont le premier & le second volume des *Œuvres de M. Jean Bernoulli*, en Latin ; *l'Analyse des infiniment petits, comprenant le calcul intégral*, &c. par M. *Stone*, pag. 158 ; le *Traité des fluxions* de *Maclaurin*, tome II, page 94 ; *Scientia navalis* de M. *Euler*, tom. I, ch. VI, & tom. II, ch. VIII, &c.

Les Anciens appelloient, comme nous, *Proue* la partie du vaisseau qui se présente la premiere, *quia prior præcedit*. La poupe étoit le derriere du vaisseau & la place la plus honorable, parce que celui qui gouvernoit, y tenoit son siege. Elle donnoit même souvent le nom à tout le bâtiment, suivant le témoignage de *Virgile*.

. . . . *Æneïa puppis.*

Prima tenet.

      Æneid. liv. x.

On dit : *donner la proue*, lorsqu'on prescrit à un bâtiment la route qu'il doit tenir ; *voir par proue*. *Voyez* VOIR.

PUCHOT. *Voyez* TROMPE.

PUISER. C'est faire eau. Un vaisseau *puise* par le haut ou par le bord, quand il cargue si fort, que l'eau y entre par le côté. Il *puise* par les sabords & par les dalots, quand l'eau entre par ces endroits-là.

PUITS. *Voyez* ARCHIPOMPE.

PUY. C'est une grande profondeur en mer, sur un fond uni.

QUAI ou **QUAY.** C'eſt un eſpace réſervé ſur le rivage d'un port, pour ſervir à la charge & à la décharge des marchandiſes.

QUAIAGE. Droit que les marchands ſont obligés de payer pour pouvoir ſe ſervir du quai, & y décharger leurs marchandiſes.

QUAICHE. Petit bâtiment, qui a un pont, & qui eſt mâté en heu. *Voyez* MATÉ EN HEU. Il eſt depuis trente juſqu'à quatre-vingts tonneaux. On s'en ſert pour le commerce, le long des côtes de la Manche.

QUAIRES, *terme de galere.* Ce ſont des voiles qui ſervent à aller doucement.

QUARANTAINE. On ſous-entend *faire.* C'eſt demeurer quarante jours ou environ dans un lazaret ou dans un autre lieu marqué, lorſqu'on vient de quelqu'endroit ſoupçonné de quelque maladie contagieuſe, comme la peſte, afin qu'on juge ſi l'on n'eſt point atteint de cette maladie, avant que l'on ait communication avec quelqu'un.

QUARANTENIER. Sorte de petite corde, de la groſſeur du petit doigt, dont on ſe ſert pour raccommoder les autres cordes.

QUARRÉ DE RÉDUCTION. *Voyez* QUARTIER DE RÉDUCTION.

QUARRÉ NAVAL. C'eſt un grand *quarré*, qu'on fait ſur le pont d'un vaiſſeau de guerre, entre le grand mât & le mât d'artimon, pour faciliter le mouvement de l'armée. On diviſe ce *quarré* en deux également, par une ligne perpendiculaire à deux côtés paralleles, & on mene deux diagonales des quatre angles du *quarré*. La premiere ligne répond à la quille du vaiſſeau, & repréſente la route qu'il tient. Les côtés du *quarré*, paralleles à cette ligne, marquent fon travers ; & quand le vaiſſeau eſt au plus près, les diagonales déſignent, l'une la route que tiendra le vaiſſeau, & l'autre fon travers. La diagonale qui eſt à droite, s'appelle la *Diagonale ſtribord*, & celle qui eſt au côté gauche, la *Diagonale bas-bord*.

Ce *quarré* ſert pour reconnoître la poſition du vaiſſeau, à l'égard des autres, afin d'avoir des points ſur leſquels on puiſſe ſe fixer, ſuivant les évolutions qu'on doit faire. Il paroît que le P. *Hôte* eſt l'inventeur de ce *quarré*. Il en a expliqué les uſages avec ſoin dans ſon *Art des armées navales*, pag. 409 & ſuivantes, qui ſe réuniſſent tous à celui que je viens d'indiquer.

QUART. C'eſt le temps qu'une partie de l'équipage d'un vaiſſeau veille pour faire le ſervice, tandis que tout le monde dort. Dans les vaiſſeaux du Roi, ce temps eſt de huit horloges, qui valent quatre heures. *Voyez* HORLOGE. Dans les autres vaiſſeaux, il eſt tantôt de ſix, tantôt de ſept, & quelquefois de huit. A chaque fois qu'on change le *quart*, on ſonne la cloche pour en avertir l'équipage. C'eſt ce qui ſe pratique en France. Les autres nations maritimes réglent le *quart* différemment. En Angleterre, par exemple, le *quart* eſt de quatre heures ; en Turquie, de cinq, &c.

On diſtingue deux ſortes de *quarts* : un qu'on appelle *Premier quart* ou *Quart de ſtribord*, & l'autre *Second quart* ou *Quart de bas-bord*. Le premier commence à minuit ou à l'aube ; & ce ſont les officiers ſubalternes en pied, ou les plus anciens d'entre les ſubalternes, qui le font. Le ſecond *quart* commence quand l'autre eſt fini, & il eſt compoſé des officiers ſubalternes, qui ſont en ſecond, ou des anciens officiers d'entre les ſubalternes. C'eſt le commandant ou le capitaine du vaiſſeau qui fait la diviſion de ces *quarts*, & qui en fait écrire la diſpoſition dans un tableau, qu'on attache à la porte de la chambre, ou au mât d'artimon.

Lorſqu'on appelle ceux dont le tour vient de faire le *quart*, on crie: *au quart* ; & on dit: *prendre le quart*, lorſqu'on entre en garde avec une partie de l'équipage.

Qᴜᴀʀᴛ ʙᴏɴ ᴏᴜ Bᴏɴ ǫᴜᴀʀᴛ. Commandement ou avis à l'équipage, de faire bonne garde.

On dit: *faire bon quart ſur la hune* : cela veut dire, faire bonne ſentinelle pour découvrir une roche & les corſaires.

Qᴜᴀʀᴛ ᴅᴜ ᴊᴏᴜʀ. C'eſt le *quart* qui amene le jour, c'eſt-à-dire que le jour paroît quand ce *quart* eſt fini.

Qᴜᴀʀᴛ ᴅᴇ ᴠᴇɴᴛ. C'eſt un air de vent, compris entre un air de vent principal, comme nord, ſud, eſt & oueſt, nord-eſt, nord-oueſt, &c. & un demi-air de vent, qui ſuit ou précede un air de vent principal, tel que nord-nord-eſt ou nord-nord-oueſt. Ainſi deux airs de vent principaux renferment deux *quarts de vent*. Entre le nord & le nord-eſt, on a les *quarts de vent* nord $\frac{1}{4}$ nord-eſt, & nord-eſt quart de nord. Entre le nord-eſt & l'eſt, ſont compris les deux *quarts de vent* nord-eſt $\frac{1}{4}$ d'eſt, & eſt $\frac{1}{4}$ de nord-eſt. De ſorte qu'il y a ſeize *quarts de vent* ; ſçavoir, nord $\frac{1}{4}$ nord-eſt, nord-eſt $\frac{1}{4}$ de nord, nord-eſt $\frac{1}{4}$ d'eſt, eſt $\frac{1}{4}$ de nord-eſt, eſt $\frac{1}{4}$ de ſud-eſt, ſud-eſt $\frac{1}{4}$ d'eſt, ſud-eſt $\frac{1}{4}$ de ſud, ſud $\frac{1}{4}$ de ſud-eſt, ſud $\frac{1}{4}$ de ſud-oueſt, ſud-oueſt $\frac{1}{4}$ de ſud, ſud-oueſt $\frac{1}{4}$ d'oueſt, oueſt $\frac{1}{4}$ de ſud-oueſt, oueſt $\frac{1}{4}$ de nord-oueſt, nord-d'oueſt $\frac{1}{4}$ d'oueſt, nord-oueſt $\frac{1}{4}$ de nord, & nord $\frac{1}{4}$ de nord-oueſt.

Qᴜᴀʀᴛɪᴇʀ. On ſous-entend *vent de*. *Voyez* Lᴀʀɢᴜᴇ.

Qᴜᴀʀᴛɪᴇʀ Aɴɢʟᴏɪs. C'eſt un inſtrument qui ſert à obſerver les aſtres ſur mer. Il eſt compoſé de deux arcs, dont l'un eſt de 60 degrés, & l'autre de 30 ; ce qui fait 90. Au centre de l'inſtrument eſt une pinnule, dont la fente, qui eſt perpendiculaire au rayon de ces arcs, ſe trouve perpendiculaire à

l'horizon quand on obſerve ; & ſur les deux arcs coulent deux autres pinnules, qu'on peut arrêter ſur
chaque degré.

On obſerve la hauteur de l'aſtre avec cet inſtrument, en regardant l'horizon par une pinnule des
deux arcs, & en élevant la pinnule de l'autre arc,
juſqu'à ce que le rayon de l'aſtre tombe ſur la pinnule du centre, & ſoit par conſéquent viſible à l'œil
ſitué à l'autre pinnule.

J'ai donné la figure de ce *quartier*, & j'en ai expliqué l'uſage dans le *Dictionnaire univerſel de Mathématique*, art. QUARTIER ANGLOIS. Je me contenterai d'y renvoyer le lecteur. Premiérement,
parce que de tous les inſtrumens qu'on ait imaginé
pour obſerver les aſtres, les octans ſont les plus ſûrs,
& les ſeuls dont on doive faire uſage. *Voyez* OCTANT.
En ſecond lieu, parce que le *quartier Anglois* a pluſieurs défauts ; qu'il exige une poſition exacte & in-
variable, ſituation difficile à garder ſur un vaiſſeau ;
que l'aſtre & l'horizon ſe déſuniſſent fort aiſément ;
ce qui rend l'obſervation très-défectueuſe ; & qu'enfin
cet inſtrument ne peut être d'aucune utilité quand
l'aſtre, le ſoleil par exemple, eſt proché du zénith.
Voyez le *Dictionnaire* ci-devant cité, même article.

QUARTIER DE RÉDUCTION. C'eſt un inſtrument qui repréſente le quart de l'horizon, & avec lequel on ré-
ſoud les problêmes du pilotage, par les triangles
ſemblables. (Pour l'intelligence de ceci, *voyez* PI-
LOTAGE.) Pour le conſtruire, on forme un quarré
A B C D (*Pl. 1, Fig. 15.*), qu'on diviſe en pluſieurs
petits quarrés, par des lignes *a b, c d,* &c. paralleles
au côté A B, & des lignes *e f, g h,* &c. paralleles au
côté A C. Les premieres repréſentent des méridiens,
& on les appelle *Lignes nord & ſud*, & les autres
e f, g h, repréſentent des paralleles à l'équateur, &
on les nomme *Lignes eſt-oueſt*. Ayant décrit du
centre B un arc *i h*, on le diviſe en huit parties

égales; on mene par ces points de division les lignes B *a*, B *c*, &c. qui représentent huit rumbs de vent, & on divise ces huit rumbs ou airs de vent en plusieurs parties égales à celles des lignes A B, B D, par un grand nombre de quarts de cercle concentriques *i b*, *g d*, &c. L'un de ces arcs de cercle est divisé en degrés ; & par le moyen d'un fil attaché au centre B, ce cercle sert à diviser les autres proportionnellement.

Telle est la construction du *quartier de réduction*. On s'en sert pour résoudre, comme je l'ai dit, les problêmes du pilotage. Ces problêmes consistent dans la solution d'un triangle rectangle, dont on connoît trois choses. *Voyez* PILOTAGE. Or ces trois choses sont ici, ou la latitude ou la longitude, ou le chemin qu'on a fait, ou l'air de vent qu'on a suivi.

Le chemin est évalué en lieues, qu'on réduit en degrés, en les divisant par 20, parce que 20 lieues valent un degré. Mais avant que de faire cette réduction, il faut réduire les lieues mineures en lieues majeures (*voyez* LIEUES), ou les lieues faites sur un parallele, en lieues de l'équateur ; & le *quartier de réduction* est très-utile à cette fin.

Réduire les lieues mineures en lieues majeures.

1°. Tendez le fil sur le degré de la latitude proposée ou moyenne (*voyez* MOYEN PARALLELE), en comptant cette latitude sur le quart de cercle gradué, depuis la ligne est-ouest B D, en montant vers la ligne nord-sud B A.

2°. Comptez sur la ligne est-ouest les lieues mineures.

3°. Observez le méridien ou la ligne nord-sud, qui passe par le point, où les lieues mineures se terterminent, & en quel point cette ligne coupe le fil.

La longueur du fil, depuis le centre jusqu'à ce

point de rencontre, déterminera le nombre de lieues majeures par le nombre des arcs de cercle.

Cette opération est fondée sur ce raisonnement. Le quart de cercle, qui passe par le point où se terminent les lieues mineures, représente le quart du méridien, & le point par lequel on commence à compter les degrés de latitude, du côté de la ligne nord - sud, représente le pole de la terre. Cela étant, la ligne est-ouest, comprise depuis le centre B, jusqu'au dit quart de cercle, sera un rayon de l'équateur, & le méridien, qui passe par le point où les lieues mineures se terminent, sera le rayon du parallele proposé ou moyen. Mais les lieues majeures sont proportionnelles au rayon de l'équateur, & les lieues mineures d'un parallele sont proportionnelles au rayon de ce parallele. Donc les degrés de ce parallele seront proportionnels au degré de l'équateur : c'est-à-dire que si le rayon du parallele est la moitié, le tiers ou le quart, &c. du rayon de l'équateur, les degrés de ce parallele seront chacun la moitié, le tiers ou le quart d'un degré de l'équateur.

Delà il suit que, pour réduire les lieues majeures en lieues mineures, il faut tendre le fil, suivant la latitude proposée, & compter sur ce fil le nombre des lieues majeures. Le méridien qui passe par le point qui termine ce nombre, marque sur la ligne est-ouest le nombre des lieues mineures.

Au reste, en comptant les lieues majeures ou les lieues mineures, on fait valoir chaque intervalle des arcs pour les lieues majeures, ou chaque division de la ligne est-ouest, un certain nombre de lieues, comme 4, 6, 10, &c.

J'ai expliqué, dans le *Dictionnaire universel de Mathématique*, &c. la maniere de résoudre les quatre problêmes du pilotage, avec le *quartier de réduction*. Je ne répéterai point ici ce que j'ai dit.

dans cet Ouvrage : mais je vais faire connoître en quoi confiste la folution de ces problêmes.

Si on a lu l'art, PILOTAGE, on fçait que les problêmes de cet art confiftent dans la réfolution d'un triangle rectangle. Or il y a deux façons de parvenir à cette réfolution. La premiere confifte en un calcul de trigonométrie, & la feconde en des triangles femblables. C'eft cette feconde façon qu'on emploie par le *quartier de réduction*. On forme fur cet inftrument des triangles femblables à ceux qui font l'objet des queftions à réfoudre; & comme les triangles femblables ont leurs côtés proportionnels, ceux qu'on forme fur le *quartier de réduction*, étant réfolus, les autres le font auffi, en ayant égard à leur proportion. Un exemple rendra ceci très-intelligible.

Connoiffant la différence en latitude du lieu du départ à celui de l'arrivée, & le rumb de vent qu'on a fuivi, on demande la longitude du lieu où l'on eft. On a ici le côté V A d'un triangle rectangle (*Pl. 1, Fig. 16.*), l'hypoténufe de ce triangle, ou le côté V B, & l'angle A V B, qui eft celui que fait le vent, avec la ligne nord-fud, repréfentée par la ligne V A, laquelle repréfente elle-même un méridien, qui font connus, & il s'agit de connoître le côté A B.

Pour réfoudre ce problême, par le *quartier de réduction*, on forme ce triangle fur cet inftrument de cette maniere. On réduit les degrés de la différence en latitude en lieues, en les multipliant par 20, & on compte ces lieues fur la ligne nord-fud de l'inftrument, en faifant valoir, s'il le faut, chaque divifion de cette ligne ou petit quarré, 1, 5, 10, ou 20 lieues, felon que cette différence en latitude eft plus ou moins grande, ou que ces lieues font en plus grand nombre. On tend enfuite le fil fur le degré du quart de cercle gradué, qui forme, avec la ligne nord-fud, un angle égal à celui de l'air ou rumb de vent ; on remarque le point auquel la ligne ou le parallele à la ligne est-ouest du *quartier* coupe le fil, & le triangle est formé. Il ne reste plus qu'à compter les intervalles ou les divisions de ce parallele, comprises entre la ligne nord-sud & le rumb de vent, & à faire valoir les divisions comme celles de la ligne nord-sud, pour avoir les lieues en longitude, qu'on réduit en degrés, en les divisant par 20.

On peut connoître en même temps le chemin qu'on a fait, en comptant le nombre des arcs de cercle, compris depuis le centre, jusqu'au point où le parallele coupe le fil, & en supposant que chaque arc vaut le même nombre de lieues que les divisions des autres côtés du triangle.

C'est toujours la même chose pour les autres problêmes du pilotage, soit qu'on cherche la latitude, le rumb de vent & le chemin qu'on a fait étant connus, ou toute autre condition du problême étant donnée. Tout ceci est trop clair pour s'y arrêter davantage.

QUARTIER-MAITRE. C'est un officier de marine, qui est l'aide du maître & du contre-maître. Ses fonctions sont de faire monter les gens de l'équipage au quart, de faire prendre & larguer les ris des voiles, d'avoir l'œil sur le service des pompes, d'avoir soin que le vaisseau soit net, & de veiller à ce que les matelots font, pour les faire travailler. Les Hollandois appellent cet officier *Esquiman*.

QUARTIER SPHÉRIQUE. C'est un instrument qui représente le quart d'un astrolabe ou d'un méridien, & avec lequel on résoud méchaniquement quelques problêmes d'astronomie, qui sont nécessaires dans l'art du pilotage, comme trouver le lieu du soleil, son ascension droite, son amplitude, sa déclinaison, l'heure de son lever & de son coucher, son azimut, &c. J'ai donné, dans le *Diction. universel de Mathématique & de Physique*, art. QUARTIER SPHÉRIQUE,

la conſtruction & l'uſage de cet inſtrument ; &
comme ce n'eſt point ici une invention abſolument
néceſſaire pour les pilotes , je renvoie à cet ouvrage
ceux qui voudront la connoître & en faire uſage.
A l'article COMPAS DE VARIATION , j'ai renvoyé à
celui-ci pour trouver l'azimut du ſoleil : c'eſt une
mépriſe. Ainſi , au lieu de lire « que j'explique à
ſon article (*voyez* QUARTIER SPHÉRIQUE) », il faut
lire que j'explique à l'article QUARTIER SPHÉRIQUE
du *Dictionnaire univerſel de Mathématique* , &c.
C'eſt l'Uſage VI qu'il faut conſulter ; & comme cet
uſage n'eſt pas deſtiné directement à déterminer
l'azimut , mais à trouver l'heure du jour , on le ra-
menera aiſément à ce problême , en ſuppoſant que
les méridiens de cet inſtrument ſont des azimuts ,
que l'équateur eſt l'horizon , & que le pole du
monde eſt le zénith. En effet le zénith eſt à l'horizon & aux azimuts ce que le pole du monde eſt à
l'équateur & aux méridiens.

QUEINS ou QLINS. *Voyez* ESQUAINS.

QUERAT. C'eſt la partie du bordage , compriſe entre
la quille & la premiere préceinte.

QUÊTE. C'eſt la ſaillie , l'élancement ou l'angle que
l'étrave & l'étambord font aux extrêmités de la
quille. Cet angle eſt plus grand à l'étrave qu'à l'é-
tambord.

QUEUE. C'eſt l'arriere-garde d'une armée navale.

QUEUE DE RAT. On appelle ainſi une mànœuvre qui va
en diminuant par le bout. Tel eſt le couet.

QUILLE. C'eſt une longue & groſſe piece de bois, ou l'aſſemblage de pluſieurs groſſes poutres miſes bout à
bout, qui ſoutient tout le corps d'un bâtiment, & qui
par conſéquent détermine la longueur du fond de
cale ; de ſorte qu'en comparant un vaiſſeau à un
ſquelette , les membres en ſont les côtés , & la *quille*
eſt l'épine du dos. C'eſt la premiere piece qu'on met
ſur le chantier de conſtruction. *Voyez* CONSTRUC-
TION.

Ses dimensions ordinaires sont une ligne six points de hauteur ou d'épaisseur par chaque pied de longueur ; sa largeur au milieu , dix lignes huit points par chaque pouce de sa hauteur : je dis sa largeur au milieu , parce qu'elle diminue d'un cinquieme vers ses extrêmités.

A l'égard de sa forme , presque tous les constructeurs la tiennent courbe vers le milieu , & la relevent par les extrêmités ; ce qu'on appelle lui donner de la tonture. La raison qui les détermine à agir ainsi, c'est 1°. d'empêcher les vaisseaux de s'arquer ou de diminuer l'apparence & le progrès de l'arquement , & 2°. de réunir l'eau au milieu du vaisseau , où est l'archipompe.

Une *quille* de hêtre , de soixante & douze pieds , coûtoit, dans le dernier siecle, 120 liv. si l'on en croit le P. *Fournier* (*Hydrographie* , pag. 38). Les choses ont bien changé ; car M. *Aubin* évalue le prix d'une *quille* d'un vaisseau de cent soixante-cinq pieds, 2000 liv. (*Dictionnaire de Marine* , art. CONSTRUCTION, pag. 307.) Cela est bien cher , & il y a sans doute ici une erreur. Pour moi, j'ai estimé la même *quille* 300 liv. & je crois qu'elle ne vaut pas davantage (*voyez* DEVIS) , suivant l'avis de gens habiles , que j'ai consulté.

QUILLE FAUSSE. *Voyez* FAUSSE QUILLE.

QUINTAL. C'est un poids de cent livres.

QUINTELAGE. *Voyez* LEST.

RAB   RAC

RABANER. C'eſt paſſer des rabans dans quelque choſe. Ainſi *rabaner* une voile, c'eſt y paſſer des rabans, afin de l'amarrer à la vergue.

RABANS ou COMMANDES. Petites cordes faites de vieux cablés, dont on ſe ſert pour garnir les voiles, afin de les ferler, & à pluſieurs autres amarrages, comme auſſi à renforcer les manœuvres. Les garçons de vaiſſeau ſont obligés d'en porter toûjours à leur ceinture, ſous peine de châtiment.

RABANS D'AVUSTE. Ce ſont des cordages faits à la main, de quatre ou ſix fils de carret.

RABANS DE PAVILLON. *Rabans* qui ſont paſſés dans la gaîne du pavillon, pour les amarrer au bâton du pavillon.

RABANS DE POINTS. Ce ſont de longues & menues cordes, qui ſervent à paſſer autour des voiles & des vergues, pour les lier enſemble.

RABANS DE SABORDS. *Rabans* qui ſervent à fermer & à ouvrir les ſabords.

RABANS DE VOILES. *Rabans* qui ſervent à amarrer les voiles aux vergues.

RABLES. Pieces de bois, rangées comme des ſolives, qui traverſent le fond des bateaux, & ſur leſquelles on attache les ſemelles, les planches & les bordages du fond.

RABLURE. Cannelure ou entaille, que le charpentier fait le long de la quille du vaiſſeau, pour emboîter les gabords, & à l'étrave & à l'étambord, pour placer les bouts des bordages & des ceintes.

RACAGE. Aſſemblage de petites boules enfilées l'une avec l'autre, comme les grains d'un chapelet, qu'on met autour du mât, vers le milieu de la vergue, pour accoler l'une & l'autre, afin que le mouvement de cette vergue soit plus facile, & qu'on puisse par conséquent l'amener plus promptement. La vergue de civadiere n'a point de *racages*, parce qu'on ne l'amene point.

RACAMBEAU. Anneau de fer, fort menu, par le moyen duquel la vergue d'une chaloupe est assujettie au mât. Il lui tient lieu de racage.

RACCOMMODER. *Voyez* RADOUBER.

RACHE DE GOUDRON. C'est la lie du mauvais goudron.

RACLE ou GRATOIR. Petit ferrement tranchant, qui est emmanché de bois, & qui sert à grater les vaisseaux, pour les tenir propres.

RACLE DOUBLE. C'est une *racle* à deux tranchans.

RACLE GRANDE, ou GRANDE RACLE. *Racle* qui sert à nettoyer les parties qui sont sous l'eau.

RACLE PETITE, ou PETITE RACLE. *Racle* qui sert à nettoyer les parties qui sont hors de l'eau.

RADE. Espace de mer, à quelque distance de la côte, qui est à l'abri de certains vents, & où l'on peut jetter l'ancre. Les vaisseaux y mouillent même ordinairement, en attendant le vent ou la marée propre pour entrer dans le port, ou pour faire voile. *Voyez* l'*Ordonnance de la Marine* de 1681, livre IV, titre VIII.

Une bonne *rade* est celle dont le fond est net de roches, qui a la tenue bonne, & où l'on est à l'abri de plusieurs vents.

RADE FORAINE. *Rade* où il est permis à tous vaisseaux de mouiller avec sûreté de la part de ceux à qui elle appartient.

RADEAU. Assemblage de plusieurs pieces de bois, jointes & liées fortement ensemble, qui sert à voiturer des marchandises sur les rivieres. C'est le principe ou la premiere sorte de bâtiment dont on a fait usage sur mer. *Voyez* ARCHITECTURE NAVALE.

On donne aussi le nom de *radeau* à un train

de bois, que l'on fait venir à flot sur une riviere.

RADER. C'est mettre à la rade.

RÁDIOMETRE. *Voyez* ARBALÈTE.

RADOUB. C'est le travail qu'on fait pour réparer quelque dommage qu'a reçu le corps du vaisseau. Les matieres dont on se sert, sont des planches, des plaques de plomb, des étoupes, du brai, du goudron, & en général, tout ce qui peut arrêter les voies d'eau.

RADOUBER. C'est donner le radoub. *Voyez* RADOUB. On dit raccommoder, lorsqu'il s'agit de réparer des manœuvres.

RAFRAICHIR. Ce terme a plusieurs significations. On dit : *rafraîchir le canon*, lorsqu'on met du vinaigre & de l'eau dans la volée, lorsqu'il a tiré environ sept coups ; *rafraîchir la fourrure*, quand on fait changer de place à la fourrure que l'on met tout autour d'un cable ; & que *le vent se rafraîchit*, lorsqu'il devient plus fort.

RAFRAICHISSEMENT. Nom général ou collectif, qu'on donne à toutes sortes de vivres agréables & nécessaires, comme du pain frais, de la viande fraîche, des herbes, du fruit, &c. & pour les matelots, du tabac, de l'ail & de l'eau de vie.

RAFFALES ou RAFFALS. Ce sont de certaines bouffées de vent, qui choquent les voiles avec tant de force, que si l'on ne baisse avec diligence les huniers, & qu'on ne largue point promptement les écoutes, on est en danger de démâter ou de sombrer sous voiles.

RAQUÉ. Epithete qu'on donne à un cordage gâté, écorché ou coupé.

RAQUER. C'est se gâter. On dit que deux cables se *raquent*, quand ils se touchent & s'écorchent en se frottant

RAISONNER A LA PATACHE ou A LA CHALOUPE. C'est quand on vient mouiller, & que la patache ou la chaloupe qui est de garde, vient reconnoître le vaisseau, montrer la permission qu'on a de mouiller dans le port, & lui rendre compte de la route qu'il a faite, & de celle qu'il doit faire, afin d'ôter les défiances, & d'avoir congé d'y entrer.

RALINGUER. On sous-entend le verbe *faire*. C'est faire couper le vent par la ralingue, ensorte qu'il ne donne point dans les voiles.

RALINGUES. Ce sont des cordes cousues en ourlet tout autour de chaque voile & de chaque branle, pour en renforcer les bords.

On dit : *tenir en ralingue*, ou *mettre en ralingue* : c'est tenir un vaisseau, ou le disposer de maniere que le vent ne donne point dans les voiles.

On dit encore : *mets en ralingue*, ou *fais ralinguer* : c'est un commandement au timonnier, de faire ralinguer les voiles.

RALLIER. On sous-entend le pronom *se*, & on dit : *se rallier* à quelque chose : c'est s'en approcher. Ainsi *se rallier à terre* : c'est s'approcher de terre.

RALLIER UN VAISSEAU AU VENT. C'est mener un vaisseau au vent.

RAMBADES. Ce sont deux élévations égales, d'environ quatre pieds $\frac{1}{2}$ chacune, divisées par le coursier, sur chacune desquelles quatorze ou quinze hommes peuvent se placer pour combattre.

RAMBERGE. Sorte de petit vaisseau, propre à aller faire des découvertes. Autrefois on appelloit ainsi, en Angleterre, des vaisseaux de guerre, & on donne aujourd'hui ce nom à de petits bâtimens qui servent dans les rivieres de ce pays.

RAME. Longue piece de bois, dont l'une des extrêmités est applatie, & qui étant appuyée sur le bord d'un bâtiment, sert à le faire siller. La partie qui est hors du vaisseau, & qui entre dans l'eau, s'appelle le *Plat* ou la *Pale*, & celle qui est en dedans, & où les rameurs appliquent leurs mains, afin de la mettre en mouvement, se nomme le *Manche de la rame*. Pour faire siller un bâtiment, par le moyen de cette pièce de bois, les rameurs tournent le dos à la proue, & tirent le manche de la *rame* vers eux, c'est-à-dire, la tirent vers la proue, afin que la pale avance vers la pouppe : mais la pale ne peut point avancer dans ce sens, sans frapper l'eau ; & comme cette impulsion est la même que si l'eau frappoit la pale de pouppe à proue, le bâtiment est mu selon cette direction. Delà il suit que plus la pale se meut dans l'eau avec force, c'est-à-dire, plus son choc est grand, plus le vaisseau fille vîte. Pour augmenter ce choc, presque tous les mathématiciens prétendent qu'on doit situer tellement la *rame* sur le bord du bâtiment, qu'elle soit divisée en deux parties égales par l'apostis ou le point autour duquel elle se meut ; & cette prétention est fondée sur ce que, dans cette situation, le produit des deux parties de la *rame* est un *maximum*, c'est-à-dire, le plus grand qu'il est possible. Cependant, malgré cette raison, M. *Euler*, qui a publié là-dessus un beau Mémoire, parmi les derniers de l'*Académie Royale des Sciences de Berlin*, M. *Euler*, dis-je, veut que la partie extérieure excede l'autre. Il a aussi inséré un long chapitre sur les effets de cette machine dans sa Science navale (*Scientia navalis. De actione remorum*, ch. VII.) Il y a des choses bien curieuses dans ce chapitre. L'auteur y calcule la vîtesse que doit acquérir le vaisseau, suivant l'action des *rames* ; il propose des machines qu'il estime plus efficaces que cette action, &c. & tout cela doit être lu dans l'ouvrage même. On trouvera aussi de nouvelles idées sur ces machines qu'on veut substituer aux *rames*, dans le *Dictionnaire universel de Mathématique*, &c. & la théorie en quelque sorte de ces avirons.

Les Latins appelloient les *rames Remi*, & quelquefois *Palmæ* ou *Palmulæ*. On leur donnoit aussi autrefois le nom de *Tonsæ*, à cause qu'elles frappent les flots, & qu'elles les coupent. *Et in lento luctantur marmore tonsæ*. Un quatrième nom qu'avoient les

rames

rames dans l'antiquité, étoit *Scalmes*, qui signifie Cheville, parce qu'il y avoit une cheville à chaque *rame*.

Plutarque dit que *César* s'embarqua à Brindes, pour passer un trajet de mer, sur une barque à douze escalmes. A l'égard des bancs où étoient assis ceux qui les faisoient mouvoir, les Grecs les nommoient *Ziga*, & les Latins *Transtra*.

Quasi transversim strata consident transtris.

Virg. Æneid. liv. v.

RAMEADES, *terme de galere.* Ce sont deux postes auprès de l'éperon & de l'arbre de trinquet, hauts d'environ quatre pieds & demi, sur chacun desquels quatorze ou quinze hommes peuvent se placer pour combattre.

RAMER. *Voyez* NAGER.

RAMEUR. C'est celui qui rame.

RANG. Terme dont on se sert pour distinguer la grandeur & la capacité des vaisseaux de guerre. *Voyez* VAISSEAU.

RANG DE RAMEURS. On appelle ainsi, sur la Méditerranée, & dans les bâtimens de bas-bord, le travail des forçats qui sont sur les bancs, & l'effet des rames. Ainsi on dit : aller à la voile & aux *rangs*, pour dire, aller à la voile & aux rames.

RANGER. C'est passer auprès de quelque chose. *Ranger la terre* : c'est passer auprès de la terre. *Ranger la côte* : c'est naviger terre à terre, en côtoyant le rivage.

RANGER LE VENT. C'est cingler à six quarts de vent, près du rumb d'où il vient. On dit que le vent se *range* de l'avant, lorsque le vent prend le vaisseau par proue, & qu'il devient contraire à la route ; qu'il se *range* au nord, au sud, &c. quand il vient à souffler du côté du nord ou du sud, &c.

RANGUE. Commandement de faire ranger des hommes le long d'une manœuvre, ou sur quelqu'autre corde.

RAPIDE. Epithete qu'on donne à quelques fleuves ou à certains lieux, où l'eau descend avec telle rapidité, qu'on est obligé d'y faire portage lorsqu'on remonte. *Voyez*, à l'art. PORTAGE, *Faire portage*.

RAQUE ou POMME DE RACAGE, ou CARACOLETS. C'est une boule percée, qui sert à faire un racage. *Voyez* RACAGE.

RAQUE DE HAUBANS. *Raque* qu'on met dans les grands haubans, & dans les haubans de misaine, où passent les cargues, les bras, &c.

RAQUE ENCOCHÉE. *Raque* gougée, qui a une coche tout autour, dans laquelle on passe le bitord, qui sert à l'amarrer.

RAQUE GOUGÉE. C'est une *raque* à laquelle on a fait une échancrure sur le côté, telle qu'on y peut faire entrer une corde d'une moyenne grosseur.

RAS. Epithete qu'on donne à un bâtiment qui n'est point ponté. Le brigantin, la chaloupe & la barque longue sont des bâtimens *ras*.

RAS A L'EAU. On appelle ainsi un bâtiment qui, étant ponté, est bas de bordage, & qui a sa ligne d'eau proche du platbord, ou du moins proche du feuillet des sabords de sa batterie basse.

RAS DE COURANT. *Voyez* RAT.

RASE. C'est de la poix mêlée avec du brai, dont on se sert pour calfater un vaisseau.

RASER. C'est ôter à un vaisseau ce qu'il a d'œuvres mortes sur les hauts.

RASSADE. *Voyez* VERROTERIE.

RASTEAU ou RATELIER. C'est le nom qu'on donne à cinq ou six poulies qu'on met de rang l'une sur l'autre, le long de la liure du mât de beaupré, pour y passer les manœuvres de ce mât.

RASTEAUX ou RATEAUX. Ce sont de menues pieces de bois, dentelées, que l'on cloue au dessous du milieu des deux grandes vergues ; sçavoir, la grande

vergue & la vergue de misaine, & dans lesquelles
passent les aiguillettes qui tiennent la tête de la voile
à la place des rabans, parce qu'on n'en peut pas
mettre en cet endroit.

RATEAUX ou RATELIERS A CHEVILLOTS. Petites traverses de bois, qu'on met en quelques endroits, & surtout dans les haubans d'artimon, avec des chevillots,
pour y amarrer de petites manœuvres.

RAT. Espece de ponton, composé de planches, qui sont
attachées sur quelques mâts, & sur lequel se mettent
les charpentiers & les calfateurs, pour radouber ou
caréner le vaisseau.

RAT ou RAS. C'est un courant rapide & dangereux, ou
un changement dans le mouvement des eaux, c'est-
à-dire des contre-marées, qui sont ordinairement
dans une passe ou dans un canal.

RAT. On sous-entend *à queue de*. *Voyez* COUET A QUEUE
DE RAT.

RATELIER. *Voyez* RASTEAU.

RATION. C'est la portion de biscuit, de viande, de
poisson, de légumes, &c. & la mesure de vin &
boisson qu'on distribue par jour dans les vaisseaux,
pour la subsistance de l'équipage. Suivant l'*Ordonnance* de 1689, liv. X, tit. III, la *ration* de chaque
matelot & soldat, par jour, est composée de dix-
huit onces de biscuit, poids de marc, de trois quarts
de pinte de vin, mesure de Paris, mêlés avec une
égale quantité d'eau. Il y a quatre repas de viande
par semaine, trois de poisson, & sept de légumes.
Les dimanches, mardis & jeudis, on donne dix-huit
onces de lard cuit pour le dîner de sept hommes ;
les lundis, trois livres & demie de bœuf, sans pieds,
ni têtes ; & les mercredis, vendredis & samedis,
vingt-huit onces de morue crue. On donne tous les
jours, à souper, vingt-huit onces de pois, gruau,
fèves, fayoles ou autres légumes, crus, ou quatorze
onces de ris, aussi cru. On assaisonne ainsi tous ces
mets : la viande, d'une pinte de bouillon, quand elle

est cuite ; la morue, d'un demi-quart de pinte d'huile d'olive , & d'un quart de pinte de vinaigre, pour sept hommes ; & les pois, feves, fayoles, ris ou gruau, de sel & d'une chopine d'huile pour la *ration* de cent hommes, versée dans la chaudiere , sur le bouillon qui est distribué avec les légumes. Enfin on donne entre les repas, à la partie de l'équipage qui fait le quart , du breuvage composé d'eau & de vinaigre.

RATION DOUBLE. C'est une *ration* augmentée à l'occasion de quelque réjouissance.

RATION ET DEMIE. C'est la subsistance d'un officier de marine.

RAVALEMENT. Nom qu'on donne à des retranchemens faits sur le haut de l'arriere de quelque vaisseau, pour y mettre les mousquetaires.

RAYON ASTRONOMIQUE. *Voyez* ARBALÊTE.

RÉALE. Nom de la principale galere d'un royaume indépendant. *Voyez* GALERE RÉALE.

REBANDER. Terme bas, qui signifie Remettre à l'autre bord , retourner à un autre côté.

REBANDER A L'AUTRE BORD. C'est courir sur un autre air de vent.

REBORDER ou RABORDER. C'est tomber une seconde fois sur un vaisseau.

RECHANGE. Nom général, qu'on donne à toutes les manœuvres , voiles , vergues , funins , &c. qu'on met en réserve, pour s'en servir au défaut de celles qui sont en place. On appelle, sur le Levant, les voiles & les vergues de *rechange* , *Voiles & Vergues de respect* , *Voiles & Vergues de répit.*

RECLAMPER. C'est raccommoder un mât ou une vergue , quand ils sont rompus.

RECONNOITRE. C'est approcher d'un vaisseau , pour examiner sa grosseur , les forces qu'il peut avoir , & de quelle nation il est.

RECONNOÎTRE UNE TERRE. C'est observer la situation d'une terre , afin de sçavoir quelle terre c'est.

RECOURIR LES COUTURES. C'est repasser légérerement le calfat sur les coutures d'un vaisseau.

RECOURIR SUR UNE MANŒUVRE. C'est suivre une manœuvre dans l'eau, avec une chaloupe, la tenant à la main.

On dit : *faire recourir une manœuvre* ; cela veut dire, Pousser une manœuvre jusqu'où elle doit aller.

On dit encore : *faire recourir l'écoute, la bouline, le couet de revers* ; ce qui signifie Pousser l'écoute, la bouline, &c. en avant, pour leur donner du balant.

RECOUVRE. Commandement de haler une manœuvre, & de la tirer dans un vaisseau.

RECOUVRER. C'est tirer une manœuvre dans le vaisseau.

RECOUX. Terme synonime à reprise. *Voyez* **REPRISE.**

RECUL DU CANON. C'est le mouvement que le canon fait en arriere lorsqu'on le tire, qui est ordinairement de dix à douze pieds, mais qu'on diminue avec des bragues & des palans.

REFLUX. *Voyez* **FLUX.**

REFOULER. C'est aller contre la marée.

On dit que la marée *refoule*, lorsqu'elle descend.

REFOULOIR. C'est un long bâton garni d'un gros bouton plat, dont on se sert pour refouler la charge des canons.

REFOULOIR DE CORDES. *Refouloir* qui est emmanché de cordes, dont on se sert quand on est obligé de charger une piece de canon en dedans du vaisseau.

REFRANCHIR. On sous-entend le pronom *se*. Terme synonime à s'épuiser. Ainsi on dit que l'eau de pluie ou les vagues, qui sont entrées dans un vaisseau, *se refranchissent*, quand elles s'épuisent, & que leur quantité diminue par le moyen des pompes.

REFREIN. C'est le retour du réjaillement des houles ou grosses vagues de la mer, qui vont se briser contre des rochers.

S iij

REFUSER. On dit qu'un vaisseau a *refusé*, quand il a manqué à prendre vent devant.

REGATES. On appelle ainsi des courses de barques, qui se font en forme de carrousel, sur le grand canal de Venise, où il y a un prix destiné pour le vainqueur.

RELACHE. On appelle ainsi l'endroit où est arrivé un vaisseau qui a relâché.

RELACHER. C'est discontinuer de faire route en droiture, pour mouiller, ou dans le port d'où l'on est parti, ou dans quelque parage qui se rencontre sur la route, soit parce que le vent est contraire, ou qu'il est arrivé quelque accident au vaisseau.

RELACHER. C'est permettre à un vaisseau, qui avoit été arrêté, de s'en aller.

RELAIS. *Voyez* LAISSES.

RELEVEMENT. C'est la différence qu'il y a en ligne droite, ou en hauteur, de l'avant du pont à son arriere.

RELEVER. C'est remettre un vaisseau à flot, lorsqu'il a échoué, ou qu'il a touché le fond. C'est aussi le redresser, lorsqu'il est à la bande.

RELEVER L'ANCRE. C'est changer l'ancre de place, ou la mettre dans une autre situation.

RELEVER LE QUART. C'est changer le quart. *Voyez* QUART.

RELEVER LES BRANLES. C'est attacher les branles vers le milieu, près du pont, afin qu'ils ne nuisent, ni n'empêchent de passer entre les ponts.

REMÉDIER A DES VOIES D'EAU. C'est boucher des voies d'eau.

REMOLAR, *terme de galere. Voyez* REMOULAT.

REMOLE. Contournement d'eau, qui est quelquefois si dangereux, que le vaisseau en est englouti.

REMONTER. C'est naviger contre le courant d'une riviere.

REMORQUER. C'est faire voguer un vaisseau à voiles,

par le moyen d'un vaisseau à rames. Quelques éty-
mologistes croient que ce mot *remorquer* vient de
remus & de *mulco*, parce que le vaisseau est conduit
doucement avec des rames, par cette manœuvre.
D'autres le font dériver d'un mot grec, qui signifie
Tirer avec des cordages. (*Vigenere Anno.* sur *César*,
liv. XXXVII.) Ce qu'il y a de certain, c'est que
nous devons aux Anciens l'usage de *remorquer* les
vaisseaux ; car on lit dans un ancien poëte, nommé
Valgius,

Hic mea me longo succedens prora remulco,

Lætantem gratis sistit in hospitiis.

On *remorquoit* alors avec des vaisseaux ouverts,
suivant ce que nous apprend *Tite-Live.* (*Tit. Liv.*
liv. XXV.) On se servoit aussi d'esquifs & de chaloupes, comme le remarque *Festus*, & quelquefois
de grands vaisseaux de guerre. *Marcellus remorqua*
un navire de charge avec une galere de quatre rangs
de rames. On employoit également à cette manœuvre des vaisseaux sans rames, & conduits par le vent
seul. C'est ainsi que *César* attacha à ses navires de
guerre les navires de charge qu'il avoit pris sur les
ennemis, & qu'il les mena à Alexandrie. (*Hist.
de bell. Alex.* ch. II.)

REMOULAT, *terme de galere.* C'est le nom de celui
qui a soin des rames, & qui les tient en état.

REMOUX. Ce sont certains tournans d'eau, qui se forment autour du vaisseau, pendant qu'il sille.

RENARD. Espece de croc de fer, avec lequel on prend
les pieces de bois qui servent à la construction des
vaisseaux, pour les transporter d'un lieu à un autre.

RENARD. Petite palette de bois, sur laquelle on a figuré
les trente-deux airs ou rumbs de vent. A l'extrêmité
de chaque rumb, il y a six petits trous, qui sont en
ligne droite. Les six trous représentent les six hor-

loges ou les six demi-heures du quart du timonnier qui, pendant son quart, marque avec une cheville, sur chaque air de vent , combien le vaisseau a couru de demi-heures ou d'horloges. De maniere que si le sillage du vaisseau a été sur le nord , pendant quatre horloges, le timonnier met la cheville au quatrieme trou du nord ; & cela sert à assurer l'estime & le pointage. On attache le *renard* à l'artimon , proche l'habitacle.

On voit bien que ceci est une espece de journal méchanique , par lequel on tient compte du sillage du vaisseau & de sa direction , bien inférieur à un journal véritable. *Voyez* JOURNAL. Aussi je ne connois que M. *Aubin* qui ait parlé de cette espece d'instrument , & on n'en trouve la description dans aucun Traité de pilotage.

RENCONTRE. Commandement au timonnier , de pousser la barre du gouvernail du côté opposé à celui où il l'avoit poussée.

RENDEZ-VOUS. C'est le lieu convenu entre les vaisseaux d'une flotte, où ils doivent se réunir, au cas qu'ils viennent à être dispersés.

RENDRE LE BORD. C'est venir mouiller ou donner fond dans un port ou dans une rade.

Les vaisseaux de guerre ne doivent *rendre le bord* , s'ils n'ont point d'ordre , qu'après avoir consumé tous leurs vivres.

RENVERSEMENT. On sous-entend *charger par.* C'est transporter la charge d'un vaisseau dans un autre.

REPIT. *Voyez* RECHANGE.

REPRENDRE. On ajoute *une manœuvre.* C'est replier une manœuvre , ou y faire un amarrage.

REPRISE. C'est la capture d'un vaisseau qui avoit été pris par les vaisseaux ennemis.

RÉSINE. C'est une liqueur oléagineuse & épaisse, qui découle des pins , des sapins, des meleses, des cyprès , &c. dont on se sert pour calfater les vaisseaux. *Voyez* CALFAT. Il y a encore une *résine* seche, qu'on

tire des pommes de pin, de sapin & de la pesse, &
qu'on appelle proprement *Poix-résine*. Sa bonté,
comme celle de la précédente, consiste à être odo-
rante, transparente & d'un jaune pâle.

RESSAC. C'est le choc des vagues de la mer, qui se déploient avec impétuosité contre une terre, & qui
s'en retournent de même.

RESSIF ou RECIF, *terme de l'Amérique*. Chaîne de
rochers, qui sont sous l'eau.

RESTAUR. C'est le dédommagement ou la ressource
qu'ont les assureurs les uns contre les autres, suivant
la date de leurs assurances, ou contre le maître, si
le dommage provient de sa part.

RESTER. On dit qu'une terre ou un vaisseau *reste* à un
air de vent, lorsqu'il se trouve dans la ligne de cet
air de vent, par rapport à la chose dont on parle.

RETENUE. *Voyez* CORDE DE RETENUE, & ATTRAPE.

RETOUR DE MARÉE. C'est le retour du reflux.

On se sert aussi de cette expression pour désigner
un endroit de terre, qui forme des courans causés
par une terre voisine.

RETRAITE. Lieu où les pirates se mettent en sûreté.

RETRAITES DE HUNE, ou CARGUES DE HUNE.
Ce sont des cordes qui servent à trousser le hunier.

RETRANCHEMENT. C'est, outre les chambres ordinaires, une espece de chambre prise sur un empla-
cement du vaisseau.

RÉTRECISSEMENS DES GABARITS. Ce sont des
endroits où les alonges, qui sont dans les gabarits,
rentrent & tombent en dedans, & rétrecissent ainsi
la largeur du vaisseau.

REVERDIE. On appelle ainsi, sur certaines côtes de
Bretagne, les grandes marées. *Voyez* MARÉE.

REVERS. On caractérise, par ce terme, tous les membres qui se jettent en dehors du vaisseau, comme
certaines alonges & certains genoux. *Voyez* ALON-
GES DE REVERS, & GENOUX DE REVERS.

On appelle aussi *Manœuvres de revers* les écoutes,

les boulines & les bras qui font fous le vent, qu'on a larguées, & qui ne font plus d'ufage jufqu'à ce que le vaiſſeau revire de bord. On s'en fert alors à la place des autres , qui en ceſſant d'être du côté du vent, deviennent *manœuvres de revers*.

REVERS D'ARCASSE. Portion de voûte de bois , faite à la pouppe d'un vaiſſeau, foit pour foutenir un balcon, foit pour un fimple ornement, ou pour gagner de l'eſpace. *Voyez* VOUTE.

REVERS DE L'ÉPERON. C'eſt la partie de l'éperon, comprife depuis le dos du cabeſtan , jufqu'au bout de la cagouille.

REVIREMENT. C'eſt le changement de route ou de bordée , lorſque le gouvernail eſt pouſſé à bas-bord ou à ſtribord , afin de courir fur un autre air de vent que celui fur lequel le vaiſſeau a déja couru quelque temps.

REVIREMENT PAR LA TÊTE, REVIREMENT PAR LA QUEUE. Mouvement d'une armée ou d'une eſcadre qui eſt fous voiles, lorſqu'elle veut changer de bord, en commençant par la tête ou par la queue de l'armée. *Voyez* EVOLUTIONS.

REVIRER. C'eſt tourner le vaiſſeau pour lui faire changer de route. *Voyez* MANEGE DU NAVIRE.

REVIRER DANS LES EAUX D'UN VAISSEAU. C'eſt changer de bord derriere un vaiſſeau ; enforte qu'on court le même rumb de vent en le fuivant.

REVIRER DE BORD DANS LES EAUX D'UN VAISSEAU. C'eſt changer de bord dans l'endroit où un autre vaiſſeau doit paſſer.

REVOLIN. C'eſt un vent qui choque un vaiſſeau par réflexion ; ce qui cauſe de facheux tourbillons dont les vaiſſeaux font tourmentés , foit qu'ils faſſent voiles , ou qu'ils foient à l'ancre.

RIBORD. C'eſt le fecond rang de planches qu'on met au deſſus de la quille , pour faire le bordage du vaiſſeau. Ce rang forme, avec le gabord, la coulée du bâtiment. *Voyez* GABORD.

RIBORDAGE. C'est le prix établi, par les marchands, pour le dommage qu'un vaisseau fait quelquefois à un autre, en changeant de place, soit dans un quai, soit dans une rade. Ce dommage se paie ordinairement par moitié, lorsque l'action est intentée.

RIDE. Corde qui sert à en roidir une plus grosse.

RIDER. C'est roidir.

RIDER LA VOILE. *Voyez* RIS.

RIDES DE HAUBANS. Ce sont des cordes qui servent à bander les haubans, par le moyen des cadènes & des caps de mouton, qui se répondent par ces cordes. Celles qui sont entre les haubans de stribord & de bas-bord, s'appellent *Pantocheres*. Elles bandent ces haubans, & les soulagent lorsque le vaisseau tombe sur le côté, en allant à la bouline; car à mesure que les haubans de stribord se lâchent, ceux de bas-bord se roidissent, & les tiennent en état.

On appelle aussi *Rides* les cordes qui amarrent le mât de beaupré à l'éperon.

RIDES D'ÉTAI. *Rides* qui servent à joindre l'étai avec son collier.

RIME. On sous-entend *Longue*. Commandement à l'équipage d'une chaloupe, de prendre beaucoup d'eau avec les pelles des rames, & de tirer longuement dessus ces rames.

RIME BONNE, ou BONNE RIME. Commandement aux matelots du dernier banc d'une chaloupe, de voguer ou ramer comme il faut.

RINGEAU ou RINJOT. C'est l'endroit où la quille & l'étrave d'un vaisseau se joignent.

RIS. Rang d'œillets, avec des garcettes qui sont en travers d'une voile, à une certaine hauteur. Les garcettes servent à diminuer la voile par le haut, quand le temps est mauvais; ce qui s'appelle Prendre un *ris. Voyez* PRENDRE UN RIS.

RISSONS, *terme de galere*. Ce sont des ancres qui ont quatre branches de fer.

RIVAGE. C'eſt le bord de la mer.

RIVIERE ou FLEUVE. C'eſt un grand canal extrêmement long, formé naturellement, dans lequel il y a de l'eau qui coule continuellement. Il tire ſa ſource du ſein même de la terre, & ſe décharge dans la mer. Le fleuve le plus fameux eſt le Danube, qui prend ſa ſource près de Brukerlein, parmi les montagnes de la forêt noire, & ſe décharge dans la Mer Noire, par pluſieurs embouchures. Sa longueur eſt d'environ ſept cens cinquante lieues ; ſa profondeur eſt de cent cinq pieds, au pont de Peter-Varadin. M. le comte de *Marſigli* a donné une deſcription très-exacte de ce fleuve, de même que celle des *rivieres* qui s'y jettent, comme la Drave, la Teiſſe, la Save, la Morave, le Pruth, &c. (*Danubii Panon. Myſic.*) Le ſecond fleuve de l'Europe eſt le Rhin, qui a ſa ſource dans les Alpes, au pied du mont Saint-Gothard, & qui naît de trois fontaines, leſquelles produiſent trois ruiſſeaux différens, dont l'un eſt appellé le Haut-Rhin, l'autre le Bas-Rhin, & le troiſieme le Rhin du milieu. Le premier de ces ruiſſeaux eſt à l'orient, & le ſecond à l'occident. Les autres fleuves remarquables d'Allemagne ſont l'Elbe, l'Oder & le Weſer. Ceux d'Italie ſont le Pô, l'Arno & le Tybre. Il y a en Eſpagne & en Portugal le Douro, la Minha, le Tage, la Guadiane, le Guadalquivir & l'Iber ; en Angleterre, le Hamber ; en Pologne, la Viſtule, &c. & en France, le Rhône, la Loire, la Garonne & la Seine.

Les *rivieres* des autres parties de la terre ſont : le Jeniſca, dans la Tartarie Moſcowite, qui a ſon embouchure dans la Mer Glaciale ; l'Oby ou le Kem, qui ſe décharge dans un grand golfe, vis-à-vis la Nouvelle Zemble ; le Lenou Lena, dont l'embouchure eſt dans la Mer Glaciale ; la Wolga, dans la Moſcowie, laquelle ſe décharge dans la Mer Caſpienne, près d'Aſtracan : ſa principale branche eſt la Kama, qui s'étend vers la Sibérie ; le Dnieper &

le Don, qui se jettent dans la Mer Noire ; l'Indus,
le Gange, l'Ava, la Menancon, dans l'Indostan ;
l'Euphrate & la Tigris, en Perse ; le Hoancho ou le
Fleuve Jaune, qui a plus de neuf cens lieues de longueur, & le Kian, qui se jette, comme ce dernier
fleuve, dans la mer de la Chine ; l'Amur ou l'Onon,
dans la Tartarie orientale, qui a son embouchure
dans la mer de Kamschatka ; le Nil, le Niger & la
Gambie, dans l'Afrique ; le Missisipi, le fleuve Saint-
Laurent, le fleuve des Amazones, & le Rio de la
Plata, dans l'Amérique.

ROBA. Terme du Levant, qui signifie toutes sortes de
marchandises.

ROC D'ISSAS, ou **BLOC D'ISSAS.** *Voyez* Sep-de
DRISSE.

ROCHER, ROC ou **ROCHE.** C'est une masse de
pierre, qui s'élève au dessus de la surface de la mer,
vers les côtes & les isles, & qui cause souvent les
naufrages des vaisseaux, ou qui les détourne de leur
droite route.

ROCHES MOLLES. *Voyez* CAVES.

RODE DE POUPPE, & **RODE DE PROUE.** C'est,
dans une galere, ce qu'on appelle l'étambord, & l'é-
trave dans un vaisseau. *Voyez* GALERE.

ROMBAILLERE. Couverture de planches, qui couvrent
le dehors du corps de la galere, & qui sont attachées
avec de grands clous de fer, à travers des madiers
& des estemeraires.

ROSE DE VENT. C'est un morceau de carton ou de
corne, coupé circulairement, qui représente l'horizon, & qui est divisé en trente-deux parties, pour
représenter les trente-deux airs de vent. On suspend sur ce cercle une aiguille aimantée, ou l'on attache une aiguille aimantée à ce cercle, qu'on suspend dans une boîte, & l'on écrit à chaque division,
en commençant par le nord, les noms des vents,
dans l'ordre suivant.

Nom des rumbs de vent.

1. N. c'est-à-dire , Nord.
2. N. $\frac{1}{4}$ N. E. *Nord quart Nord-Eſt.*
3. N. N. E. *Nord-Nord-eſt.*
4. N. E. $\frac{1}{4}$ N. *Nord-Eſt quart Nord.*
5. N. E. *Nord-Eſt.*
6. N. E. $\frac{1}{4}$ E. *Nord-Eſt quart d'Eſt.*
7. E. N. E. *Eſt-Nord-Eſt.*
8. E. $\frac{1}{4}$ N. E. *Eſt quart Nord-Eſt.*
9. E. Eſt.
10. E. $\frac{1}{4}$ S. E. *Eſt quart Sud-Eſt.*
11. E. S. E. *Eſt-Sud-Eſt.*
12. S. E. $\frac{1}{4}$ E. *Sud-Eſt quart d'Eſt.*
13. S. E. *Sud-Eſt.*
14. S. E. $\frac{1}{4}$ S. *Sud-Eſt quart de Sud.*
15. S. S. E. *Sud-Sud-Eſt.*
16. S. $\frac{1}{4}$ S. E. *Sud quart Sud-Eſt.*
17. S. Sud.
18. S. $\frac{1}{4}$ S. O. *Sud quart Sud-Oueſt.*
19. S. S. O. *Sud-Sud-Oueſt.*
20. S. O. $\frac{1}{4}$ S. *Sud-Oueſt quart Sud.*
21. S. O. *Sud-Oueſt.*
22. S. O. $\frac{1}{4}$ O. *Sud-Oueſt quart d'Oueſt.*
23. O. S. O. *Oueſt-Sud-Oueſt.*
24. O. $\frac{1}{4}$ S. O. *Oueſt quart Sud-Oueſt.*
25. O. Oueſt.
26. O. $\frac{1}{4}$ N. O. *Oueſt quart Nord-Oueſt.*
27. O. N. O. *Oueſt-Nord-Oueſt.*
28. N. O. $\frac{1}{4}$ O. *Nord-Oueſt quart Oueſt.*
29. N. O. *Nord-Oueſt.*
30. N. O. $\frac{1}{4}$ N. *Nord-Oueſt quart Nord.*
31. N. N. O. *Nord-Nord-Oueſt.*
32. N. $\frac{1}{4}$ N. O. *Nord quart Nord-Oueſt.*

On donne , ſur la Méditerranée , d'autres noms à
ſes rumbs de vent : mais ceux-ci ſont conſtamment

reçûs pour la construction de la *rose des vents*. Voilà pourquoi je ne m'y arrêterai point. Les curieux les trouveront dans le *Dictionnaire universel de Mathématique & de Physique*, article ROSE DE VENT, de même que le détail historique de cet article. Je me contenterai de dire ici qu'on doit aux Grecs l'invention de deſſiner ainſi les rumbs de vent ſur un carton.

ROSTRALE. *Voyez* COURONNE NAVALE.

ROSTURE. Endroit qui eſt ſurlié de pluſieurs bouts de corde.

ROUCHE ou RUCHE. C'eſt la carcaſſe du vaiſſeau, tel qu'il eſt ſur le chantier, ſans mâture.

ROUE MANŒUVRES. Commandement de replier les manœuvres.

ROUER. C'eſt plier une manœuvre en rond.

ROUER A CONTRE. C'eſt plier une manœuvre de droite à gauche.

ROUER A TOUR. C'eſt plier une manœuvre de gauche à droite.

ROUET DE POULIE DE CHALOUPE. C'eſt une poulie de fonte ou de fer, qu'on met à l'avant ou à l'arriere de la grande chaloupe, pour lever l'ancre d'affourché, ou une autre ancre qu'on ne veut pas lever avec le vaiſſeau.

ROULER. On ſe ſert de ce verbe pour exprimer le mouvement de la mer, dont les vagues s'élevent & ſe déploient ſur un rivage uni, & le balancement d'un vaiſſeau, tantôt ſur l'un, tantôt ſur l'autre de ſes côtés.

ROULIS. C'eſt le balancement du vaiſſeau dans le ſens de ſa largeur. *Voyez* TANGAGE.

ROUTE. C'eſt le chemin que tient le vaiſſeau. On dit : *à la route*, lorſqu'on commande au timonnier de gouverner à l'air de vent qu'on lui a marqué.

On dit encore : *porter à route*, quand on court en droiture à l'endroit où l'on doit aller, ſans relâcher & ſans dérive.

ROUTE FAUSSE, ou FAUSSE ROUTE. C'eſt une *route* qui n'eſt point en droiture, ou qui ne conduit point du tout à celle que l'on doit tenir. On fait cette *route*, ſoit par la dérive, par des obſtacles qui ſe trouvent ſur la *route*, ou par erreur. On la fait auſſi volontairement, pour éviter un vaiſſeau ennemi, ou pour s'échapper d'un vaiſſeau qui chaſſe. *Voyez* CHASSER & LOUVIER.

ROUTIER. C'eſt ainſi qu'on a intitulé quelques Ouvrages de pilotage, qui contiennent des cartes marines, des vues des côtes, des obſervations ſur les diverſes qualités des parages, & des inſtructions pour la route des vaiſſeaux.

RUBORD ou REBORD. C'eſt le premier rang de bordages d'un bateau, qui ſe joint à la ſemelle. Le ſecond rang s'appelle le *Deuxieme bord*, le troiſieme rang *Troiſieme bord*, & on nomme *Sous-barque* le dernier rang, qui joint le deſſous du platbord.

RUCHE. *Voyez* ROUCHE.

RUM ou REUN. Eſpace pratiqué dans le fond de cale d'un vaiſſeau, pour y arranger les marchandiſes de ſa cargaiſon. C'eſt de ce mot que vient, à ce qu'on prétend, celui d'arrumer ou arrimer. Mais on ne ſçait point quelle eſt l'étymologie de celui de *rum*.

RUMB DE VENT. Terme ſynonime à air de vent. *Voyez* AIR DE VENT & ROSE DE VENT. C'eſt donc l'un des trente-deux airs de vent, qui vaut onze degrès quinze minutes. On appelle auſſi *Rumb de vent* la ligne que ſuit le vaiſſeau dans ſa route, ou ſa route; ce qui forme le triangle de navigation, dont on trouvera la réſolution à l'article PILOTAGE. Il y a auſſi quelques remarques a cet égard dans le *Dictionnaire univerſel de Mathématique*, &c. article RUMB DE VENT.

SABLE.

SABLE. Terme synonyme à horloge. *Voyez* HOR-
LOGE.

On dit : *manger son sable*, lorsqu'on tourne l'horloge avant que le *sable* ne soit écoulé, afin que le quart
soit plus court ; ce qui est une friponnerie punissable,
& à laquelle le quartier-maître doit avoir l'œil.

SABORD. Embrasure ou canonniere dans le bordage
d'un vaisseau, par laquelle passe un canon. La grandeur de cette embrasure est proportionnée au calibre
du canon. La plûpart des constructeurs lui donnent
trois pieds deux pouces pour un calibre de 48, trois
pieds pour un calibre de 36, deux pieds neuf pouces
pour un calibre de 24, deux pieds sept pouces pour
un calibre de 18, &c. ainsi des autres calibres à proportion. Il y a sur un vaisseau autant de rangs de *sabords*, qu'il y a de ponts. Leur distance dans ces
rangs est d'environ sept pieds, & ils ne sont jamais
percés les uns au dessus des autres. Au reste on appelle *Seuillets* leurs parties inférieure & supérieure.
Voyez encore BATTERIE.

On dit qu'il y a *tant de sabords par bande* : cela
signifie qu'il y a un tel nombre de *sabords* par chaque batterie.

SACQUIER. Petit officier établi en certains ports de
mer, pour charger & décharger le sel & les grains
d'un vaisseau, pour les transporter dans des sacs, d'où
lui vient le nom de *sacquier*.

SAFRAN. C'est la planche qui est à l'extrêmité du gouvernail d'un bateau foncet, & sur laquelle les planches du remplage sont appuyées. C'est aussi une
grosse piece de bois, qu'on ajoute au bas du gou-

vernail d'un yacht, & qui y fait une grande saillie en dehors.

SAFRAN DE GOUVERNAIL. Piece de bois, plate & droite, qu'on applique sur la longueur du gouvernail, afin qu'en lui donnant plus de largeur, elle en facilite l'effet.

SAFRAN DE L'ÉTRAVE. Piece de bois, qu'on attache depuis le deſſous de la gorgere, juſques ſur le rinjot, & qui ſert à faire venir le vaiſſeau au vent, lorſque par défaut de conſtruction, il y vient difficilement. Cela s'appelle *Donner la pince à un vaiſſeau.*

SAILLE. Exclamation que font les matelots lorſqu'ils élevent ou pouſſent quelque fardeau.

SAINE. *Voyez* SEINE.

SAINT AUBINET. C'eſt un pont de cordes, ſupporté par des bouts de mâts, poſés en travers ſur le plat-bord, à l'avant des vaiſſeaux marchands. *Voyez* encore PONT DE CORDES.

SAINTE-BARBE. Nom qu'on donne à la chambre des canonniers, parce qu'ils ont choiſi ſainte Barbe pour patrone. C'eſt un retranchement à l'arriere du vaiſ-ſeau, au deſſus de la ſoute, & au deſſous de la chambre du capitaine. *Voyez* la deſcription de la coupe du vaiſſeau, article VAISSEAU. On l'appelle auſſi *Gar-diennerie,* parce que le maître-canonnier y met une partie de ſes uſtenſiles. Il y a ordinairement deux ſabords pratiqués dans l'arcaſſe, pour battre parderriere, & le timon ou barre du gouvernail y paſſe.

SAIQUE. Sorte de bâtiment Grec, dont le corps eſt fort chargé de bois, qui porte un beaupré, un petit artimon & un grand mât, lequel s'éleve, avec ſon mât de hune, à une hauteur extraordinaire, étant ſoutenu par des galaubans & par un étai, qui répond à la pointe du mât de hune, ſur le beaupré. Il n'a ni miſaine, ni perroquet, ni haubans, & ſon pacfi porte une bonnette maillée. Les Turcs s'en ſervent, ſoit pour les voyages qu'ils font à la Meque, ou pour le commerce du Levant.

SAISINE. Petite corde, qui sert à en saisir une autre.

Saisine de beaupré, ou Liure. On appelle ainsi plusieurs tours de corde, qui tiennent l'aiguille de l'éperon avec le mât de beaupré.

SAISIR. C'est amarrer. *Voyez* Amarrer.

SALAISON. Temps propre à saler les viandes pour les embarquemens.

SALUT. Déférence ou honneur, qu'on rend entre les vaisseaux de différentes nations, & parmi ceux de même nation, qui sont distingués par le rang des officiers qui les montent & qui y commandent. Cette déférence consiste à se mettre sous le vent, à amener le pavillon, à l'embrasser, à faire les premières & les plus nombreuses décharges de l'artillerie, pour la salve ; à ferler quelques voiles, & particuliérement le grand hunier ; à envoyer quelques officiers à bord du plus considérable vaisseau, & à venir sous son pavillon, suivant que la diversité des occasions exige quelques-unes de ces cérémonies.

Voici ce qui est réglé à cet égard pour nos vaisseaux, tiré de l'*Ordonnance de la Marine* de 1689.

1°. Les vaisseaux du Roi, portant pavillon d'amiral, de vice-amiral, cornettes & flammes, salueront les places maritimes & principales forteresses des Rois, & le *salut* leur sera rendu coup pour coup à l'amiral & au vice-amiral, & aux autres par un moindre nombre de coups, suivant la marque de commandement.

Les places & forteresses de tous autres Princes & des Républiques, salueront les premières l'amiral & le vice-amiral, & le *salut* leur sera rendu d'un moindre nombre de coups par l'amiral, & coup pour coup par le vice-amiral. Les autres pavillons inférieurs salueront les premiers. Mais les places de Corfou, Zante & Céfalonie, & celles de Nice & de Villefranche en Savoie, seront saluées les premieres par le vice-amiral. Au reste, nul vaisseau de guerre ne saluera une place maritime, qu'il ne soit assuré que le *salut* lui sera rendu.

2°. Les vaisseaux du Roi, portant pavillon, & rencontrant ceux des autres Rois, portant pavillons égaux aux leurs, exigeront le *salut* de ceux-ci, en quelques mers & côtes que se fasse la rencontre ; ce qui se pratiquera aussi dans les rencontres de vaisseau à vaisseau, à quoi les étrangers seront contraints par la force, s'ils refusent de le faire.

3°. Le vice-amiral & le contre-amiral, rencontrant le pavillon amiral de quelqu'autre Roi, ou l'étendard royal des galeres d'Espagne, salueront les premiers. Le vaisseau portant pavillon amiral, rencontrant en mer ces galeres, se fera saluer le premier par celle qui portera l'étendard royal.

Les escadres des galeres de Naples, Sicile, Sardaigne & autres appartenantes au Roi d'Espagne, ne seront traitées que comme galeres patrones, quoiqu'elles portent l'étendard royal, & seront saluées les premieres par le contre-amiral : mais le vice-amiral exigera d'elles le *salut*, & les contraindra à cette déférence, si elles refusent de la rendre. La même chose aura lieu pour les galeres portant le premier étendard de Malte & de tous autres Princes & Républiques. A l'égard de la galere patrone de Gênes, tous les vaisseaux de guerre François exigeront d'elle le *salut*.

4°. Les vaisseaux portant cornettes & flammes, salueront les pavillons de l'amiral & contre-amiral des autres Rois, & se contenteront qu'on leur réponde, quoique par un moindre nombre de coups.

5°. Les vaisseaux des moindres états, portant pavillon d'amiral, & rencontrant celui de France, plieront leur pavillon, & salueront de vingt-un coups de canon ; & l'amiral de France ayant rendu le *salut* seulement de treize coups, les autres remettront leur pavillon.

Les vice-amiral & contre-amiral (de France) feront falués de la même maniere par les moindres états. Leur amiral faluera de même le premier le vice-amiral & contre-amiral de France : mais il ne pliera fon pavillon que pour l'amiral ; en forte que cette déférence de plier le pavillon, ne fera rendue par les moindres états, qu'aux pavillons égaux ou fupérieurs.

Les vaiffeaux du Roi, portant cornette, falueront l'amiral des moindres états ; & fe feront faluer par tous les autres pavillons de ces mêmes états.

6°. Lorfqu'on arborera le pavillon amiral, foit dans les ports ou à la mer, il fera falué par l'équipage du vaiffeau fur lequel il fera arboré, de cinq cris de vive le Roi, & les autres vaiffeaux le falueront en pliant leur pavillon, fans tirer du canon. Le pavillon du vice-amiral fera feulement falué par trois cris de tout fon équipage ; le contre-amiral & les cornettes, par un cri ; & à l'égard des flammes, elles ne feront pas faluées.

7°. Les vaiffeaux du Roi, portant pavillon de vice-amiral & contre-amiral, rencontrant en mer le pavillon amiral, le falueront de la voix, plieront leurs pavillons, & abaifferont leurs hautes voiles.

8°. Le contre-amiral, les cornettes ou autres vaiffeaux de guerre, abordant le vice-amiral, le falueront feulement de la voix, en paffant à l'arriere pour arriver fous le vent. Les vaiffeaux de guerre, qui ne porteront ni pavillons, ni cornettes, fe rencontrant à la mer, ne fe demanderont aucun *falut.*

9°. Lorfqu'il y aura plufieurs vaiffeaux de guerre enfemble, il n'y aura que le feul commandant qui faluera.

10°. Il eft défendu à tous commandans & capitaines François, de faluer les places des ports & rades du royaume où ils entrent & mouillent ordinairement, comme auffi de tirer du canon dans les occasions de revues & de visites particulieres, qui pourroient leur être faites sur leurs bords.

11°. L'amiral, le vice-amiral, le gouverneur de la province, faisant leur premiere entrée dans le port, seront seulement salués du canon. Le vaisseau portant pavillon amiral dans un port, rendra le *salut*. Le Roi se trouvant en personne dans ses ports ou sur ses vaisseaux, sera salué de trois salves de toute l'artillerie, dont la premiere se fera à boulet.

Il y a encore dans l'Ordonnance, d'où tout ceci est tiré, un article concernant les galeres.

Quoiqu'il n'y ait plus en France de corps des galeres, comme je l'ai déja dit (*voyez* GÉNÉRAL DES GALERES), cependant j'ajouterai ici ce qui regarde ces bâtimens dans cette Ordonnance, d'autant mieux qu'on en entretient actuellement dans les ports.

L'étendard royal des galeres saluera le premier le pavillon, qui rendra coup pour coup ; & l'étendard sera salué le premier par le vice-amiral.

Le vice-amiral sera salué par la patrone des galeres, à laquelle il répondra coup pour coup ; & elle sera saluée par le contre-amiral, auquel elle répondra de même.

Les autres nations maritimes ont des Ordonnances particulieres sur le *salut*, qu'elles exigent ou qu'elles rendent : mais tout ceci n'est qu'une chose de bienséance & de convention. Il est réglé qu'en général les vaisseaux des Républiques salueront les vaisseaux des têtes couronnées, s'ils sont de la même qualité que ceux des Républiques qui les rencontrent, & les commandans de ces premiers vaisseaux répondent au *salut* de ceux des Républiques d'un pareil ou d'un moindre nombre de coups, selon qu'il leur est prescrit par leur souverain. A l'égard des Républiques, elles se sont accordées à saluer les

premieres les vaiſſeaux de la République de Veniſe,
parce qu'elle eſt la plus ancienne, & à exiger le
ſalut des ſouverains qui ſont au deſſous des Rois.

SALUER. C'eſt faire hommage, ou rendre un honneur
à un vaiſſeau, *Voyez* SALUT,

SALUER A BOULET. C'eſt tirer le canon avec un boulet.
Cela ne ſe pratique que pour les Rois. *Voyez* SALUT,
art. 11.

SALUER DE LA MOUSQUETERIE. C'eſt tirer une ou trois
ſalves de mouſqueterie. Ces ſalves n'ont lieu qu'à
l'occaſion de quelque fête, & elles précedent le ſalut
du canon.

SALUER DE LA VOIX. C'eſt crier une ou trois fois : vive le
Roi, ce que fait tout l'équipage, tête nue. On *ſalue*
ainſi, après avoir *ſalué* du canon, ou lorſqu'on ne
peut, ou qu'on ne veut pas tirer du canon. *Voyez*
SALUT, art. 7.

SALUER DES VOILES. C'eſt amener les huniers à mi-mât
ou ſur le ton. *Voyez* SALUT, art. 7.

SALUER DU CANON. C'eſt tirer un nombre de coups de
canon, trois, cinq, ſept, neuf, &c. à boulet ou
ſans boulet, ſelon qu'on veut rendre plus ou moins
d'honneur à ceux qu'on *ſalue*. Les vaiſſeaux de
guerre *ſaluent* par nombre impair, & les galeres
par nombre pair. C'eſt ici le ſalut ordinaire, &
j'ajoute, à cauſe de cela, que le vaiſſeau qui eſt ſous
le vent d'un autre, doit *ſaluer* le premier.

SALUER DU PAVILLON. C'eſt embraſſer le pavillon, &
le tenir contre ſon bâton, enſorte qu'il ne puiſſe
voltiger, ou l'amener & le cacher. Cette maniere
de *ſaluer* eſt la plus humble de toutes.

SAMEQUIN. Sorte de vaiſſeau marchand Turc, dont
on ne ſe ſert que pour aller à terre.

SAMOREUX. Bâtiment extrêmement long & plat, qui
n'a qu'un mât très-long, formé de deux pieces, que
des cordages tiennent à l'arriere & aux côtés, & qui
navige ſur le Rhin & ſur les eaux internes de Hollande.

SANCIR. C'est couler & descendre à fond. On dit qu'un vaisseau a *sanci* sous ses amarres, lorsqu'il a coulé bas, & qu'il s'est perdu tandis qu'il étoit à l'ancre.

SANDALE. Sorte de bâtiment du Levant, qui sert d'allege aux gros vaisseaux. *Voyez* ALLEGE.

SANGLES. On appelle ainsi un entrelacement de menues cordes à deux fils, qu'on nomme *Bistord*, que l'on met en différens endroits du vaisseau, comme sur les cercles des hunes, sur les premiers des grands haubans & ailleurs, pour empêcher que les manœuvres ne se coupent.

SANGLONS. *Voyez* FOURCATS.

SAORRE ou QUINTILLAGE. Ces termes, sur la Méditerranée, signifient Lest. *Voyez* LEST.

SAPINETTES. Petits coquillages, qui s'attachent à la carene du vaisseau.

SAQUER. Ce terme signifie Ferler, sur les côtes de Normandie. *Voyez* FERLER.

SARDINS. *Voyez* JARDIN & GALERIE.

SART. Nom qu'on donne à des herbes qui croissent au fond de la mer, & qu'elle rejette à la côte.

SARTIE. Terme collectif, qui signifie, sur la Méditerranée, toutes sortes d'agrêts & d'apparaux.

SASSES. Ce sont des pelles creuses, dont on se sert, sur les bâtimens, pour puiser l'eau.

SAUGUE. Bateau pêcheur de Provence.

SAURE. Nom qu'on donne, sur les galeres, au lest qu'on y met. *Voyez* LEST.

SAUCISSON. C'est un boyau de toile, rempli de poudre à canon, & dont on se sert, dans un brûlot, pour conduire le feu depuis les dales jusqu'aux artifices.

SAUT. C'est, dans une riviere rapide, une chûte d'eau, qui provient de l'inégalité de son fond, & où les canots ne peuvent naviger. On la nomme aussi *Cataracte* ; & ce que je vais dire servira de supplément à l'article CATARACTE. Il y en a trois dans le Danube, entre Columbas & l'isle de Banul ; une dans le Rhin, près de Schafuse, & huit dans la riviere de Tornea, en Suede, depuis Pello jusqu'à la ville de Tornea. En Italie, on en compte deux : celui de la montagne Marmore, & celui de Tevéroni à Tivoli. En Afrique, on en trouve deux dans la riviere de Sénégal, à environ onze degrés de longitude, dont un tombe de cent pieds, & l'autre de cent vingt. Il y en a une dans la Nouvelle York, dans la riviere de Schénectera, dont la chûte est de quarante à cinquante pieds (*Transact. philosophiques*, n° 371, pag. 71), & une autre dans la Nouvelle Zélande, qui se précipite dans la mer, en deux colonnes (*Description de l'Amérique*, par *Montanus*, pag. 579). Mais l'endroit de la terre où les *sauts* sont plus communs, est dans l'Amérique septentrionale. Les plus fameux sont le *saut* de Saint-Antoine, dans le fleuve de Mississipi, & celui de Niagara, entre la mer du Chat & celle d'Onturia. Le Baron de *Lahontan* dit, dans son *Voyage*, pag. 107, que l'eau y tombe de sept à huit cens pieds : mais M. *Borassaw*, qui l'a mesuré en 1721, par ordre du gouverneur de Canada, a trouvé que sa chûte n'étoit que de cent cinquante-six pieds. (*Transactions philosophiques*, n° 371, pag. 70.)

SAUTE. C'est un commandement qui est synonyme à *va*. On dit : *saute* sur ce point, *saute* sur le beaupré, *saute* sur la vergue, &c. pour dire, va à ce point, au beaupré, &c.

SAUTER. C'est changer, en parlant du vent. Ainsi on dit que le vent a *sauté* par tel rumb, pour dire que le vent a changé, & qu'il souffle à cet air de vent.

SAUVAGE ou SAUVEMENT. On sous-entend *faire le*. C'est s'employer à recouvrer les marchandises perdues par un naufrage, ou jettées à la mer. Le tiers de ces marchandises appartient à ceux qui les sauvent.

On appelle *Frais du sauvage* le paiement qu'on donne à ceux qui sauvent quelque chose, ou la part qu'ils ont à ce qu'ils sauvent.

SAUVE-GARDE ou TIRE-VEILLE. C'est une corde

amarrée au bas du beaupré, & qui montant à la hune de misaine, en descend pour s'amarrer aux barres de la hune de beaupré. Elle sert aux matelots qui font quelques manœuvres de la civadiere & du tourmentin, pour marcher en sûreté sur le mât de beaupré.

SAUVE-GARDE DU GOUVERNAIL. Bout de corde, qui traverse la meche du gouvernail, & qui est arrêtée à l'arcasse du vaisseau.

SAUVE-GARDES. Ce sont deux cordes, depuis l'extrêmité de l'éperon, jusqu'aux sous-barbes des bossoirs, & qui servent à empêcher que les matelots, qui sont dans l'éperon pendant la tempête, ne tombent à la mer.

SAUVEMENT. *Voyez* SAUVAGE.

SAUVE-RABANS ou TORDES. Anneaux de corde, qu'on met près de chaque bout des grandes vergues, afin d'empêcher que les rabans ne soient coupés par les écoutes de hune.

SAUVER. *Voyez* SAUVAGE.

SAUVEURS. Nom qu'on donne à ceux qui ont sauvé ou péché les marchandises perdues. *Voyez* SAUVAGE.

SCIER A CALER. C'est nager en arriere, en ramant à rebours, afin d'éviter le revirement, & de présenter toujours la proue.

On dit: *mettre à scier*, ou *mettre à caler*, lorsqu'on met le vent sur les voiles, de maniere que le vaisseau recule.

SCIER SUR LE FER, *terme de galere*. C'est ramer à rebours, lorsqu'une galere est chargée d'un vent traversier dans une rade où elle est à l'ancre.

SCITIE, SATIE ou SETIE. Sorte de barque d'Italie, ou de petit vaisseau à un pont, qui a des voiles latines. Les Grecs & les Turcs donnent aussi ce nom à leurs barques.

SCOUE. C'est l'extrêmité de la varangue, qui est courbée pour s'enter avec le genoux.

SCUTE. Petit esquif ou canot, que l'on emploie au service du vaisseau. Ses dimensions ordinaires sont de vingt-un pieds de long, de cinq pieds trois pouces de large, & de deux & demi de creux.

SEC. On sous-entend *vaisseau à*. C'est un vaisseau qui a échoué, & qu'on a mis hors de l'eau pour le radouber. On met à *sec* les vaisseaux légers & étroits par la proue ; & les vaisseaux qui sont larges, gros & forts d'échantillon, on les y met par le côté.

On dit encore qu'un vaisseau est à *sec*, quand il a toutes ses voiles serrées, à cause d'un gros vent.

SECRET. C'est l'endroit du brûlot où le capitaine met le feu, pour le faire sauter.

SEILLEAU. C'est un sceau.

SEILLURE. *Voyez* SILLAGE.

SEIN. Petite mer environnée de terre, qui n'a de communication à une autre, que par un parage.

SEINE. Espece de filet, dont se servent principalement ceux qui navigent le long des côtes de l'Afrique & de l'Amérique.

On donne aussi le nom de *seine* à un rets à pêcher, qui a deux grandes ailes & une longue nasse, & dont on fait usage sur les petites rivieres.

SÉJOUR. C'est le temps qu'un vaisseau demeure dans un port ou dans une rade étrangere. On dit : *jours de séjour* pour les vaisseaux de guerre, & *jours de planches* pour les vaisseaux marchands.

SELLE. Espece de petit coffre, fait de planches, dans lequel le calfat met ses instrumens, & qui lui sert de siege lorsqu'il calfate le pont d'un vaisseau.

SEMALE. Bâtiment Hollandois, fort étroit, qui n'a qu'un mât, & qui sert à venir à bord des grands vaisseaux, & à y porter des marchandises. Ses dimensions ordinaires sont de cinquante-huit pieds de long, de quinze pieds de large, & de quatre pieds de creux.

SEMAQUE. *Voyez* SEMALE.

SEMELLE. C'est un assemblage de trois planches, mises

l'une sur l'autre, qui a la forme de la semelle d'un soulier, & dont on fait usage pour aller à la bouline. A cette fin on a deux *semelles*, une sous le vent, qu'on laisse tomber à l'eau, & l'autre qu'on laisse suspendue au bordage, jusqu'au premier revirement. Elles servent à soutenir le bâtiment à l'eau, & à le faire tourner d'autant plus aisément, qu'il y a peu d'eau sous la quille, parce qu'alors il n'y a pas tant de résistance, & par conséquent moins de dérive. Aussi les *semelles* ne sont presqu'utiles que dans les eaux internes, & on n'en voit plus guere en mer qu'à quelques boyers quarrés, à quelques galiotes légeres, & à de petites buches. Ses dimensions ordinaires sont pour la longueur deux fois le creux du bâtiment; pour la largeur, la moitié de leur longueur; & pour l'épaisseur par le haut, deux fois celle du bordage.

SEMELLES. Ce sont des pieces de bois, qui entourent le fond d'un bateau, & qui servent à en couturer le rebord.

SENAU. Barque longue, dont les Flamands se servent pour la course, & qui ne porte que vingt-cinq hommes.

SENGLONS, *terme de galere.* Pieces de bois, qu'on met à l'intrade de proue & l'aissade de pouppe, d'un côté & d'autre, & à même distance.

SENTINE. Terme du Levant, qui signifie, ou l'anguillere ou l'eau puante & croupie qui s'y corrompt. *Voyez* ANGUILLERES.

SENTINELLE. *Voyez* HUNE.

SEP DE DRISSE, ou BLOC D'ISSAS. Grosse piece de bois, quarrée, qui est entaillée avec un barrot du premier pont, & un barrot du second pont, qu'elle excede d'environ quatre pieds, posée derriere un mât, & au bout de laquelle il y a trois ou quatre poulies sur un même aissieu, sur quoi passent les grandes drisses. On distingue deux grands *seps de drisse:* celui du grand mât, qui sert à la grande vergue, & celui de misaine, qui sert à la vergue de misaine. Les autres *seps de drisse* sont attachés aux grands, & on en fait usage pour mettre les mâts de hune hauts, par le moyen des guinderesses, & pour manœuvrer les drisses des huniers.

Dans les flûtes, on ne met point de *seps de drisse*, mais des poulies ou des rouets contre le bord, & des taquets contre le mât : & dans les autres bâtimens, comme les tialques, les damelopres, les semales, &c. on fait usage d'un bloc, appellé *Petit sep de drisse*, qu'on met en plusieurs endroits sur les bordages, & surtout à l'avant & sur la couverte, dans la tête duquel passe une cheville de bois, fort longue, qui déborde de chaque côté, & où l'on amarre les manœuvres.

SERPER, *terme de galere*. C'est lever l'ancre.

SERRAGE ou SERRES DU VAISSEAU. *Voyez* VAIGRES.

SERRE DE MAT. *Voyez* ETAMBRAIE.

SERRE-BAUQUIERES. Ce sont de longues pieces de bois, sur lesquelles le bout des baux est passé, & qui regnent autour du vaisseau. *Voyez* CONSTRUCTION.

SERRE-BOSSE. Grosse corde amarrée, ou aux bosseurs, ou auprès d'eux, qui saisit la bosse de l'ancre quand on la retire du vaisseau, & qu'on la tient amarrée sur l'épaule du vaisseau.

SERRE-GOUTTIERES. Ce sont des pieces de bois, posées sur les bouts des baux, qui donnent contre les alonges & les alonges de revers, ou contre les aiguillettes, quand il y en a, & qui, faisant le tour du vaisseau, lui servent de liaison. Elles sont jointes avec les ceintes & avec les baux & les barrots, avec des chevilles de fer. *Voyez* CONSTRUCTION.

SERRE LA FILE. C'est faire approcher les vaisseaux les uns des autres, quand ils sont en ligne.

SERRER DE VOILES. C'est porter peu de voiles.

SERRER LE VENT. *Voyez* PINCER.

Serrer les voiles. *Voyez* Ferler.

SERVIR. On fous-entend *faire*, & on dit, *Faire fervir les voiles*, ce qui fignifie Mettre à la voile, ou Porter quelque voile particuliere.

SÉTIE. *Voyez* Scitie.

SEUIE. Sorte de petit bâtiment Flamand.

SEUILLETS. Ce font des planches qui font pofées fur les parties inférieure & fupérieure du fabord, qui couvrent l'épaiffeur du bordage, & qui empêchent l'eau de pourrir les membres du vaiffeau, en y entrant.

On appelle *Hauteur des feuillets* la partie du côté du vaiffeau, comprife entre le pont & les fabords.

SIAMPAN. Petit bâtiment de la Chine, qui a une voile, deux, quatre ou fix rames, & qui peut porter vingt-cinq à trente hommes. Il navige terre à terre, & va très-vîte.

SIER. *Voyez* Scier.

SIFFLET. C'eft un *fifflet* ordinaire, avec lequel on appelle ou l'on avertit les gens de l'équipage.

SIGNAL. *Voyez* Signaux.

SIGNAUX. Ce font des inftructions qu'on donne, fur mer, par quelque marque diftinctive. Il y a deux fortes de *fignaux* : des *fignaux généraux*, & des *fignaux particuliers*. Les premiers concernent les ordres de bataille, de marche, de mouillage & de route ; & les feconds, les volontés du commandant pour tous les capitaines de chaque vaiffeau en particulier, & réciproquement les avis que donnent au commandant les capitaines des vaiffeaux. On fe fert pour cela, le jour, de pavillons de diverfes couleurs, de flammes & de gaillardets ; & la nuit, de canons, de pierriers, de fufées & de fanaux ou feux. Dans un temps de brume, on fait ufage de trompettes, de la moufqueterie, des pierriers & du canon. Et on emploie ces *fignaux*, felon qu'on en eft convenu réciproquement ; & de quelque maniere qu'on les faffe, pourvu qu'ils foient clairs, faciles à diftinguer

& à exécuter, ils font toujours bons. Pour avoir cependant une idée de la maniere dont on fe parle, fur
mer, par fignes, je vais rapporter un projet univerfel de *fignaux*, que le P. *Hôte* a donné dans fon *Art
des armées navales*, pag. 421, & dont la plûpart font
pratiqués fur les vaiffeaux. Je dois dire auparavant
que les *fignaux* qui font reçus partout, c'eft un barril
d'eau pendu à l'extrêmité de la vergue du vaiffeau,
lorfqu'on a befoin de faire aiguade, & une hache
attachée au même endroit, quand on veut faire du
bois.

Pour revenir aux autres *fignaux*, le P. *Hôte* les
prefcrit dans l'ordre fuivant.

SIGNAUX DE COMMANDEMENT POUR LE JOUR.

Pour toute l'armée, on mettra un jacq fur le bâton du
grand mât.
Pour chaque efcadre, on mettra le pavillon de l'efcadre.
Pour chaque divifion, on mettra une cornette de la
couleur de l'efcadre, au mât-propre de la divifion.
Pour chaque vaiffeau, on mettra une des cinq flammes,
les plus remarquables, en un des trois endroits les
plus en vue du mât où l'on aura mis le fignal de la
divifion du vaiffeau.

SIGNAUX DE COMMANDEMENT POUR LA NUIT OU POUR LA BRUME.

Pour toute l'armée, trois coups de canon précipités.
Pour la premiere efcadre, trois coups pofés; pour la
feconde, deux; pour la troifieme, un.

SIGNAUX DE PARTANCE.

Pour fe difpofer à partir, le petit hunier défrelé.

Pour défaffourcher , deux coups de canon précipités.
Pour mettre à pic , deux coups de canon précipités , en
    bordant l'artimon , avec un feu fur le beaupré , fi
    c'eft la nuit.
Pour appareiller , le petit hunier hiffé pendant le jour ,
    & un feu au bâton d'enfeigne pendant la nuit.

SIGNAUX POUR LES ORDRES.

Pavillon à la vergue d'artimon.

Ordre de bataille.
Stribord , blanc.
Bas-bord , rouge.
    Premier ordre de marche.
Stribord , blanc & rouge.
Bas-bord , blanc & bleu.
Second ordre de marche , bleu.
Troifieme ordre de marche , blanc facié de rouge.
Quatrieme ordre de marche , blanc facié de bleu.
Cinquieme ordre de marche , rouge facié de blanc.
Ordre de retraite , bleu facié de blanc.

SIGNAUX POUR LES MOUVEMENS DE L'ARMÉE.

Pavillon fous le bâton du grand mât.

Forcer de voiles , blanc & rouge.
Carguer des voiles , rouge & bleu.
Arriver , écartelé blanc & rouge.
Venir au vent , écartelé blanc & bleu.
Courir vent arriere , écartelé rouge & bleu. La nuit ,
    deux feux au bâton d'enfeigne.
Courir au plus près ftribord , rayé blanc & rouge. La
    nuit , deux feux à la vergue d'artimon.
Bas-bord , rayé blanc & bleu. La nuit , trois feux à la
    vergue d'artimon.

Courir

Courir vent large de deux rumbs.

Stribord, blanc facié de rouge.

Bas-bord, blanc facié de bleu.

De quatre rumbs.

Stribord, rouge facié de blanc.

Bas-bord, rouge facié de bleu.

De six rumbs.

Stribord, bleu facié de blanc.

Bas-bord, bleu facié de rouge.

De huit rumbs.

Stribord, blanc bordé de rouge.

Bas-bord, blanc bordé de bleu.

Revirer par la contre-marche, rouge bordé de blanc. La nuit, deux coups de canon précipités, & un posé.

Revirer tous ensemble, rouge bordé de bleu. La nuit, un coup de canon, & deux précipités.

Revirer vent arriere, blanc bordé de rouge. La nuit, quatre coups de canon posés.

SIGNAUX DE CHASSE ET DE COMBAT.

Pavillon deſſous le mât de miſaine.

Se rallier, blanc & rouge.

Donner chaſſe à une armée qui fuit ; blanc & bleu.

Donner chaſſe à des vaiſſeaux qu'on veut reconnoître, rouge & bleu.

Aller à l'abordage ; blanc facié de rouge.

Doubler les ennemis, blanc facié de bleu.

Apprêter les brûlots, rouge facié de blanc.

Envoyer les brûlots aux ennemis, rouge facié de bleu.

Commencer le combat, trois coups précipités.

Finir le combat, le général amene ſon pavillon & ſon enſeigne.

Finir la chaſſe, le général amene ſon pavillon, avec un coup de canon.

SIGNAUX DE CONSEIL.

Pavillon au bâton d'enseigne.

Conseil des généraux, blanc & rouge.
Conseil des capitaines, blanc & bleu.
Conseil des commissaires, rouge & bleu.

SIGNAUX DE CONSULTATION.

Pavillon au bâton d'enseigne.

Demande.
Pour combattre, blanc facié de rouge.
Pour relâcher, blanc facié de bleu.
Pour poursuivre l'ennemi, rouge facié de blanc.
Pour faire retraite, rouge facié de bleu.
Réponse, flamme blanche au même endroit, pour l'affir-
mative ; & flamme rouge pour la négative.

SIGNAUX POUR FAIRE VENIR A L'AMIRAL.

Flamme au bout de la vergue d'artimon.

A l'ordre, blanche.
Les chaloupes armées, rouge.
Le vaisseau, bleu.
Le commandant du vaisseau, blanche & rouge.

SIGNAUX DE MOUILLAGE.

Pour mouiller, deux coups de canon précipités, & deux
posés, ou une enseigne bleue.
Pour affourcher, une petite ancre & une enseigne blanche & bleue.
Pour désaffourcher, une grosse ancre & une enseigne
rouge & bleue.

V.

SIGNAUX DES PARTICULIERS POUR AVERTIR LE GÉNÉRAL.

Pavillon au beaupré & au bâton d'enseigne.

Quand on voit la terre, rayé blanc & rouge.

Quand on voit des vaisseaux étrangers, rouge.

Quand on voit une flotte, rayé blanc & bleu.

Quand on voit les ennemis, rayé rouge & bleu.

Quand on est près du danger, écartelé blanc & rouge, avec un coup de canon. La nuit, deux feux au grand mât, & deux coups de canon précipités.

Quand on est incommodé, écartelé blanc & bleu, & deux coups de canon.

Quand on veut parler au général, écartelé rouge & bleu ; & si la chose presse, un coup de canon.

Flamme au bâton d'enseigne.

Quand on a des malades, blanche.

Quand on fait eau, rouge.

Quand on n'a d'eau que pour peu de jours, bleue.

Quand on manque de bois, blanche & rouge.

Quand on manque de pain, blanche & bleue.

A tous ces *signaux* le général répond de même, & alors les particuliers amenent & issent leur *signal*, autant de fois qu'il est nécessaire pour exprimer le nombre des choses dont il s'agit.

Tout ceci est fort bien imaginé. Il y a cependant une petite difficulté : c'est que le mêlange des couleurs est très-difficile à distinguer, lorsque les vaisseaux sont un peu éloignés. Pour remédier à cela, j'ai proposé, dans l'*Idée de l'état d'armement des vaisseaux de France*, de se fixer au rouge & au blanc, & j'ai avancé que quarante pavillons seuls ou joints avec autant de flammes semblables, & mis en divers lieux, feroient plus de dix mille *signaux,*

& serviroient par conséquent à donner autant d'ordres différens, sans compter quarante gaillardets,
qui se multiplieroient tous seuls à plus de cent vingt,
en les changeant de place.

On peut employer, sur les galeres, les mêmes
signaux; & pour les placer, on doit choisir la
pouppe & le dessus du calcet des arbres, qui sont les
endroits les plus visibles.

SIGNAUX. Ce sont les noms & souscriptions de ceux
qu'on enrôle, qui sçavent signer, ou leurs marques
& traits informes qu'ils font avec la plume, quand
ils ne sçavent pas écrire leur nom.

SILLAGE. C'est la trace du cours du vaisseau, ou son
cours, & même sa vîtesse. Ainsi mesurer le *sillage*
d'un vaisseau, c'est mesurer sa vîtesse ou le chemin
qu'il fait. Cette mesure est nécessaire, sur mer,
pour suppléer à la connoissance des longitudes. *Voyez*
LONGITUDE & PILOTAGE. En effet, en réduisant ce
chemin en degrés, en comptant vingt lieues pour
un degré, on a la longitude quand le vaisseau a fait
route est-ouest ou obliquement, comme on auroit
la latitude, s'il avoit navigé nord & sud. Il est donc
important de sçavoir mesurer exactement ce chemin:
c'est à quoi on s'est attaché dès les premiers progrès
de la navigation. J'ai décrit, dans l'*Art de mesurer*,
sur mer, *le sillage du vaisseau*, les machines que les
anciens ont imaginées, & j'ai fait connoître leurs
défectuosités. J'ai analysé aussi les découvertes des
Modernes, qui n'ont pas travaillé à cet égard avec
plus de succès; & après cet examen, j'ai osé proposer
de nouvelles inventions, qui m'ont paru meilleures ou moins défectueuses que toutes celles qu'on a
présentées jusqu'ici.

La premiere est composée d'un globe ou d'une
boule de bois, qui tombe au fond de l'eau, emman-
chée à un long bâton suspendu, par son milieu, à
la pouppe du vaisseau, de maniere qu'il peut balancer en tout sens à la moindre impression. Dans cet

état, le globe est plongé dans l'eau, & il en est couvert de trois ou quatre pieds. A l'autre extrémité du bâton est attachée une corde qui passe dans un tuyau, & soutient un bassin cylindrique, renfermé dans une boîte de même forme, & presque de même diametre, qui est dans la chambre du pilote.

Telle est toute la construction de ma premiere machine. En voici l'usage. Quand le vaisseau sille, le globe étant entraîné, frappe l'eau avec une vîtesse égale à celle du vaisseau, & fait par conséquent pencher l'autre extrêmité du levier vers la proue, tandis que celle où il est attaché, recule en arriere. Par ce mouvement, le bassin qui est dans le cylindre, monte; & c'est ce qu'il ne doit pas faire. Aussi, pour l'empêcher, & remettre le bâton dans l'état d'équilibre où il étoit auparavant, on met des poids dans le bassin, jusqu'à ce que cet équilibre soit rétabli. Or c'est par les poids que je connois la vîtesse du globe, ou celle du vaisseau, qui est la même; car ces poids expriment l'effort de l'eau contre le globe; & cet effort étant comme le quarré de la vîtesse de l'eau, la vîtesse même sera comme les racines des poids. D'après ce principe, j'ai calculé une table, où l'on trouve la vîtesse du vaisseau, relative au poids qu'on a mis dans le bassin; & cela depuis six cens toises, jusqu'à près de cinq lieues par heure.

Ma seconde machine n'est point si simple. Elle est formée de deux tuyaux, dont l'un reçoit une certaine quantité d'eau, qu'il renverse dans l'autre; & comme il en reçoit d'autant plus que le *sillage* du vaisseau est plus rapide, il en verse de même une plus grande quantité alors, que quand le vaisseau sille moins vîte. En connoissant donc la quantité d'eau que contient le second tuyau, on a la vîtesse du vaisseau : c'est ce qui est prouvé dans l'ouvrage que je viens de citer, & auquel je renvoie absolument.

Il me reste à expliquer une façon de parler à l'égard du *sillage* : c'est *Doubler le sillage d'un vaisseau :* cela signifie Aller une fois aussi vîte qu'un autre vaisseau, ou Faire une fois autant de chemin.

SILLER. C'est avancer, faire route. On dit qu'un vaisseau *sille* bien, quand il fait beaucoup de chemin, ou qu'il fait bonne route.

SINGLER. *Voyez* CINGLER.

SINUS ou SEIN. *Voyez* ANSE.

SIPHON ou TIPHON. *Voyez* TROMPE.

SIROC ou SIROCO. Nom qu'on donne, sur la Méditerranée, au vent qui est entre l'Orient & le Midi. C'est le sud-est sur l'Océan.

SITUATION D'UNE TERRE. C'est la position d'un lieu qu'on veut orienter. Ainsi on dit : ce cap ou cette terre est située nord-est, sud-est, &c.

SIVADIERE. *Voyez* CIVADIERE.

SLABRES. Petites buches, qui vont à la pêche du Levant.

SLÉE. Sorte de machine, avec laquelle les Hollandois tirent à terre un vaisseau, de quelque grandeur qu'il soit. Voici la description de cette machine, tirée de l'*Architecture navale* de M. *Witsen.* C'est une planche d'environ un pied & demi de largeur, & dont la longueur est égale à celle de la quille d'un vaisseau de moyenne grandeur. Elle est un peu élevée parderriere, & un peu creuse au milieu ; ensorte que les côtés s'élevent en talud. Il y a dans ces côtes des trous pour y pouvoir passer des chevilles, & le reste est tout uni. Derriere est un crochet, qui reçoit une crampe avec une chaîne de fer, qui est attachée à une petite machine, où il y a un certain nombre de poulies.

Pour faire usage de cette machine, on la met sous la quille du vaisseau, & on l'attache à côté & parderriere avec des crocs ; de sorte qu'elle est droite sous la quille. On la lie ensuite fortement avec le vaisseau, par le moyen des trous qui sont dans les côtés ; on met un gros barrot parderriere dans le creux qui est contre l'étambord ; & on l'arrête par le moyen d'une cheville qu'on met dans le trou qui est à ce creux ; & qui, passant delà dans celui qui est à l'extrêmité de la planche, entretient fermement l'étambord.

Les choses étant en cet état, & ayant graissé, & la machine, & la forme sur laquelle elle est appuyée, un homme, à l'aide de poulies & de cabestans, amene ou tire à lui un vaisseau.

SOEN, SOUN ou TSOUN. Nom qu'on donne, à la Chine, aux principaux & aux plus ordinaires vaisseaux de guerre ou marchands. Ces bâtimens sont larges en arriere, & diminuent insensiblement de largeur jusqu'à la proue. Ils n'ont point de quille, & sont plats pardessous. Ils ont une préceinte seule de chaque côté, deux mâts sans hunes, avec deux gros cordages, qui sont comme deux étais, l'un à l'avant, l'autre à l'arriere. Leurs voiles sont d'écorces de roseaux, si bien entrelacées ensemble avec des feuilles de bambouc, que le moindre vent ne sçauroit passer à travers. Elles sont attachées à une épavre, vers le haut du mât, qui les traverse pour les soutenir, & on les hisse par le moyen d'une poulie qui est attachée au haut de chaque mât. Au lieu d'écoutes & de bras, il y a divers petits cordages, qui sont amarrés à un plus gros, & qui en font l'office.

Il y a dans le fond de cale plusieurs chambres, qui n'ont point de communication ; des cîternes pour conserver l'eau ; des galeries des deux côtés ; un pont fixe, courant-devant-arriere, & un pied au dessus un pont volant de planches, qui s'ôte & se remet, & sur lequel on se promene. La chambre du capitaine s'éleve à la hauteur d'un homme, au dessus du pont volant ; & le château commence un peu plus bas que le pont fixe, & s'éleve bien haut au dessus des deux ponts. Le dessus de ce château est une espece de demi-pont, où les premiers officiers se

tiennent, & autour duquel sont suspendus leurs bou-
cliers & leurs rondaches. Les piques sont rangées
autour du vaisseau, & paroissent en dehors.

Sur le grand mât s'éleve une girouette ou pyra-
mide, sur laquelle on attache des pieces d'étoffe,
frisées & peintes de figures grotesques ; & au dessous
pend une queue, dont les fils ou poils servent à faire
connoître d'où vient le vent. Le bâton de pavillon
est à peu-près comme le mât. Il y a une poulie vers
le haut, pour hisser & amener les pavillons qui sont
suspendus de travers à ce matéreau. La gaule d'enseigne est placée dans l'endroit où nous plaçons le
mât d'artimon.

Le gouvernail se démonte aisément, & on le retire à bord quand on veut. Enfin les ancres sont de
bois. Elles n'ont ni jas, ni pattes, mais seulement
en bas deux longs morceaux de bois, pointus, &
malgré cela, elles enfoncent & tiennent aussi bien
que les ancres de fer. Les plus grands *souns* de charge portent quatorze cens tonneaux : mais le port de
ceux qu'on équipe en guerre, n'est que de deux cens
tonneaux. Ils ont vingt à trente légeres pieces de
canon, qui tournent sur un pivot. Leur équipage est
très-considérable ; car un *soun* de dix canons porte
deux cens hommes.

SOLDATS DE MARINE. Ce sont des *soldats* qu'on
emploie sur mer, & qui travaillent à la manœuvre
des écoutes & des couets.

SOLDATS GARDIENS. *Soldats* qu'on entretient sur les
ports. Il y en a trois cens dans le port de Toulon,
pareil nombre dans les ports de Brest & de Roche-
fort, & cinquante au Havre-de-Grace, outre trois
cens, qu'on entretient à la demi-solde dans chacun
de ces trois premiers ports.

SOLE. C'est le fond des bâtimens qui n'ont pas de
quille, tels que la gribane, le bac, &c.

SOLEIL. Il y a sur cet astre quelques façons de parler,
dont voici l'explication.

Le soleil a baissé : Cela signifie que le *soleil* a passé le méridien, ou qu'il a commencé à décliner.

Le soleil a passé le vent : Cela signifie que le *soleil* a passé au-delà du vent. Exemple. Le vent étant au sud, si le *soleil* est au sud-sud-ouest, il a passé le vent. Et on dit que *le vent a passé le soleil,* lorsque le contraire a lieu. Ainsi le vent s'étant levé vers l'est, il est plutôt au sud que le *soleil, & le vent a passé le soleil.*

Le soleil chasse le vent : Façon de parler, dont on se sert lorsque le vent court de l'ouest à l'est devant le *soleil.*

Le soleil chasse avec le vent : On entend, par cette expression, que le vent souffle de l'endroit où se trouve le *soleil.*

Le soleil monte encore : C'est-à-dire que le *soleil* n'est pas encore arrivé au méridien, lorsque le pilote prend hauteur.

Le soleil ne fait rien : On entend par-là que le *soleil* est au méridien, & qu'on ne s'apperçoit pas, en prenant hauteur, qu'il ait commencé à décliner.

SOLES. Pieces du fond d'un affût de bord.

SOMBRER SOUS VOILES. On se sert de cette expression lorsqu'un vaisseau, étant sous voiles, est renversé par quelque grand coup de vent, qui le fait périr & couler bas.

SOMMAIL. C'est une basse. *Voyez* Basse.

SOMME. On dit que la mer *somme* lorsqu'elle a plus de fond, ou qu'il y a plus d'eau en profondeur.

SONDE ou PLOMB DE SONDE. C'est une corde chargée d'un gros plomb, au bout duquel il y a un creux rempli de suif, que l'on fait descendre dans la mer, tant pour reconnoître la couleur & la qualité du fond, qui s'attache au suif, que pour sçavoir la profondeur du parage où l'on est. Ce dernier article est susceptible de beaucoup de difficultés, quand cette profondeur est considérable. *Voyez* Mer.

On dit : *être à la sonde,* lorsqu'on est en un lieu

où l'on peut trouver le fond de la mer avec la *fonde* ;
aller à la fonde, lorfqu'on navige dans des mers ou
fur des côtes dangereufes & inconnues; ce qui oblige
d'y aller la *fonde* à la main ; *venir jufqu'à la fonde*,
quand on quitte le rivage de la mer, & qu'on vient
jufqu'à un endroit où l'on trouve fond avec la *fonde*;
& enfin on dit que les *fondes font marquées*, & cela
veut dire que les braffes ou pieds d'eau font marquées fur les cartes, près des côtés.

SONDER. C'eft jetter la fonde. *Voyez* SONDE.

SONDER LA POMPE. C'eft voir dans la pompe combien
il y a de pieds ou de pouces d'eau au fond d'un vaiffeau.

SONNER LE QUART. C'eft *fonner* une cloche en
branle, afin d'avertir la partie de l'équipage, qui
eft couchée, de fe lever pour venir faire le quart.

SONNER POUR LA POMPE. C'eft donner un coup de cloche, pour avertir les gens du quart de pomper.

SORTIR LE BOUTE-FEU A LA MAIN. Cela fignifie
qu'un port eft affez bon pour en faire *fortir* un vaiffeau tout prêt à tenir la mer, ou prêt à combattre.
Tel eft, par exemple, le port de Breft.

SOTTOFRINS, *terme de galere*. Pieces de bois, qui
croifent les courbatons, & qui fervent à les lier & à
les affermir.

SOU. C'eft la terre qui eft au fond de l'eau.

SOUABRE. Nom qu'on donne, fur les côtes de la Normandie, à un fauber. *Voyez* FAUBER.

SOUBERME. C'eft un torrent, c'eft-à-dire, un amas
d'eaux provenues des pluies ou de la fonte des nei-
ges, qui groffit les rivieres.

SOUFFLAGE. Renforcement de planches, qu'on donne
à quelque vaiffeau.

SOUFFLAGE. C'eft un *foufflage* fur les membres du vaiffeau, & non fur le bordage.

SOUFFLER. C'eft donner un fecond bordage à un vaiffeau, en le revêtiffant de planches fortifiées par de
nouvelles préceintes, foit pour le garantir de l'ar-

tillerie des ennemis, ou pour lui faire bien porter la voile, & l'empêcher de rouler ou de se tourmenter trop à la mer. Pour comprendre la raison de ceci, il faut lire l'article CONSTRUCTION.

SOULIE. C'est le lieu où le vaisseau a posé, lorsque la mer étoit basse, & qu'il a touché sur de la vase.

SOULIER. Piece de bois, concave, dans laquelle on met le bout de la patte de l'ancre, pour empêcher qu'elle ne s'accroche sur la préceinte, quand on la laisse tomber. On n'en fait presque point usage en France.

SOUQUE. Terme bas, qui signifie Tirer ou Peser sur une manœuvre, à laquelle est attachée une chose pesante.

SOURDRE. On se sert de ce terme pour exprimer la sortie d'un nuage de l'horizon, en s'avançant vers le zénith.

SOURDRE AU VENT. C'est tenir le vent, & avancer au plus près.

SOUS-ARGOUSIN, *terme de galere*. C'est l'aide de l'argousin.

SOUS-BARBE. *Voyez* PORTE-BOSSOIR.

SOUS-BARBES. Ce sont les plus courtes étances, qui soutiennent le bout de l'étrave quand elle est sur le chantier.

SOUS-BARQUE. C'est le dernier rang de planches ou bordages d'un bateau foncet, qui est immédiatement au dessous du platbord.

SOUS-COMITE, *terme de galere*. Nom de celui qui fait aller le quartier de proue, qui est entre l'arbre de mestre & l'arbre de trinquet.

SOUS-FRÉTER. C'est louer à un autre le vaisseau qu'on a loué, ou fréter à un autre le vaisseau qu'on a affrété. Il est défendu de *sous-fréter* un vaisseau à plus haut prix que celui qui est porté par le premier contrat: mais l'affréteur peut prendre à son profit le fret de quelques marchandises, pour achever la charge du vaisseau qu'il a entiérement affrété.

SOUTE. C'eſt le plus bas des étages de l'arriere d'un vaiſſeau, lequel conſiſte en un retranchement enduit de
plâtre, fait à fond de cale, où l'on enferme les poudres & le biſcuit. Cette derniere eſt placée ordinairement ſous la ſainte-barbe. Elle doit être garnie de
fer blanc, afin que le biſcuit s'y conſerve mieux; &
la *ſoute* aux poudres eſt placée ſous celle-ci : mais il
n'y a point de regle à cet égard. *Voyez* VAISSEAU.

SOUTENIR. On ſe ſert de ce verbe pour exprimer
l'effort d'un courant qui pouſſe un vaiſſeau dans un
ſens, tandis que le vent le pouſſe dans un autre ſens;
de ſorte que par ces deux forces, il eſt porté dans ſa
véritable route.

SOUTENIR. On ſous-entend le pronom *ſe*. C'eſt demeurer dans le même parage, & ne pas dériver,
nonobſtant les courans ou la marée contraire, ſans
avancer cependant, ou ſans avancer beaucoup.

SPARIES. *Voyez* CHOSES DE LA MER.

SPARTON. C'eſt un cordage de genêt d'Eſpagne, d'A-
frique & de Murcie, dont l'uſage eſt fort bon, ſoit
qu'il aille dans l'eau ſalée ou dans l'eau douce.

SQUELETTE. C'eſt la carcaſſe d'un vaiſſeau. *Voyez*
ROUCHE.

STAMENAIS. C'eſt la même choſe que genoux. *Voyez*
GENOUX.

STOCKFICHE ou SOKFISSE. C'eſt du poiſſon ſalé &
deſſéché.

STRAPONTIN. *Voyez* HAMAC & BRANLE.

STRATEGUES; *terme de marine ancienne.* C'étoient
des officiers chargés de nommer les triérarques. *Voyez*
TRIÉRARQUES.

STRIBORD, TRIBORD, DEXTRIBORD, EXTRI-
BORD ou TIENBORD. C'eſt le côté gauche du
vaiſſeau, quand on va de la pouppe à la proue.

SUAGE. C'eſt le coût des graiſſes & des ſuifs dont on
eſt obligé de temps en temps d'enduire un vaiſſeau,
pour le faire ſiller plus aiſément. *Voyez* ESPALMER.

SUD. C'eſt le point de la ſphere qui eſt du côté du

midi au pôle antarctique, éloigné de quatre-vingt-dix degrés des points est & ouest, & le nom du vent qui souffle de ce côté-là.

On appelle *Sud-est*, *Sud-ouest*, &c. les vents qui soufflent entre le sud & l'est, ou entre le sud & l'ouest. &c. *Voyez* Rose des vents.

SUIF NOIR. C'est un mêlange de *suif* & de noir, dont les corsaires frottent le fond de leurs bâtimens, afin qu'il ne paroisse pas qu'on l'a suivé.

SUIVER. *Voyez* Espalmer.

SUPANNE. Quelques marins entendent, par ce mot, être en panne. *Voyez* Panne.

SUPER. On dit qu'une voie d'eau a *supé*, lorsqu'il y est entré quelque chose qui en a bouché l'ouverture.

SURGIR. Vieux terme, qui signifie Arriver ou Prendre terre, & jetter l'ancre dans un port.

SURJAULÉ. On désigne, par ce mot, un cable qui a fait un tour autour du jas de l'ancre qui est mouillée.

SURPENTE. Grosse corde, de trente à quarante brasses, qui est amarrée au grand mât & à celui de misaine, à laquelle on attache le palan, pour embarquer & débarquer les canons ou quelques grands fardeaux.

SUSAIN ou SUSIN. C'est un pont brisé, ou une partie du tillac, qui regne depuis la dunette jusqu'au grand mât.

SYRTES. Ce sont des sables mouvans, agités par la mer, tantôt amoncelés, tantôt dispersés, mais toujours très-dangereux pour les vaisseaux.

TAB   TAL

TABERNACLE, *terme de galere.* C'est une petite élévation vers la poupe, longue d'environ quatre pieds & demi, entre les espales, où le capitaine se place quand il donne ses ordres.

TABLE. C'est la *table* que le Roi donne pour les officiers majors, lorsqu'ils font en mer.

TABLEAU. Partie la plus haute d'une flûte, sous le couronnement, où l'on met ordinairement le nom du vaisseau. On l'appelle *Miroir* dans les autres bâtimens. *Voyez* MIROIR.

TABOURIN, *terme de galere.* C'est un espace qui regne vers l'arbre de trinquet, & vers les rambades, d'où se charge l'artillerie, & d'où l'on jette en mer les ancres. A la pointe de cet endroit est l'éperon, qui s'avance hors le corps de la galere, soutenu à côté par deux pieces de bois, qui s'appellent *Cuisses.*

TAILLE-MAR ou TAILLE-MER. C'est la partie inférieure de l'éperon. *Voyez* GORGERES.

TAILLES DE FOND, & TAILLES DE POINT. *Voyez* CARGUES DE FOND, & CARGUES-POINT.

TAINS. *Voyez* TINS.

TALINGUER ou ETALINGUER. C'est amarrer les cables à l'arganeau de l'ancre.

TALLAR, *terme de galere.* C'est l'espace qui est depuis le coursier jusqu'à l'apostis, & où se mettent les escomes.

TALON. C'est l'extrêmité de la quille, vers l'arriere du vaisseau, du côté qu'elle s'assemble avec l'étambord.

TALON DE RODE, *terme de galere.* C'est le pied de la rode de proue ou de la rode de poupe, qui s'enchâsse à la carene.

TAMBOUR. C'est un assemblage de plusieurs planches
cloueés sur les jottereaux de l'éperon, & qui servent
à rompre les coups de mer qui donnent sur cette
partie de la proue.

TAMISAILLE. Petit étage d'une flûte, qui est pratiqué
entre la grande chambre & la dunette, & dans lequel passe la barre du gouvernail.

TAMPONS. Ce sont des plaques de fer, de cuivre ou
de bois, qui servent à remédier aux dommages que
causent les coups de canon qu'un vaisseau peut recevoir dans un combat.

TAMPONS ou **TAPONS DE CANON.** Plaques de liege, avec
lesquelles on bouche l'ame du canon, afin d'empêcher que l'eau n'y entre.

TAMPONS ou **TAPONS D'ÉCUBIERS.** Pieces de bois, longues à peu-près de deux pieds & demi, qui vont en
diminuant, & dont l'usage est de fermer les écubiers, quand le vaisseau est à la voile. Il y en a qui
sont échancrées par un côté, afin de boucher les
écubiers, sans ôter les cables, qu'on fait passer par
l'échancrure. Au défaut de bois, on fait des *tampons* avec des sacs de foin, de bourre, &c.

TANGAGE. C'est le balancement du vaisseau dans le
sens de sa longueur. Ce balancement peut provenir
de deux causes: des vagues qui agitent le vaisseau, &
du vent sur les voiles, qui le fait incliner à chaque
bouffée. Le premier dépend absolument de l'agitation de la mer, & n'est pas susceptible d'examen,
& le second est causé par l'inclinaison du mât, &
peut être soumis à des regles: c'est ce que je vais
examiner.

Lorsque le vent agit sur les voiles, le mât incline,
& cette inclinaison est d'autant plus grande, que ce
mât est plus long, que l'effort du vent est plus considérable, que le vaisseau est plus ou moins chargé,
& que cette charge est différemment distribuée.

La poussée verticale de l'eau s'oppose à cette inclinaison, ou du moins la soutient d'autant plus, que

cette pouſſée excède le moment ou l'effort abſolu du mât ſur lequel le vent agit. A la fin de chaque bouffée, où le vent ſuſpend ſon action, cette pouſſée releve le vaiſſeau ; & ce ſont ces inclinaiſons & ces relevemens ſucceſſifs qui produiſent le *tangage*. Ce mouvement eſt très-incommode ; & quand il eſt conſidérable, il eſt extrêmement nuiſible au ſillage du vaiſſeau. Il eſt donc important de ſçavoir comment on peut le modérer, lorſqu'il eſt trop vif, ou l'accélérer, ſi cette accélération peut être utile à ce même ſillage. Ces deux queſtions forment le fond de toute la théorie du *tangage*. Je vais donc tâcher de les réſoudre ; & comme tout ceci s'applique aux balancemens du vaiſſeau dans tous ſens, la théorie du roulis ſera auſſi compriſe dans mes ſolutions.

J'ai dit que le mât avoit deux réſiſtances à vaincre pour pouvoir incliner. Premiérement la peſanteur du vaiſſeau & ſa charge ; & en ſecond lieu, la pouſſée verticale de l'eau. *Voyez* MATURE. Mais quand le vaiſſeau a incliné, & que la bouffée a ceſſé, cette pouſſée n'a d'autre obſtacle à vaincre, pour ſoulever le vaiſſeau, que ſon propre poids. Or il eſt évident que ce ſoulévement dépend 1°. de ſa diſtance à la verticale qui paſſe par le centre de gravité ; 2°. de ſa ſituation à l'égard de ce même centre. Dans le premier cas, plus cette diſtance ſera grande, plus grand ſera l'effort de l'eau, pour ſoulever le vaiſſeau, parce que la pouſſée ſera multipliée par cette diſtance, qui lui ſervira de bras de levier. Ainſi le *tangage* ſera d'autant plus grand, que l'inclinaiſon du mât, & par conſéquent du vaiſſeau ſera conſidérable. *Voyez* MATURE & ARRIMAGE.

Conſidérons maintenant la ſituation du centre de la pouſſée verticale à l'égard du centre de gravité du vaiſſeau, & voyons ce que cette ſituation peut produire ſur le *tangage*. Si le centre de gravité du vaiſſeau, vaiffeau, & la pouffée verticale de l'eau coïncidoit dans un même point, il n'y auroit rien à changer à ce que je viens de dire, & ce fecond cas revieudroit au premier. Mais fi le centre de gravité eft fupérieur au centre de la pouffée verticale, il eft évident que la moindre impulfion peut faire tanguer le vaiffeau, puifque le centre de fa pefanteur fera au deffus de fon point de fufpenfion, conformément aux loix de la méchanique. La pouffée verticale de l'eau aura donc un grand avantage alors pour le relever, & par conféquent le *tangage* fera alors extrêmement prompt. Le contraire aura lieu, fi le centre de gravité eft au deffous du centre de la pouffée verticale, parce que le poids du vaiffeau qui réfiftera à l'effort de l'eau, fera multiplié par fa diftance à cette pouffée. D'où il faut conclure 1°. *que les balancemens du vaiffeau feront d'autant plus grands, que l'inclinaifon du vaiffeau fera plus confidérable ; 2°. que la promptitude de ces balancemens augmentera en même proportion que l'accroiffement de l'élévation du centre de gravité du vaiffeau, au deffus de la pouffée verticale ; & 3°. que les balancemens feront d'autant plus lents, que le centre de la pouffée verticale fera élevé au deffus du centre de gravité du vaiffeau.*

Tout ceci eft dit en général, fans aucune confidération pour la figure du vaiffeau. Cette figure peut encore contribuer à ralentir ou à favorifer le *tangage,* fuivant qu'elle réfiftera à l'impulfion de l'eau, lors de l'inclinaifon ; & il eft certain que moins cette figure aura de convexité, plus elle réfiftera au *tangage.* Ce feroit donc un avantage de donner peu de rondeur aux vaiffeaux : mais cet avantage eft balancé par d'autres pour le moins auffi importans. C'eft ce dont on fe fouviendra en lifant l'article Construction, fect. 11.

TANGUER. C'eft balancer de pouppe à proue. *Voyez* TANGAGE.

TANGUEURS ou GABARIERS. Ce font des porte-faix,

qui servent à charger & à décharger les grands
bâtimens.

TAPABOR. Sorte de bonnet à l'Angloise, qu'on porte
sur mer, & dont les bords se rabattent sur les épaules.

TAPECU. C'est une voile dont on se sert sur les vaisseaux marchands, lorsqu'ils vont vent arriere, pour
empêcher que la marée ou les courans n'emportent
le vaisseau, & ne le fassent dériver. On la met à une
vergue suspendue vers le couronnement, ensorte
qu'elle couvre le dehors de la pouppe, & qu'elle
déborde, tant à stribord qu'à bas-bord, de deux
brasses à chaque côté. On en fait aussi usage sur les
petits yachts & sur les buches, pour continuer de
siller pendant le calme, ou pour mieux venir au
vent. Celui de ces derniers bâtimens est quarré.

TAPONS. *Voyez* TAMPONS.

TAQUET-FILIEUX ou FILEUX. Nom qu'on donne
à différentes sortes de petits crochets de bois, où
l'on amarre diverses manœuvres. *Voyez* encore SEP
DE DRISSE.

TAQUET A CORNES. C'est un *taquet* à cornes ou à branches, qui sert à lancer les manœuvres. Il y a des
taquets dans les fargues, au grand mât & au mât
de misaine. On amarre les couets à ceux de ce dernier mât.

TAQUET A GUEULE OU A DENT. *Taquet* qui se cloue par
les deux bouts, & qui est échancré par le dedans.

TAQUET DE FER. Espece de *taquet* à gueule, qui sert,
dans la construction & dans le radoub des vaisseaux,
à faire approcher & joindre les membres, les préceintes & les bordages.

TAQUET DE LA CLEF DES ÉTAINS. *Voyez* CLEF DES
ÉTAINS.

TAQUET DE MAT DE CHALOUPE. *Taquet* à dents, qui est
vers le bas du mât, & où l'on amarre la voile.

TAQUETS D'AMURE. Ce sont des pieces de bois,
courtes & grosses, rouées, qu'on applique sur cha-

que côté du vaisseau, pour servir de dogue d'amure. *Voyez* DOGUE D'AMURE.

TAQUETS DE CABESTAN. *Voyez* CABESTAN & FUSEAUX.

TAQUETS D'ÉCHELLE. Pieces de bois, qui servent d'échelons ou de marches aux echelles des côtés du vaisseau.

TAQUETS D'ÉCOUTES. *Voyez* BITTES.

TAQUETS DE HAUBANS. Longues pieces de bois, amarrées aux haubans d'artimon, où il y a des chevillots, qui servent à élancer les cargues.

TAQUETS DE HUNE A L'ANGLOISE. Ce sont deux demi-ronds, qui servent de hune, étant mis aux deux côtés du bout du mât de beaupré.

TAQUETS DE PONTON. Gros *taquets*, semblables à ceux qui servent de dogue d'amure aux vaisseaux, par où passent les attrapes lorsqu'on les carene.

TAQUETS DE VERGUE. Ce sont deux *taquets*, qui sont à chaque vergue.

TAQUETS SIMPLES. *Taquets* qui ont la forme d'un coin, & qui servent à divers usages.

TARE. Nom que les Normands & les Picards donnent au goudron. *Voyez* GOUDRON.

TARTANE. C'est une barque, dont on se sert sur la Méditerranée, qui ne porte qu'un arbre de mestre ou un grand mât, & un mât de misaine. Lorsqu'il fait beau, sa voile est à tiers-point, & on fait usage d'une tréou de fortune dans les gros temps. *Voyez* TRÉOU. Cette mâture forme la principale différence qu'il y a de ce bâtiment à une barque. Je dis la principale différence, parce que les dimensions de ces deux bâtimens ne sont point semblables, comme on en jugera en comparant celles d'une barque avec les suivantes.

PROPORTIONS D'UNE TARTANE.

	Pieds.	Pouces.
Longueur de la quille, portant sûr terre..	38	0
Epaisseur de la quille.	0	$5\frac{1}{2}$
Largeur de la quille.	0	$7\frac{1}{2}$
Hauteur de la façon de l'arriere.	3	$3\frac{1}{2}$
Hauteur de la façon de l'avant.	3	$3\frac{1}{2}$
Hauteur du premier querat en avant. . .	9	0
Hauteur du second querat en avant. . .	11	0
Hauteur de l'étrave.	14	0
Quête de l'étrave.	12	0
Hauteur de l'étambord.	14	3
Quête de l'étambord.	4	6
Hauteur du premier querat en arriere. .	9	0
Hauteur du second querat en arriere. . .	11	0
Largeur de la préceinte.	0	5
Epaisseur de la préceinte.	0	4
Largeur du maître-gabarit.	15	
Hauteur du premier querat au milieu. .	4	
Hauteur du fond de cale.	7	
Hauteur du platbord	9	

TEMPÊTE. Mouvement extraordinaire des vents, qui agite les vagues de la mer avec violence, qui tourmente extrêmement les vaisseaux qui font en mer, & leur fait faire quelquefois naufrage. Dans ces temps, une armée navale ne doit jamais tenir la mer, & elle doit relâcher quand elle peut les prévoir, à moins que la rade où l'on pourroit mouiller, ne fût mauvaise ; car il vaudroit mieux, dans ce temps, tenir la mer, en se rangeant sur trois colonnes, & en laissant un grand intervalle entre chaque vaisseau. Il conviendra même, si elle est au large, de mettre à la cape avec les basses voiles, afin que les vaisseaux se soutiennent mieux contre

les vagues ; car le vent pouffant les voiles d'un côté,
foutient toujours le vaiffeau, & l'empêche de fuivre
les mouvemens des flots, qui le feroient rouler, &
le démâteroient. Mais quand on n'a pas beaucoup
d'efpace à courir, on met à la cape avec la grande
voile, ou avec l'artimon feulement, & le vaiffeau
eft beaucoup moins fatigué que s'il étoit tout-à-fait
fans voiles.

Le P. *Hôte*, à qui on doit ces regles, les foutient
dans fon *Art des armées navales*, pag. 415 & fuiv.
par des raifons qu'on ne fçauroit trop étudier.
Quand on fe rappelle la perte de l'armée navale de
Philippe II, Roi d'Efpagne (*voyez* ARMÉE NAVALE),
on fent vivement combien il importe de fe conduire
avec capacité dans une *tempête*. Les Romains, qui
éprouvoient fouvent les malheurs qu'elle caufe,
plus habiles dans l'art de prier, que dans celui de
gouverner un vaiffeau, avoient dédié un temple
aux Dieux qui y préfidoient. Ce fut *Lucius Corne-
lius Scipion* qui le fit bâtir, l'an de la fondation de
Rome 494, pour actions de graces de s'être fauvé
d'une violente *tempête*, qu'il effuya dans la mer
Corfique, comme il paroît par ces vers :

Te quoque tempeftas meritam delubra fatemur.

Cum penè eft corfis, obruta claffis aquis.

Je ne m'arrêterai point à faire mention ici des
tempêtes qui arrivent ordinairement en mer, &
furtout dans la zone torride. Les marins les connoif-
fent ; & ce que je pourrois apprendre aux autres
perfonnes, n'a rien d'affez piquant pour mériter
leur attention. Je fubftituerai à cela la defcription
d'une *tempête* qui vient du fond de la mer, fans
que l'air foit agité, parce que c'eft de tous les mouvemens orageux de la mer celui qui caufe de plus
grands ravages. Telle eft celle qui arriva en 1755,
& qui a caufé à Cadix & à Lifbonne les plus grands

défordres. La *tempête* que je vais décrire, reffemble
beaucoup à celle-là ; & afin de laiffer au lecteur le
plaifir de comparer les particularités de l'une & de
l'autre, je vais copier le détail qu'en a donné le
Pere *Fournier*, dans fon *Hydrographie* publiée en
1677.

« A trente-cinq lieues au fud de Lima, il y a un
» havre célebre, nommé Pifco, & une ville où de-
» meurent plufieurs nobles & perfonnes de qualité,
» qui s'appercevant un jour que tout à coup la mer
» s'étoit grandement retirée, & avoit laiffé tout le
» rivage à fec, fortirent en grand nombre, & ac-
» coururent fur la greve, pour voir ce fpectacle tout
» extraordinaire, ne fe doutant du malheur qui étoit
» tout proche; car tôt après ils apperçoivent une
» groffe tumeur en la mer; ils voient l'eau bouillir
» & pétiller, les vagues groffir, & fe repliant les
» unes fur les autres, meugler, frémir & rouler
» avec précipitation non plus des vagues, mais des
» montagnes d'eau, fi hautes qu'elles leur ôterent
» toute efpérance de fauver leur vie à la fuite ; &
» n'attendant plus que le moment auquel ils fe-
» roient engloutis, & leur ville & leur pays fub-
» mergé, fe jetterent à genoux, leverent les yeux
» & le cœur au ciel, & reclamerent le pouvoir de
» celui à qui feul la mer & les vents obéiffent. Et en
» effet voilà que la mer franchiffant fes digues &
» bornes ordinaires, fe fend en deux; & laiffant à
» fec le lieu où ces pauvres gens étoient à genoux,
» & leur ville derriere eux, s'épanche à droite & à
» gauche la hauteur de deux piques, une grande
» lieue avant en terre; & continuant l'efpace de
» trois cens lieues du côté que la mer fumoit &
» bouilloit, défola tout le pays, renverfant arbres,
» maifons & villes, les flots furpaffant de beaucoup
» leurs plus hautes murailles. Camana, ville céle-
» bre, diftante de deux cens trente lieues de Lima,
» y périt avec fon port & quantité d'autres places,

» mais spécialement la ville d'Arica. La mer ayant
» de la sorte inondé la côte par trois fois, en fort
» peu de temps, s'étant retirée, laissa la campagne
» toute couverte de poissons…. Comme voilà qu'une
» heure & demie après midi la montagne Onrate,
» qui depuis quelques années avoit vomi quantité
» de flammes, commença à s'ébranler, & peu après
» tout le pays fut tout d'un coup saisi d'un tel trem-
» blement, & secoué d'une si étrange façon, qu'on
» ne croit pas qu'il y ait de tremblement de terre
» semblable à celui-là ;… car il régna en même
» temps trois cens lieues le long de la mer, &
» soixante & dix dans les terres, & dans l'espace d'un
» demi-quart d'heure, engloutit quantité de villes ;
» renversa de fond en comble les autres ; fit voler en
» quartiers les plus hautes roches ; boucha le canal
» des rivieres ; ensevelit sous les ruines tout ce qu'il
» rencontra, & à peine se trouvoit lieu, en tout es-
» pace, où un homme se pût tenir de bout. Plusieurs
» de ceux, qui n'avoient été ensevelis dans les en-
» combres de ce bouleversement général, furent
» étouffés par la poudre, qui leur cachoit même le
» soleil. Ce fut pour lors que furent renversés quan-
» tité d'aqueducs (qui étoient la merveille du Pérou,
» & possible, les plus beaux du monde) dans la pro-
» vince de Parinacosa, distante de soixante & dix
» lieues de Lima ; bien que ce pays fût des plus peu-
» plés du Pérou, il ne resta que quinze maisons,
» encore toutes fracassées…. A peine cet orage étoit
» passé,… que diverses rivieres, dont le cours avoit
» été arrêté, & le canal bouché & desséché par la
» chûte des rochers, enfin se faisant place, rompent
» avec grand bruit tous ces obstacles, se jettent sur
» la plaine, & les remplissent tous d'un nouvel ef-
» froi, qui fut toutefois bientôt après dissipé, &c. »
(*Hydrographie*, pag. 537 & 538.)

TEMPS AFFINÉ. *Voyez* AFFINÉ.

TEMPS A PERROQUET. Beau *temps*, où le vent souffle

médiocrement, & porte à route. On l'appelle ainsi parce qu'on ne porte plus la voile de perroquet, que dans le beau temps, parce qu'étant extrêmement élevée, elle donneroit trop de prise au vent, si on la portoit dans de gros temps. *Voyez* MATURE.

TEMPS DE MER OU GROS TEMPS. *Temps* de tempête, où le vent est très-violent.

TEMPS EMBRUMÉ. *Temps* où la mer est couverte de brouillards.

TENAILLE. C'est une machine, en forme d'une *tenaille* ordinaire, avec laquelle on fait approcher les bordages les uns des autres.

TENDELET. Espece de dais, avec des rideaux, qu'on met sur le derriere d'une chaloupe, pour être à couvert du soleil & de la pluie.

TENDELET, *terme de galere*. C'est un *tendelet* ordinaire, formé d'une piece d'étoffe, portée par la fleche & par des bâtons appellés *Pertegues* & *Pertiguetes*, qui sert à garantir la pouppe des ardeurs du soleil & de la pluie.

TENIR. Ce terme pris dans le sens général, est synonyme à prendre & à amarrer : mais il a différentes significations, suivant qu'il est joint avec un autre, comme on va le voir dans les articles suivans.

TENIR AU VENT. C'est naviger avec le vent contraire.

TENIR EN GARANT. *Voyez* GARANT.

TENIR EN RALINGUE. *Voyez* RALINGUE.

TENIR LA MER. C'est être & demeurer à la mer.

TENIR LE BALANT D'UNE MANŒUVRE. C'est amarrer le balant d'une manœuvre, afin qu'elle ne balance pas.

TENIR LE LARGUE. C'est se servir de tous les vents qui sont depuis le vent de côté, jusqu'au vent d'arriere inclusivement. *Voyez* LARGUE.

TENIR LE LIT DU VENT. C'est se servir d'un vent qui semble contraire à la route. *Voyez* ALLER A LA BOULINE.

TENIR LE LOF. *Voyez* LOF.

TENIR LE VENT. C'est être au plus près du vent.

TENIR SOUS VOILES. C'est avoir toutes les voiles appareillées, & être prêt à faire route.

TENIR UN BRAS. C'est haler un bras, & l'amarrer.

TENIR UNE MANŒUVRE. C'est attacher une manœuvre, ou l'amarrer.

TENIR ou VOIR UNE TERRE. *Voyez* OUVRIR.

TENON. *Voyez* TON.

TENON DE L'ÉTAMBORD. Petite partie du bout de l'étambord, qui s'emmortoise dans la quille du vaisseau.

TENONS DE L'ANCRE. Ce sont deux petites parties de la vergue de l'ancre, qui s'entaillent dans le jas, pour le tenir ferme.

TENTE D'HERBAGE, *terme de galere*. C'est une *tente* de gros draps, de couleur de bure. *Voyez* TENDELET.

TENUE. *Voyez* FOND DE BONNE TENUE.

TERMES. Ce sont des statues d'hommes ou de femmes, dont la partie inférieure se termine en gaîne, & dont on décore la pouppe des vaisseaux.

TERRE. On ne définit pas autrement ce terme sur mer que sur terre : mais il y a à cet égard différentes façons de parler, dont voici l'explication.

TERRE. Mot que crie à haute voix celui qui apperçoit le premier la terre.

TERRE DE BEURRE. C'est un nuage qui paroît à l'horizon, qui ressemble à la *terre*, & que le soleil dissipe ; ce qui fait dire aux gens de mer que la *terre de beurre* se fond au soleil.

TERRE DÉFIGURÉE. *Terre* qu'on ne peut pas bien reconnoître, à cause de quelques nuages qui la couvrent.

TERRE EMBRUMÉE. *Terre* couverte de brouillards.

TERRE FERME. *Voyez* CONTINENT.

TETTE FINE. *Terre* qu'on voit clairement, sans aucun brouillard qui en dérobe la vue.

TERRE GROSSE ou GROSSE TERRE. *Terre* qui est extrêmement élevée.

Terre hachée. *Terre* entrecoupée.

Terre maritime. C'eſt une côte. *Voyez* Côte.

Terre Méditerranée. *Terre* éloignée de la mer, & ſituée au milieu des terres.

Terre qui asseche. *Voyez* Assécher.

Terre qui fuit. *Terre* qui, faiſant un coude, s'éloigne du lieu où l'on eſt.

Terre qui se donne la main. C'eſt une *terre* qui n'eſt ſéparée par aucun golfe, ni aucune baie.

Terres basses. Ce ſont les rivages qui ſont bas, plats & ſans remarques.

Terres hautes. Ce ſont les montagnes ou les rivages qui ſont beaucoup élevés au deſſus de la ſurface de la mer.

Voici encore d'autres façons de parler.

Aller terre à terre. Voyez Ranger.

Aller chercher une terre : C'eſt cingler vers une *terre*, pour la reconnoître.

Dans la terre ou *Dans les terres :* Façon de s'exprimer pour parler de quelque choſe qui eſt éloigné du bord de la mer.

La terre mange : Cela ſignifie que la *terre* cache quelque choſe, & le dérobe à la vue.

La terre nous reſte. Voyez Rester.

Prendre terre : C'eſt aborder une *terre*, y arriver.

Tout à terre : On entend par-là qu'un vaiſſeau eſt très-proche de la *terre*.

Terre neuvier. On appelle ainſi un bâtiment qui va à Terre-Neuve pêcher la morue.

Terrir. C'eſt prendre terre après une longue traverſée.

Tertre. Petite éminence de terre, qui n'eſt attachée à aucune côte.

Tesseaux. *Voyez* Barres de hune.

Tête ou Tête de more. *Voyez* Chouquet.

Tête de l'ancre. C'eſt la partie de l'ancre, où la vergue eſt jointe avec la croiſée.

Tête de potence de pompe. Partie de la pompe, qui ſupporte la brinquebale.

TÊTE DU VENT. C'est le temps où le vent commence à souffler.

TEUGUE. Espece de gaillard, que l'on fait à l'arriere du vaisseau, pour le garantir de l'injure du temps.

THÉATRE. On appelle ainsi, sur la Méditerranée, un château d'avant. *Voyez* CHATEAU.

THONNAIRE. C'est un filet, dont on se sert, sur la Méditerranée, pour prendre les tons & autres grands poissons.

TIALQUE, TIARLCK ou TIARLEC. Sorte de bâti-ment, qui a une petite fourche, un grand baleston, un pont très-bas, autour duquel il y a des courcives, deux petits blocs au bordage, vers l'avant, pour y lancer des manœuvres, & trois ou quatre défenses, de deux pieds de long, qui pendent à des cordes, aux deux côtés de l'avant.

TIENBORD. *Voyez* STRIBORD.

TIERS-POINT. *Voyez* LATINE.

TILLAC. C'est le plancher qui forme l'étage d'un vais-seau, sur lequel la batterie est posée, comme sur une plate-forme. *Voyez* PONT.

On appelle *Franc tillac* le premier pont, & *Faux tillac* un faux pont. *Voyez* FAUX PONT & FRANC TILLAC.

TILLAC. Espece de plate-forme de planches, qui est au fond de cale, où le munitionnaire fait ses bidons.

TILLE. C'est l'endroit où se tient le timonnier dans les flûtes.

TILLE. C'est un couvert ou accastillage, qui est à l'ar-riere d'un vaisseau non ponté.

TIMON, Piece de bois, longue & arrondie, dont l'une des extrémités répond du côté de l'habitacle à la manivelle que tient le timonnier, où elle est jointe par une cheville de fer, qui lui est attachée, & qui entre dans la boucle de la manivelle. Delà elle passe par la sainte-barbe ; & portant sur le traversin, elle entre dans la jauniere, & aboutit à la tête du gou-vernail, qu'elle fait jouer à stribord & à bas-bord, ſelon qu'on la fait mouvoir à droite ou à gauche.

TIMONNIER. C'eſt celui qui, poſté au devant de l'habitacle, tient le timon du gouvernail, pour conduire & gouverner un vaiſſeau.

TINS. Groſſes pieces de bois, qui ſoutiennent ſur terre la quille & les varangues d'un vaiſſeau, quand on le met en chantier, & qu'on le conſtruit. *Voyez* CONSTRUCTION & LANCER UN VAISSEAU A L'EAU.

TIPHONS. *Voyez* TROMPE.

TIRANT D'EAU. C'eſt la quantité de pieds d'eau qui eſt néceſſaire pour ſoutenir un vaiſſeau.

TIRE. Commandement à l'équipage d'une chaloupe, de nager avec force.

TIRE AVANT. Commandement à l'équipage d'une chaloupe, de nager le plus qu'il pourra.

TIRE DU VENT. On ſe ſert de cette expreſſion pour déſigner la force qu'a le vent lorſqu'il eſt à l'ancre, de faire roidir ſon cable.

TIRER. On dit qu'un vaiſſeau *tire* tant de pieds d'eau pour être à flot. *Voyez* TIRANT D'EAU.

TIRER A LA MER. C'eſt prendre le large, s'éloigner des côtes, de quelque terrein ou de quelque vaiſſeau.

TIRE-VEILLES. Ce ſont deux cordes qui ont des nœuds de diſtance en diſtance, qui pendent le long du vaiſſeau, en dehors, de chaque côté de l'échelle, & dont on ſe ſert pour ſe ſoutenir lorſqu'on monte dans un vaiſſeau, & qu'on en deſcend.

TIRE-VEILLE DE BEAUPRÉ. *Voyez* SAUVE-GARDE.

TOILE NOYALE. C'eſt une *toile* très-forte, dont on ſe ſert pour faire les grandes voiles.

TOILES DE SABORDS on DE DÉLESTAGE. Ce ſont de vieilles voiles, qu'on cloue ſur les ſabords quand on veut déleſter. *Voyez* DÉLESTAGE.

TOLET. *Voyez* ESCOME.

TOLETS. Ce ſont deux chevilles de bois, qu'on poſe ſur de très-petits bateaux, avec leſquelles on met la rame, & qui la retiennent ſans étrope.

TOMBER. C'eſt pencher ou ceſſer. Ainſi un mât, une

galere *tombent*, quand ils penchent ; le vent *tombe*, quand il cesse, & qu'il fait placé au calme. Ce terme a encore d'autres significations, selon qu'il est joint avec d'autres termes, comme on le verra dans les articles suivans.

TOMBER SOUS LE VENT. C'est perdre l'avantage du vent qu'on avoit gagné, ou dont on étoit en possession, ou qu'on tâchoit de gagner.

TOMBER SUR UN VAISSEAU. C'est arriver & fondre sur un vaisseau.

TON. C'est la partie du mât, qui est comprise entre les barres de hune & le chouquet, & où s'assemblent par en haut le bout du tenon du mât inférieur avec le mât supérieur, & cela par le moyen du chouquet ; & par en bas, le pied du mât supérieur, avec le tenon du mât inférieur, par le moyen d'une cheville de fer, quarrée, appellée *Clef*.

TONIES. Sortes de bateaux des Indes, qu'on attache deux à deux, avec des roseaux ou des écorces d'arbres, afin qu'ils s'entre-soutiennent, & auxquels on met une petite voile. On appelle cet assemblage *Catapanel*.

TONNE. Grosse bouée, faite en forme de barril. *Voyez* BOUÉE.

TONNES. Ce sont des barrils défoncés par le gros bout, dont on se sert pour couvrir la tête des mâts, quand ces mâts sont dégarnis. On les couvre aussi de prélarts. *Voyez* PRÉLART.

TONNEAU. C'est le poids de deux mille livres ou de vingt quintaux.

On appelle *Droit de tonneau* le droit de douane, qui se perçoit sur chaque *tonneau*.

TONNELIER. C'est, sur un vaisseau, celui qui a soin des futailles, qui les rebat, & qui fait les chargemens nécessaires.

TONTURE. C'est un rang de planches dans le revêtement du bordage, contre la ceinte du franc tillac.

Ce terme a une autre signification quand on le

joint avec le mot vaisseau, & il signifie alors un bon arrimage & une bonne assiette.

TONTURE. C'est la rondeur des préceintes qui lient les côtés du vaisseau, & des baux qui ferment les ponts.

TONTURE DU PONT. *Voyez* RELÉVEMENT.

TORDES. *Voyez* SAUVE-RABANS.

TORON. Assemblage de plusieurs fils de carret, dont un gros cordage est composé.

TORTUE DE MER. Sorte de vaisseau, qui a le pont élevé, en maniere de toit, afin de mettre à couvert les personnes & les effets qui y sont.

TOSTES DE CHALOUPES. Ce sont des bancs posés à travers les chaloupes, où s'asseyent les rameurs.

TOUAGE. C'est le travail des matelots, qui, à force de rames, tirent un vaisseau qu'on a attaché à une chaloupe, afin de le faire entrer dans un port, ou monter dans une riviere.

TOUAGE. *Voyez* TOUE.

TOUCHE. *Voyez* DÉGORGEOIR.

TOUCHER. C'est heurter contre la terre, faute d'eau ou de fond.

TOUCHER A UNE CÔTE OU A UN PORT. C'est aborder à une côte ou à un port, & y mouiller.

TOUCHER LE COMPAS. C'est aimanter l'aiguille de la boussole. *Voyez* AIGUILLE AIMANTÉE.

TOUÉ ou TOUAGE. C'est le changement de place qu'on fait faire à un vaisseau avec une hansiere attachée à une ancre mouillée ou amarrée à terre, quand on veut approcher ou reculer un vaisseau de quelque poste. *Voyez* encore CHALOUPE A LA TOUE.

TOUE. C'est un bateau qui sert à passer une riviere, & dont on se sert principalement sur la Loire.

TOUER. C'est tirer ou faire avancer un vaisseau avec la hansiere qui y est attachée par un bout, & dont l'autre bout est saisi par des matelots, qui tirent le cordage pour faire avancer le vaisseau. La diffé-

rence qu'il y a entre ce terme *touer* & celui de remorquer, c'est qu'on ne tire point un vaisseau à
force de bras quand on remorque, mais à force de
rames. *Voyez* REMORQUER.

TOUPIE. C'est un instrument inventé, en Angleterre, pour observer sur mer l'horizon, malgré
le tangage & le roulis du vaisseau. C'est une
toupie de métal, couverte d'une glace très-peu
haute, & ayant trois pouces de diametre. Elle a
un creux en dessous, en forme de cône, qui reçoit
l'extrêmité d'une pointe d'acier, sur laquelle on la
fait tourner. On la rend pesante par un cercle de
métal. Pour la faire tourner, on enveloppe un
ruban autour d'une tige placée au dessus de la surface, au milieu de la glace, & on tire ce ruban avec
force, en retenant la *toupie*, ou en l'empêchant de
s'incliner. C'est dans une espece d'écuelle, au fond
de laquelle s'éleve une pointe qui soutient la *toupie*,
qu'on la fait tourner. On met au dessus de cette
écuelle une regle qu'on place comme un diametre.
Cette regle retient la *toupie* pendant qu'on tire le
ruban qui passe à travers par un trou, & on l'ôte
aussi-tôt que le mouvement est donné. Plus on tire
le ruban avec force, plus la *toupie* tourne vîte. Le
ruban se dégage, & on ôte la regle.

Cette *toupie* conserve ainsi son niveau. Or si, pendant que le mouvement de la *toupie* est régulier, on
regarde un astre, on verra que son image ne chan-
gera point de place, quoiqu'on donne des secousses
assez fortes à la *toupie*. Ainsi, en observant avec l'octant (*voyez* OCTANT), on se penchera vers la *toupie*, & on fera concourir les deux images de l'astre
sur la glace. La premiere image sera celle que donnera la *toupie*, & la seconde celle que donnera la glace
de l'alidade.

Au reste, lorsque ces deux images concourent, ou
que la moitié de l'une convient parfaitement avec
la moitié de l'autre, l'octant donne le double de la

hauteur de l'aftre ; car il marque combien l'aftre eft réellement élevé au deffus de fon image, qu'on voit dans le miroir de la *toupie*. Il n'y aura donc qu'à prendre la moitié du nombre qu'on trouvera fur l'octant, pour avoir la hauteur véritable de l'aftre.

TOUR A FEU. *Voyez* PHARE.

TOUR DE BITTE AU CABLE. C'eft un *tour* de cable pardeffus les bittes.

TOUR DE CABLE. On appelle ainfi le croifement de deux cables près des écubiers, lorfqu'un vaiffeau eft affourché.

TOUR MARINE. C'eft une *tour* élevée fur les côtes de la mer, qui n'a point de portes, où l'on entre par les fenêtres, qui font au premier étage, & defquelles on tire l'échelle par laquelle on eft monté, quand on eft entré. On y tient des foldats, qui font chargés de faire un fignal quand ils découvrent des vaiffeaux ennemis.

TOURBILLON. C'eft un vent violent, qui tournoie fur l'eau en manière de peloton.

TOURETS. *Voyez* TOLETS.

TOURILLONS. Ce font deux efpeces de bras de métal, qui font à chaque côté du canon, pour fervir à le tourner.

TOURMENTE. *Voyez* TEMPÊTE.

TOURMENTIN. Quelques marins appellent ainfi le perroquet de beaupré. *Voyez* MAT.

TOURNANT. Nom qu'on donne à un mouvement circulaire des eaux, qui forme un gouffre, dans lequel périffent prefque tous les vaiffeaux qui ont le malheur d'y tomber. Il y en a un entr'autres à la côte de Norwege, qui eft très-dangereux.

TOURNANT. C'eft un pieu enfoncé en terre, qui porte un rouleau, avec des pivots placés dans des traverfes liées à ce même pieu, & fur lequel les bateliers, paffant leur corde, tirent leur bâtiment, ou le font tirer fans difcontinuer. Par cette manœuvre ils
paffent

paſſent les contours & les angles d'un canal ou d'une riviere, ſans avoir la peine de ſe remorquer à force de crocs, de gaffes & d'avirons.

TOURNEVIRE. Gros cordage à neuf torons, de quarante fils chacun, qui ſert, avec le cabeſtan, à retirer l'ancre du fond de l'eau, en halant le cable du cabeſtan à bord du vaiſſeau, & qui, à cauſe de ſa groſſeur, ne peut pas ſe rouler autour de cette machine. *Voyez* CABESTAN.

TOURON. *Voyez* TORON.

TOUT LE MONDE BAS. Commandement à tous les gens de l'équipage, ou de s'aſſeoir, pour ne point retarder par leur mouvement le ſillage du vaiſſeau, ou de deſcendre entre les ponts, ou de ſe coucher pour n'être point en vue d'un vaiſſeau ennemi.

TOUT LE MONDE HAUT. Commandement à l'équipage, de monter ſur le pont du haut du vaiſſeau.

TRAIN DE BATEAUX. Aſſemblage de pluſieurs bateaux attachés l'un derriere l'autre, pour les remonter tous à la fois.

TRAINE. Menue cordé, où les ſoldats du vaiſſeau attachent leur linge pour le laiſſer traîner à la mer, afin qu'il s'y lave. On dit : *à la traîne*, lorſqu'on deſtine quelque choſe à traîner dans la mer, en l'attachant à une corde.

TRAIT DE COMPAS, ou TRAIT DE VENT. *Voyez* RUMB.

TRAIT QUARRÉ. On ſous-entend *voile à*. C'eſt une voile qui a la forme d'un rectangle.

TRAITE. C'eſt le commerce qui ſe fait entre des vaiſſeaux & les habitans de quelque côté.

TRAMONTANE. Nom qu'on donne, ſur la Méditerranée, au vent du nord, parce qu'il vient du côté qui eſt delà les monts.

TRAPE ou ATTRAPE. *Voyez* CORDE DE RETENUE.

TRAVADES. Ce ſont certains vents inconſtans, qui

parcourent quelquefois les trente-deux rumbs en une heure. Ils font ordinairement accompagnés d'éclairs, de tonnerres & d'une pluie abondante.

TRAVAILLER. On dit que la mer *travaille*, lorfqu'elle eft fort agitée; qu'un vaiffeau *travaille*, lorfqu'il tangue & roule fi fort, qu'il ne peut faire route.

TRAVERS. La fignification générale de ce terme eft Vis-à-vis, à l'oppofite. Ainfi on dit : fe mettre à *travers*, ou paffer par le *travers*, lorfqu'on fe met ou qu'on paffe vis-à-vis ou à l'oppofite de quelque chofe. On dit auffi : mettre le vaiffeau en *travers*, quand on préfente le côté au vent.

TRAVERSE. *Voyez* TRAVERSIN.

TRAVERSÉE. C'eft le trajet ou voyage par mer, qu'on fait d'un port à un autre.

TRAVERSE MISAINE. Commandement à l'équipage du vaiffeau, de haler l'écoute de mifaine, pour la traverfer.

TRAVERSER. C'eft préfenter le côté.

TRAVERSER L'ANCRE. C'eft mettre l'ancre le long du côté du vaiffeau, pour la remettre en fa place.

TRAVERSER LA LAME. C'eft aller de bout à la lame.

TRAVERSER LA MISAINE. C'eft haler fur l'écoute de mifaine, pour faire entrer le point de la voile dans le vaiffeau, afin de le faire abattre lorfqu'il eft trop près du vent.

TRAVERSIER. Petit bâtiment, qui n'a qu'un mât; qui porte ordinairement trois voiles, l'une à fon mât, l'autre à fon étai, & la troifieme à un boutehors, qui regne fur fon gouvernail, & dont on fe fert pour la pêche, & pour faire de petites traverfées.

On appelle auffi *Traverfier* un ponton, parce qu'il eft propre à de petites traverfées.

TRAVERSIER DE CHALOUPE. C'eft une piece de bois, qui lie les deux côtés d'une chaloupe par l'avant. On donne encore ce nom à deux pieces de bois qui traverfent une chaloupe de l'avant & de l'arriere,

& où sont passées les herses qui servent à l'embarquer.

Traversier de port. Nom qu'on donne au vent qui vient en droiture dans un port, & qui en empêche la sortie.

On dit : *mettre la misaine au traversier*, quand on met le point de la voile vis-à-vis du *traversier*; ce qui a lieu dans un vent largue.

TRAVERSIN. C'est une piece de bois, qui traverse la sainte-barbe dans le sens de sa largeur, & qui soutient le timon qui se meut sur elle.

Traversin d'écoutille. Piece de bois, qui traverse l'écoutille par le milieu, pour la soutenir.

Traversin d'élinguet. Piece de bois, endentée sur les baux du vaisseau, derriere le cabestan, dans laquelle on entaille les élinguets.

Traversin de herpes. Piece de bois, qui est à l'avant d'une herpe à l'autre, & qui sert à caponner l'ancre.

Traversin des bittes. Piece de bois, mise en travers pour entretenir un pilier de bittes avec l'autre.

TRAVERSINS DE TAQUETS. Ce sont des pieces de bois, de cinq à six pieds de long, dans lesquelles les taquets d'écoute sont emboîtés.

TRÉLINGAGE. *Voyez* Marticles & les articles suivans.

Trélingage des étais sous les hunes. C'est un cordage de plusieurs branches, qui tient aux hunes & aux étais, pour les affermir, & pour empêcher que les voiles supérieures ne se gâtent, ne battent contre les hunes, & ne passent dessous.

Trélingage des haubans. On appelle ainsi plusieurs tours de corde, qui sont aux grands haubans, sous les hunes, afin de les mieux unir, & de leur donner plus de force.

TRÉLINGUER. C'est faire usage d'un cordage à plusieurs branches.

TRÉMUE. C'est un passage fait avec des planches, dans

quelques vaisseaux, depuis les écubiers, jusqu'au plus haut pont, & qui sert à faire passer les cables qui sont talingués aux ancres.

TRÉMUE. Petit couvert ou défense de planches élevées, pratiqué aux écoutilles des buches & des flibots, qui vont à la pêche du hareng, pour empêcher que l'eau, que les coups de mer envoient, n'entre dans le bâtiment par les écoutilles.

TRENTE-SIX MOIS. *Voyez* ENGAGÉ.

TREOU. Voile quarrée, que les galeres, les tartanes & quelques autres bâtimens de bas-bord, portent dans des gros temps.

TRÉPOU ou TRÉPORT. Longue piece de bois, qui est assemblée avec le bout supérieur de l'étambord, & qui forme la hauteur de la pouppe. *Voyez* encore ALONGES DE POUPPE.

TRÉSORIER GÉNÉRAL DE LA MARINE. C'est un officier qui est chargé des fonds destinés à la marine, & qui en fait la répartition dans les ports, pour les dépenses nécessaires aux armemens, aux constructions, aux paiemens des officiers, &c.

TRÉVIER. C'est le nom qu'on donne à celui qui travaille aux voiles, qui a soin de leur envergure, & qui les visite à chaque quart, pour voir si elles sont en bon état.

TRÉVIRER. *Voyez* CHAVIRER.

TRIANGLE. Sorte d'échafaud, qui sert à travailler sur les côtes du vaisseau. Il est composé de trois pieces, d'un traversin, d'une acore, qui pend de travers sur le traversin, & qui va s'appuyer sur le côté du vaisseau, & d'un arcboutant, qui est attaché par une extrêmité au bout du traversin, & qui, s'élevant par l'autre en haut du vaisseau, est cloué à son côté.

TRIANGLE. C'est le nom qu'on donne à trois barres de cabestan, qu'on suspend autour des grands mâts, quand on veut les racler.

TRIBORD. *Voyez* STRIBORD.

TRIBORD TOUT. Commandement au timonnier de

pousser la barre du gouvernail à droite, tout proche du bord.

TRIBORDAIS. C'est la partie de l'équipage qui doit faire le quart de stribord.

TRIÉRARQUE, *terme de marine ancienne.* C'étoit un officier qui étoit chargé de fournir les vaisseaux d'armes, de soldats, de rameurs & de victuailles.

TRINGLE. C'est une piece de bois, de deux pieds de long, de cinq ou six pouces de large, dont on se sert pour couvrir les joints des planches d'un bateau, tant du fond, que des bords.

TRINQUETIN. C'est le bordage extérieur, le plus élevé de la galere.

TRINQUET. C'est le second mât de la galere. *Voyez* GALERE.

TRINQUETTE. Voile triangulaire, qu'on met à l'avant de certains vaisseaux.

TRIOMPHE NAVAL. C'est un honneur qu'on rendoit autrefois à celui qui avoit remporté une bataille navale considérable. Ce fut à l'occasion de la victoire que *Caïus Duillius* remporta sur les Carthaginois, l'an de la fondation de Rome 493, qu'on institua cette sorte de récompense. Elle consistoit en une colonne, qu'on éleva pour immortaliser cette action, & à porter devant le vaisseau un flambeau, lorsque le soleil étoit couché. On battit encore, en l'honneur de *Duillius*, une monnoie d'argent, où *Neptune* étoit représenté avec son trident, dans un char de triomphe. *Voyez Polype.*

TRISSE DE BEAUPRÉ. C'est un palan, qui saisit la vergue de civadiere des deux côtés, entre les balancines & les haubans, pour l'aider à la soutenir, & pour la manœuvrer.

TRISSE DE RAÇAGE. *Voyez* DROSSE DE RAÇAGE.

TROMPE. C'est un tourbillon de vent, qui se forme dans une nue opaque, & qui en descend en maniere de colonne, en tournoyant, sans quitter pourtant la nue, pour aboutir jusqu'à la mer. Parvenue

là, elle aspire l'eau qu'elle touche, & la laisse re-
tomber subitement. Malheur au vaisseau qui se
trouve sous la colonne : il est inondé & presque
englouti. Il peut même être enlevé, ou du moins
renversé, lorsque la *trompe* aspire ; car cette aspi-
ration est si forte, & son mouvement de tour-
noiement si violent, qu'elle déracine des arbres
sur terre. (*Voyez* l'*Essai de Physique* de M. *Muf-
chenbroek*, tom. II, pag. 799, édition d'Amsterdam.)
Ce qu'il y a encore de plus fâcheux, c'est que ce
tourbillon est suivi d'une tempête violente. Aussi
les marins le redoutent-ils avec juste raison. Pour
l'appaiser, les matelots versoient autrefois du vinaigre sur le bord ; & ils croient aujourd'hui qu'il
vaut mieux ferrailler & s'escrimer sur le vaisseau
avec grand bruit. Le dernier moyen est moins ridi-
cule que l'autre.

TROMPETTE MARINE. C'est une *trompette* ordinaire, qui a depuis sept jusqu'à quinze pieds de
long, & dont on se sert pour parler de loin. *Voyez*
PORTE-VOIX, dans le *Dictionnaire universel de Mathématique & de Physique*, tom. II.

TROSSE DE RACAGE. C'est un palanquin, formé
de deux poulies, une double, & l'autre simple.

TROUS D'AMURES. *Voyez* AMURES.

TROUS D'ÉCOUTES. *Trous* ronds, percés en biais dans
un bout de bois, en maniere de dalots, par où passent les grandes écoutes.

TROUS DE LA CIVADIERE. *Voyez* ŒIL.

TROUSSER, *terme de galere*. C'est se courber en dedans.

TRUGUE ou TUGUE. Espece de faux tillac ou de
couverte, qu'on fait de caillebotis, & que l'on
éleve sur quatre ou six piliers, au devant de la
dunette, pour se garantir du soleil ou de la pluie.
Il est défendu de faire cette couverte de planches,
& le Roi veut qu'elle soit faite avec des tentes, sou-
tenues par des cordages.

TUTELLE. C'est le patron ou le protecteur du vaisseau.
Voyez BAPTÊME & MIROIR.

TYNDARIDES. Nom que donnoient les Anciens au
feu Saint-Elme, quand il étoit double. Voyez FEU
SAINT-ELME.

VADROUILLE. C'eſt la même choſe que guiſpon. *Voyez* GUISPON.

VAGANS. Ce ſont des gueux ou des mandians, qui, dans les temps de grandes tempêtes, rodent ſur les côtes, pour voir s'il n'y a point quelque butin à faire.

VAGUES. *Voyez* LAMES.

VAIGRER. C'eſt poſer en place les planches qui font le revêtement intérieur du vaiſſeau. *Voyez* VAIGRES.

VAIGRES ou SERRES. Ce ſont des planches, qui font le bordage intérieur du vaiſſeau, & qui forment le ſerrage, c'eſt-à-dire, la liaiſon. *Voyez* encore les articles ſuivans.

VAIGRES DE FOND. *Vaigres* les plus proches de la quille. Elles n'en ſont éloignées que de cinq à ſix pouces. On ne les joint pas entiérement à la quille, afin de laiſſer un eſpace pour l'écoulement des eaux, juſqu'à l'archipompe. Cet éſpace eſt fermé par une planche, qui ſe leve ſelon le beſoin.

VAIGRES D'EMPATURE. Ce ſont les *vaigres* qui ſont au deſſus de celles du fond (*voyez* VAIGRES DE FOND), & qui forment le commencement de la rondeur des côtes.

VAIGRES DE PONT. Ce ſont des *vaigres* qui font le tour du vaiſſeau, & ſur leſquelles ſont poſés les bouts des baux du ſecond pont.

VAIGRES DES FLEURS. *Vaigres* qui montent au deſſus de celles d'empâture, & qui achevent la rondeur des côtes. *Voyez* FLEURS.

VAISSEAU. C'eſt un bâtiment de charpenterie, conſtruit d'une maniere convenable pour flotter & ſiller sur les eaux. Comme c'est ici l'ame en quelque sorte de la marine, & que sans vaisseau point de navigation, je dois tâcher d'en faire connoître jusqu'aux moindres parties. Pour remplir ce plan, je vais donner la description d'un *vaisseau* construit & mâté, & celle de sa coupe intérieure, afin de le développer entièrement. Je préviens que je parlerai ici (comme je l'ai fait dans cet Ouvrage) de la civadiere, quoiqu'on ait supprimé cette voile en France, depuis quelques années, parce que les autres nations n'ont point adopté cette suppression, & que leurs raisons, pour la conserver, sont sans doute préférables à celles que les François ont de n'en point faire usage. Les *Duguetrouin*, les *Jean-Bart*, les *Duquesne*, &c. en sçavoient tirer parti ; & l'estime qu'en faisoient ces marins, est un préjugé bien fort pour les avantages qu'on peut en retirer. *Voyez* MANEGE DU NAVIRE. Je donnerai ensuite une méthode générale de le construire, telle qu'on la pratique presque de nos jours. Après cela je distinguerai les différentes especes de *vaisseaux*, & je ferai connoître leurs proportions particulieres par des tables. Enfin je terminerai cet article par la description des plus célebres *vaisseaux* anciens & modernes. A l'égard de la construction propre & de l'histoire du *vaisseau*, *voyez* CONSTRUCTION & ARCHITECTURE NAVALE.

I.

Description du vaisseau, avec sa mâture & ses manœuvres.

La *Pl. II.* représente un vaisseau de guerre, dont les différentes parties sont indiquées par des lettres & des chiffres. Comme les unes & les autres sont en grand nombre, afin de mettre de l'ordre dans cette description, je la diviserai par articles, & je distinguerai par-là le corps du *vaisseau*, ses mâts & leurs manœuvres.

Du corps du vaisseau.

A. La quille.
B. L'étambord.
B. L'étrave.
C. Le gouvernail.
D. La voûte.
E. La galerie.
F. La frise.
G. Le bâton de pavillon, & son chouquet.
H. La dunette de l'arriere.
I. Enseigne de pavillon.
K. Corps-de-garde.
L. Château d'avant.
M, M. Les bossoirs.
N. L'éperon.
O, O, O. Les préceintes.
P, P, P, &c. Les canons & les sabords.
Q. Un dogue d'amure (l'autre est de l'autre côté du vaisseau).
R. La maîtresse-ancre.
S. Les écubiers.

Des mâts.

W. Le mât d'artimon.
X. Le grand mât.
y. Le mât de misaine.
Z. Le mât de beaupré.
a. Mât de perroquet d'artimon.
b. Grand mât de hune.
c. Mât de grand perroquet.
d. Mât de hune d'avant.
e. Mât de perroquet d'avant.
f. Mât de perroquet de beaupré.
g, g. Girouettes sur les perroquets des mâts de misaine & d'artimon.

h. Pavillon du grand mât ou du grand perroquet.
K. Pavillon de beaupré.

Des vergues , voiles & manœuvres d'artimon.

1, 1. Vergue & voile d'artimon.
2. Vergue de fougue.
3, 3. Vergue & voile du perroquet de fougue.
14. La hune du mât d'artimon.
84. Balancines de la vergue de perroquet de fougue.
17. Les haubans.
26. Les haubans de fougue.
18. Les porte-haubans ou écotards , & cadenes d'artimon.
36, 36. Ecoute d'artimon.
71, 71. Bras & pendeur de la vergue de fougue.
72. Bras de la vergue du perroquet de fougue.
88. Bouline de perroquet d'artimon.
78, 78. Cargues du perroquet de foule.
32, 32, 32. Trois cargues.
62. Etai du perroquet.
23. Etai du mât & de sa voile.
47. Marticles de la vergue, les lignes de trélingage &
les araignées.
96. Itague & drisse d'artimon.
43. Hource de la vergue.
95. Drisse de flamme de la vergue d'artimon.

Des vergues voiles , & manœuvres du grand mât.

4. La grande vergue & la grande voile ou grand pacfi.
5. Vergue du grand hunier , & le grand hunier.
6. Vergue de grand perroquet , & grand perroquet.
14, 14. La hune.
12 & 13. Le ton & le chouquet.
48. Les balancines de la grande vergue.
73, 73. Bras & pendeur de la vergue du grand hunier.
85. Balancines de la vergue du grand perroquet.

44. Bras de la grande vergue, & leurs pendeurs.
37. Ecoute de la grande voile.
89. Bouline de la grande voile.
33. Cargues de la grande voile.
24, 24. Le grand étai & sa voile.
19. Les grands haubans.
20. Le grand porte-hauban ou écotard, avec ses cadenes.
69. Galaubans du grand mât de hune.
63. Etai du grand mât de hune, & sa voile.
79. Cargues du grand hunier.
91. Bouline du grand hunier.
27. Les haubans du grand mât de hune.
29. Haubans du grand perroquet.
74. Bras & pendeur de la vergue du grand perroquet, qui aboutissent en forme de triangle au mât d'artimon.
81. Cargues du grand perroquet.
92. Bouline du grand perroquet.
51. Cargues-bouline de la grande voile.
53. Gargues-fond ou de la grande voile.
41. Le grand couet.
97. La grande itague.
100. Drisse du grand hunier.
65. Etai du grand perroquet.

Des vergues, voiles & manœuvres du mât de misaine.

7. Vergue & voile de misaine.
8. Vergue & voile du petit hunier.
9. Vergue & voile du perroquet d'avant.
49, 49. Balancines de la vergue.
60. Ecoutes du perroquet, qui servent de balancines au petit hunier.
86. Balancines de la vergue de perroquet.
15 & 16. Les hunes, le ton, les chouquets & les barres.
45. Bras de la vergue, & leurs pendeurs.
75, 75. Bras & pendeurs du petit hunier.

76. Bras & pendeurs de la vergue du perroquet.

38, 38. Ecoutes & couets.

90, 90. Bouline de misaine.

93. Bouline du petit hunier.

94, 94. Bouline de perroquet.

34. Cargues de misaine.

58. Ecoutes du petit hunier.

21. Haubans.

28. Haubans du mât de hune.

30. Haubans de perroquet.

25. Etai du mât.

64. Etai du mât de hune, & sa voile.

66. Etai du perroquet.

80. Cargues du petit hunier.

82. Cargues du perroquet.

70, 70. Galaubans du mât de hune.

22. Porte-haubans.

54. Cargues-fond de la voile.

110. Itague & drisse du petit hunier.

98. Itague & drisse de misaine.

+. Palan d'avant, son itague & son garant.

9, 9. Itague & drisse de perroquet, entre le mât de perroquet & ses haubans.

42. Les couets de la misaine.

Des vergues, voiles & manœuvres de beaupré.

10, 10. Vergue & voile de beaupré.

14. La hune & le bloc de beaupré.

11, 11. Vergue & voile du perroquet de beaupré.

67. Etai du perroquet de beaupré.

55. Cargues-fond.

50. Balancines de la vergue.

46. Bras & pendeurs de la vergue de civadiere.

35. Cargues de la civadiere.

77. Bras & pendeur de perroquet.

87. Balancines de la vergue de perroquet.

31. Haubans de perroquet.

83. Cargues de perroquet.

68, 68. Sauve-garde.

... Palan du bout de la civadiere.

XX. Itague & driffe de la civadiere.

61, 61. Ecoutes de perroquet.

104. Itague & driffe de perroquet.

IX. Lignes de trélingage.

V. Saifine de beaupré.

Telles font les parties principales du *vaiffeau*, & fes manœuvres. Si on a lu les articles Grand mat, Artimon, Misaine, &c. on verra que ces mâts ont encore plus de manœuvres qu'on en repréfente ici : mais ce ne font que les mêmes cordages multipliés, & on trouve ici le nom & la place de tous les cordages qui ont des noms particuliers. En voilà affez fans doute pour des perfonnes intelligentes, d'autant mieux qu'un plus grand détail auroit embrouillé la figure, qui n'eft déja que trop confufe. J'ai tâché cependant d'y conferver un ordre propre à faire reconnoître facilement les différentes parties du *vaiffeau*, & j'avoue que je n'ai fuivi en cela que l'exemple de l'auteur de l'*Art de bâtir les vaiffeaux*. Si cependant on avoit de la peine à trouver fur la figure les pieces indiquées dans l'impreffion, on les trouvera aifément en cherchant à l'article de ces pieces leur place dans le *vaiffeau*. On gagnera encore un avantage par cette confultation : ce fera d'avoir une connoiffance de l'ufage de chaque piece; & il n'en faut pas davantage pour bien comprendre tout l'art de l'enfemble d'un *vaiffeau*, quant à fon extérieur. Voyons maintenant la diftribution de l'intérieur, afin qu'en réuniffant ces deux defcriptions & leurs figures, on connoiffe parfaitement toute la conftruction d'un bâtiment de mer. Quant aux pieces qui forment fa carcaffe, *voyez* Gabarit & Construction.

Description de l'intérieur du vaiſſeau.

On voit dans la *Pl. III.* la coupe verticale d'un *vaiſſeau*, dans le ſens de ſa longueur, & par conſé-quent toutes ſes diviſions & ſes pieces indiquées par les lettres ſuivantes.

A, A. La quille avec ſes écarts.

B. L'étambord , le contre-étambord & le gouvernail.

G. L'étrave.

C. La contre-étrave.

D, D, D. Les varangues plates.

E, E. Les carlingues qui lient les varangues.

F, F, F. Varangues poſées de diſtance en diſtance , ſui-vant la largeur du *vaiſſeau*.

G, G. La carlingue du grand mât.

H, H. La carlingue du mât de miſaine.

I. Le grand ſep de driſſe.

K. Sep de driſſe , qui ſert à la vergue du grand hu-nier.

L. Sep de driſſe , qui ſert à la vergue de miſaine.

M. Un des piliers des bittes.

N. Traverſin.

O, O. Courbes ou courbatons de bittes.

P, P, &c. Baux du premier pont.

Q, Q, &c. Barrots & courbes du ſecond pont.

R, R, &c. Barrots & courbes du troiſieme pont.

S. Le grand cabeſtan.

T. Le petit cabeſtan.

V, V. L'étambraie du grand mât.

W, W. L'étambraie du mât de miſaine.

X. L'étambraie du mât d'artimon.

y. Pompe.

Z. Grande écoutille.

a. Ecoutille de cuiſine.

b. Ecoutille de la foſſe aux cables.

c. Ecoutille de la ſoute.

d. La porte de la chambre du capitaine.

e, e. Piédroits.

1. Le lieu de la dunette, où l'on pend les armes.

2. La porte de la dunette.

d, d. La chambre du conseil. Elle est quelquefois à l'endroit où est la chambre du capitaine.

3. Le lit.

4. Habitacle.

5. La manivelle du gouvernail.

6. Le timon.

7, 7, &c. Caisses ou caissons remplis de boulets de canon.

8, 8. Echelles d'entre deux ponts.

9. Echelle pour monter au château d'arriere.

10. La Lisse de hourdi, avec ses courbes.

11, 11, 11, 11. Barres d'arcasse, avec leurs courbes.

St. Sainte-barbe.

12 & 13. Soutes aux biscuits & aux poudres.

14 & 15, 15, 15. Victuailles & provisions de bouche.

16 & 16. Futailles ou tonneaux remplis d'eau.

17, 17, 17. Lest.

18. La cuisine.

19. Le foyer ou fourneau.

20. La cheminée.

21, 22. La fosse aux cables.

23. La jettée ou le lieu où les mariniers vont uriner, &c.

24. Les écubiers.

25, 25, 25, 25. Amarres pour les manœuvres.

26, 26, &c. Les sabords & les canons.

27. Archipompe.

28, 28. Les marsouins. Ce sont des pièces de bois, courbes, qui lient la proue du vaisseau. On en met aussi à la pouppe. (Cet article est omis à la lettre M.)

29. Coltie.

30. Grand mât.

31. Mât d'artimon.

32. Mât de misaine.

33. Mât de beaupré.

34. Saifine de beaupré.
34, 35. Balcons ou galeries.

Encore une fois, pour fe reconnoître ici plus aifément, il faut confulter les articles qui expliquent les
noms des parties du *vaiffeau*, qui font indiquées ou
marquées dans cette planche : c'eft ce que j'ai re-
commandé ci-devant.

I I.

Méthode générale des Conftructeurs.

Il s'agit, dans la feconde partie de cet article,
d'expliquer les regles les plus appprouvées, qu'on
fuit dans la conftruction du *vaiffeau*. J'ai déja donné
une proportion générale de conftruction à l'article
CONSTRUCTION, telle qu'on la pratique à peu-près
chez les nations maritimes, les plus célebres de
l'Europe : mais celle que je vais détailler, eft en
quelque forte toute Françoife, & pratiquée, à peu
de chofe près, dans nos ports.

L'expérience eft la bafe de toutes les regles des
conftructeurs. Cette expérience confifte à comparer
la bonté de différens bâtimens de divers gabarits, &
à choifir une moyenne forme qui réuniffe les diverfes qualités de ces bâtimens. Ils fe reglent encore
fur les poiffons, & ils s'imaginent que de tous les
poiffons, celui qui va le mieux, doit avoir la forme
convenable à un parfait *vaiffeau*. Ce poiffon eft,
felon eux, le maquereau : ce font donc les proportions de cet animal qu'on doit fuivre. Ainfi l'a du
moins fait un des plus fameux conftructeurs François : c'eft M. *Hendriek* ; & tel eft fon raifonnement.
Le maquereau eft cinq fois plus long que large, &
fa partie la plus groffe eft aux deux premieres parties
de fa longueur, & les trois autres vont en diminuant
jufqu'à la queue. D'où il conclud que les *vaiffeaux*

ayant cette proportion, doivent avoir la même lé-
géreté. Comme ce poisson est rond & assez épais,
il veut qu'on n'épargne pas les façons au *vaisseau*;
qu'on tienne son estive ronde, & qu'on lui donne
beaucoup de hauteur. L'avantage qu'on retire delà,
selon lui, est que le sillage en est plus grand,
parce que l'eau passe au dessous des façons, & ne
les choque pas. Outre cela, le plat & la rondeur
des étains empêchent un grand tangage ou roulis;
ce qui est une qualité essentielle à la bonté d'un bâtiment. Ceux qui font les façons de derriere *en
poire*, n'ont point, dit encore ce constructeur, ces
précieux avantages.

D'après ces principes, M. *Hendriek* a établi ces
proportions.

Pour trouver la hauteur de l'étrave, partagez la
quille en cinq parties égales; prenez-en une; joi-
gnez-la à la hauteur de la quille : ce sera la hauteur
de l'étrave.

Pour déterminer sa quête, il faut partager la
quille en douze parties égales, & en prendre une
pour la quête.

Pour déterminer la hauteur de l'étambord, partagez la quille en neuf parties égales. Deux de ces
parties donneront cette hauteur sur la quille, en y
comprenant celle de la mortoise faite sur cette
quille, pour ce même étambord. La quête de cette
partie du *vaisseau* doit être la huitieme partie de sa
propre hauteur.

On trouve la largeur du maître-couple de dehors
en dehors, en partageant la longueur du *vaisseau*
de dedans en dedans, par le haut, en sept parties
égales, dont deux donneront la largeur du maître-
couple, de dehors en dehors.

Pour avoir la hauteur du fond de cale, partagez
le maître-couple, de dehors en dehors, en cinq
parties égales. Deux de ces parties donneront cette

hauteur, depuis la quille jusqu'au deſſus des baux, en ligne droite.

La hauteur du fond de cale, à prendre deſſous la quille, donne la hauteur des façons.

Enfin, pour avoir la longueur de la liſſe de hourdi, partagez le maître-couple, de dehors en dehors, en trois parties égales, & prenez deux de ces parties.

L'auteur de ces regles a auſſi preſcrit les dimenſions des principales pieces d'un *vaiſſeau* ; ſçavoir, la quille, l'étambord, l'étrave, les varangues de fond, & les baux du premier pont.

La quille aura autant de pouces en largeur, qu'elle aura de fois ſept pieds & demi dans ſa longueur ; & ſa hauteur en avant ſera égale à une fois & demi ſa largeur. A l'égard de ſa hauteur en arriere, on la détermine en partageant ſa hauteur en avant en quatre parties égales, & on en prend trois.

L'épaiſſeur de l'étrave eſt égale à la largeur de la quille ; ſa largeur a deux fois ſon épaiſſeur, & on augmente le haut d'un $\frac{1}{4}$ de ſa largeur d'en bas.

On donnera à l'épaiſſeur de l'étambord la largeur de la quille, à ſon ordinaire. Sa largeur d'en bas aura trois fois ſon épaiſſeur, & ſa largeur d'en haut ſera la moitié de celle d'en bas.

La varangue de fond aura autant d'épaiſſeur & de largeur que la quille.

Et les baux du premier pont auront autant de quarré, que la varangue du fond a d'épaiſſeur.

Voici un exemple pour rendre ſenſible l'application de ces regles. Je ſuppoſe qu'on veut bâtir un *vaiſſeau* de ſoixante pieces de canon.

La quille ſera de 125 pieds portant ſur terre. Sa largeur ſera de 16 pouces $\frac{1}{2}$, & ſa hauteur de 24 pouces $\frac{1}{4}$ en avant, & de 18 $\frac{1}{2}$ en arriere.

L'étrave aura 25 pieds 3 pouces de hauteur, & 18 pieds $\frac{1}{2}$ de quête.

L'étambord aura 27 pieds 3 pouces de hauteur, & 3 pieds 3 pouces de quête.

La longueur de l'étrave à l'étambord par haut, de dedans en dedans, sera de 133 pieds.

La largeur du maître-couple, de dehors en dehors, sera de 38 pieds 4 pouces.

La longueur de la lisse de hourdi sera de 25 pieds & quelques lignes.

15 pieds 4 pouces sont la hauteur du fond de cale.

La varangue de fond aura de hauteur 16 pouces $\frac{1}{2}$, 2 pieds 8 pouces d'acculement, jusqu'à la premiere lisse, & 12 pouces & quelques lignes d'épaisseur.

Et le bau du premier pont sera de 16 pouces $\frac{1}{2}$ en quarré.

Comme tout l'art de la construction, proprement dite, consiste à bien placer la premiere lisse, M. *Hendriek* donne une regle particuliere à cet égard : c'est de partager la longueur de l'étrave en dedans en trois parties égales, dont il prend la premiére, où il cloue la lisse, qu'il conduit jusqu'au bout de la maîtresse-varangue, & qu'il fait suivre jusqu'au bas de l'estive.

Ce constructeur ne manque pas de raisons pour appuyer ces regles. Il prétend que les *vaisseaux*, ainsi proportionnés, portent bien la voile ; qu'ils sillent bien ; qu'ils ont un grand fond de cale, capable de contenir beaucoup de vivres, & par-là propres aux voyages de long cours ; que les batteries étant fort élevées au dessus de l'eau, rendent le tangage plus doux ; enfin qu'ils ne craignent point tant l'échouement que les autres *vaisseaux*. Ces qualités sont sans doute excellentes : mais pour sçavoir si elles sont réunies par les regles ci-dessus prescrites, il faut lire les articles Construction & Tangage.

Mais quelle est la grandeur que doit avoir un *vais-*

seau ? C'est sur quoi M. *Hendriek* n'a pas jugé à propos de s'expliquer. La proportion que j'ai suivie dans cet Ouvrage , est celle que les constructeurs ont adopté d'après l'expérience , & qui est la moins susceptible des fautes qu'on peut faire dans la construction. Un grand bâtiment a pourtant des avantages dont ne jouit pas un *vaisseau* médiocre. Premiérement il porte une grande charge , & ce qu'on y met est plus assuré que ce qu'on embarque dans un *vaisseau* médiocre. En second lieu , il résiste mieux à la tempête ; & par ces deux raisons , il est très-utile pour les voyages de long cours. Enfin dans un combat il peut, & par son équipage , & par son artillerie , qui sont nombreux , écarter aisément l'ennemi. Ainsi il est en état de se défendre quand un gros temps l'a séparé des autres *vaisseaux* avec lesquels il formoit une flotte. Voilà son beau côté. Ses inconvéniens sont 1°. d'être difficile à loger , parce qu'il y a peu de havre où il puisse entrer & y demeurer à l'abri des vents , & hors de l'insulte des ennemis ; 2°. d'être plus sensible à une mauvaise construction , les fautes augmentant à proportion de la grandeur du bâtiment ; 3°. de tirer un grande quantité d'eau ; de sorte qu'il est très-dangereux de filler la nuit près des côtes ou dans des lieux inconnus. Aussi les Anglois , les Hollandois , &c. qui estiment les grands *vaisseaux* , ne les ramenent jamais chez eux qu'en été , temps où les nuits sont courtes , & où l'on peut par conséquent reconnoître de loin les terres. A tout prendre , je ne serois pas partisan des grands *vaisseaux*. Quelques avantages qu'ils aient, l'architecture navale est encore trop imparfaite pour s'exposer aux périls d'une mauvaise construction , qui est inévitable , comme on l'a éprouvé dans l'usage qu'on a fait de ces *vaisseaux*. *Voyez* la partie historique de cet article.

III.

Des rangs des vaisseaux.

On distingue les *vaisseaux* suivant leur grandeur, le nombre de leurs ponts, leur port & la quantité de canons dont ils sont montés, & on les divise par rangs. Il y en a cinq en France. Par deux Ordonnances du Roi de 1670 & de 1688, ces *vaisseaux* sont caractérisés de la maniere suivante.

Vaisseaux du premier rang. Ils ont depuis 130 jusqu'à 163 pieds de long, 44 pieds de large, & 20 pieds 4 pouces de creux. Ils ont trois ponts entiers, dont le troisieme est coupé, avec deux chambres l'une sur l'autre ; sçavoir, celle des volontaires ou du conseil, & celle du capitaine, outre la sainte-barbe & la dunette. Leur port est de 1500 tonneaux, & ils sont montés depuis 70 jusqu'à 120 pieces de canon.

Vaisseaux du second rang. Ces *vaisseaux* ont depuis 110 jusqu'à 120 pieds de quille, trois ponts entiers, dont le troisieme est quelquefois coupé, avec deux chambres dans leur château de pouppe, outre la sainte-barbe & la dunette. Leur port est de 11 à 1200 tonneaux, & ils sont montés depuis 50 jusqu'à 70 pieces de canon.

Vaisseaux du troisieme rang. Ils ont 110 pieds de quille, deux ponts, & n'ont dans leur château de pouppe que la sainte-barbe, la chambre du capitaine & la dunette, mais ils ont un château sur l'avant du second pont, sous lequel sont les cuisines. Leur port est de 8 à 900 tonneaux, & ils sont montés de 40 à 50 pieces de canon.

Vaisseaux du quatrieme rang. La longueur de la quille de ces *vaisseaux* est de 100 pieds. Ils ont deux ponts courant devant-arriere, avec leurs châteaux de proue & de pouppe, comme les *vaisseaux* du troisieme rang. Leur port est de 5 à 600 tonneaux, & ils sont montés de 30 à 40 canons.

Vaisseaux du cinquieme rang. Ces *vaisseaux* ont 80 pieds de quille, & même moins, & deux ponts courant-devant-arriere, sans aucun château sur l'avant. Les cuisines sont entre deux ponts, dans le lieu le plus commode. Leur port est de 300 tonneaux, & ils sont montés de 18 à 20 pieces de canon.

On appelle ces *vaisseaux Vaisseaux de ligne*, parce que, quoique plus petits que les autres, ils sont encore assez forts pour servir dans un corps d'armée.

Afin de faire mieux connoître les différences qu'il y a entre les *vaisseaux* de chaque rang, voici une table qui contient leurs principales dimensions.

PROPORTIONS GÉNÉRALES DES VAISSEAUX DE CHAQUE RANG.															
	Nombre des canons.	Nombre des sabords, à chaque côté de la premiere batterie.	Distance des sabords.		Longueur du vaisseau, de l'étrave jusqu'à l'étambord.		Longueur de la quille portant sur terre.	Quête de l'étrave.			Hauteur perpendiculaire de l'étambord.		Largeur à l'endroit du maître-bau.			Longueur du plat de la maîtresse-varangue.			Longueur du plat de la varangue, qui commence les façons.		
			pi.	po.	pi.	po.	pi.	pi.	po.	lig.	pi.	po.	pi.	po.	lig.	pi.	po.	lig.	pi.	po.	lig.
Premier rang.	110	15	7	6	166		140	20			35		45	8		20	10		15	2	8
Second rang.	74	14	7	3	149		125	17	10	3	31	3	40	8		20	4		13	6	8
Troisieme rang.	56	13	7	0	132	9	111	15	10	3	27	9	35	1	1	16	6	6	11	8	4
Quatrieme rang.	46	12	6	11	118	6	110	14	3	5	25	0	31	5	10	15	8	11	10	5	10
Cinquieme rang.	36	11	6	9	102	2	86	12	3	5	21	6	27	1	0	13	6	6	9	4	0

	Suite des proportions générales des vaisseaux de chaque rang.																									
	Creux depuis la quille jusqu'au bau.			Hauteur depuis la quille jusqu'à la lisse de couronnement.			Longueur de la lisse de hourdi.			Hauteur des façons de l'arriere.			Hauteur des façons de l'avant.			Rétrecissement d l'endroit du platbord.			Rétrecissement à l'endroit de la lisse de couronnement.			Hauteur du premier pont au second.		Tirant d'eau.		
	pi.	po.	lig.	pi.	po.	lig.	pi.	po.	lig.	pi.	po.	lig.	pi.	po.	lig.	pi.	po.	lig.	pi.	po.	lig.	pi.	po.	pi.	po.	lig.
Premier rang.	13	3	8	55			30	5	4	15	9	0	7	11	6	11	5	0	10	1	9	9	9	20		
Second rang.	8			49	13		27	1	4	14	9	0	7	4	0	10	2	0	9	5	0	6	6	18	4	1
Troisieme rang.	4	1		42	7	3	23	4	8	12	5	11	6	2	11	8	9	3	7	9	3	6		16	2	1
Quatrieme rang.	2	1		39	3	9	20	11	10	11	3	0	5	7	6	7	10	5	6	11	11	5	10	14	5	8
Cinquieme rang.	5	8		33	9	5	18	8	0	9	8	1	4	10	0	6	9	3	6	2	0	5	8	12		

I V.

Des vaisseaux les plus célebres.

J'ai parlé, à l'article GALERE, des deux fameux bâtimens d'*Hiéron* & de *Philopator* , parce que ces bâtimens étoient véritablement des galeres. Mais comme c'étoient là les *vaisseaux* des Anciens , on peut les mettre au nombre des plus célebres *vaisseaux*. En voici d'autres moins grands & plus ornés.

Lilius Giraldus a donné , d'après *Max. Tyrius* , la description d'un *vaisseau* d'un Roi Phénicien , qui s'en servit pour faire un voyage à Troye. C'étoit un palais flottant, divisé en plusieurs appartemens richement meublés. Il renfermoit des vergers assez spacieux, remplis d'orangers, de poiriers, de pommiers, de vignes & d'autres arbres fruitiers. Le corps du bâtiment étoit peint de diverses couleurs , & l'or & l'argent y brilloient de toutes parts.

Les *vaisseaux* de *Caligula* étoient encore plus magnifiques que celui-ci. L'or & les pierreries enrichissoient leurs pouppes. Des cordes de soie de différentes couleurs , en formoient les cordages ; & la grandeur de ces bâtimens étoit telle, qu'elle renfermoit des salles & des jardins remplis de fleurs, de vergers, & des arbres. *Caligula* montoit quelquefois ces *vaisseaux* ; & au son d'une symphonie formée de toutes sortes d'instrumens , il parcouroit les côtes de l'Italie. (*Sueton. in Cali.*)

Cet Empereur a encore fait construire des bâtimens qui ont été célebres dans l'antiquité par leur énorme grandeur. Tel a été celui dont il se servit pour faire venir d'Egypte l'obélisque qui fut posé dans le cirque du Vatican , & que *Suetone* appelle le *Grand Obélisque*. Ç'a été le plus grand *vaisseau* qu'on ait vu sur mer jusqu'au temps de *Pline*. On

dit que quatre hommes pouvoient à peine embraſſer le ſapin qui lui ſervoit de mât. Depuis ce natu-
raliſte on a eſſayé de conſtruire de pareils bâtimens ;
& ceux qu'on compte, ſont le *grand Iave*, qui parut
au ſiege de Diu, lequel avoit ſon château de pouppe
plus haut que la hune des meilleurs *vaiſſeaux* de
Portugal ; le *Caraquon* de *François* I; le *grand Jacques* & le *Souverain* d'Angleterre, du port de 1637
tonneaux, & dont la quille ſeule ne pouvoit être
tirée que par vingt-huit bœufs & quatre chevaux ; la
Fortune de Danemarck, & la *Nompareille* de Suede,
portant 200 pieces de canon ; enfin la *Cordeliere* &
la *Couronne*. La longueur de ce dernier étoit de 200
pieds ; ſa largeur de 46 ; ſa hauteur de 75 ; & toute
la mâture de ſon grand mât, en y comprenant le
bâton de pavillon, étoit de 216 pieces. On peut
voir la deſcription de ces deux derniers *vaiſſeaux*
dans l'*Hydrographie* du P. *Fournier*, pag. 45 &
ſuiv.

Terminons cet article par un trait hiſtorique,
qui concerne les *vaiſſeaux* : c'eſt que dans l'antiquité la plus reculée, ils étoient peints de diverſes
couleurs, quelquefois d'une ſeule, & ſouvent chargés de repréſentations de batailles. La couleur
rouge étoit la couleur la plus ordinaire dont on
les peignoit, quand on n'en employoit qu'une.
Ainſi le prouve *Hérodote*. Les Siphniens étoient
devenus floriſſans par les mines d'or & d'argent
qu'ils poſſédoient dans leur iſle. Inquiets s'ils joui-
roient long-temps de cette agréable proſpérité,
ils conſulterent l'oracle, qui leur fit cette réponſe :

Cum tamen in Siphno fuerint pritannëia cana.

Cana fori facies : tunc vir vafer adſit opportet

Qui notet è ligno agmen legatumque rubentem.

Pour comprendre cet oracle, il faut remarquer
que *pritannëia* ſignifie la maiſon publique, que nous

appellons aujourd'hui hôtel-de-ville. Elle étoit ornée de marbre blanc, de même que le marché, & les *vaiſſeaux* étoient peints en rouge. L'oracle s'accomplit quelque temps après. Le pritanée & le marché des Siphniens étoient encore parés de marbre blanc, lorſque les Samiens envoyerent chez eux des ambaſſadeurs ſur des *vaiſſeaux* peints en rouge ? & ces ambaſſadeurs étoient accompagnés d'une armée navale, qui déſola tout ce pays ſi riche & ſi fortuné. (*Hérodot.* liv. III.)

Vegece (liv. v, ch. v.II.) nous apprend encore qu'on peignoit en couleur de mer les *vaiſſeaux* qui alloient à la découverte, comme auſſi les voiles & les cordages, & que les habits de tout l'équipage étoient de la même couleur ; & cela, crainte qu'une couleur frappante & différente des flots ne les décelât. *Voyez* encore BAPTÊME , COURONNE NAVALE & FLOTTE.

Voici l'explication de quelques façons de parler à l'égard des *vaiſſeaux.*

Vaiſſeau à la bande : C'eſt un *vaiſſeau* qui cargue & qui ſe couche ſur le côté, lorſqu'il eſt ſous les voiles , & qu'il fait beaucoup de vent. *Voyez* encore BANDE.

Vaiſſeau à l'ancre : C'eſt un *vaiſſeau* qui a jetté l'ancre à la mer.

Vaiſſeau à ſon poſte : C'eſt un *vaiſſeau* qui ſe tient au lieu qui lui eſt marqué par le commandant.

Vaiſſeau beau de combat , ou *qui eſt de beau combat: Vaiſſeau* qui a ſa premiere batterie haute, & ſes ponts aſſez élevés ; ce qui eſt un avantage pour bien manier le canon.

Vaiſſeau corſaire. Voyez CORSAIRE.

Vaiſſeau démarré : C'eſt ou un vaiſſeau qui a levé exprès les amarres qui le tenoient, ou dont les amarres ont rompu.

Vaiſſeau gondolé : Vaiſſeau qui eſt enſellé , ou qui eſt relevé de l'avant & de l'arriere ; enſorte que les préceintes paroiſſent plus arcquées que celles d'un autre *vaiſſeau.*

Vaisseau qui a le côté droit comme un mur : Cela veut dire que le côté du *vaisseau* n'est pas assez renflé, ou qu'il n'y a pas assez de rondeur dans son fort.

Vaisseau qui a le côté foible : C'est un *vaisseau* dont le côté est droit, & qui n'est pas bien garni de bois.

Vaisseau qui a le côté fort : *Vaisseau* dont le côté a de la rondeur.

Vaisseau qui cargue : *Vaisseau* qui se couche lorsqu'il est sous les voiles.

Vaisseau qui charge à fret : *Vaisseau* qui est à louage. *Voyez* FRET.

Vaisseau qui se manie bien : C'est un *vaisseau* qui gouverne bien.

Vaisseau qui se porte bien à la mer : *Vaisseau* qui a les qualités nécessaires pour bien siller, & pour être doux au tangage.

Vaisseau ralongé : C'est un *vaisseau* qui avoit été construit trop court, & qu'on a ralongé pour remédier à ce défaut.

VAISSEAUX DE BAS-BORD. Ce sont des bâtimens qui vont à voiles & à rames, telles que les galeres, les brigantins, &c. Ils ne sont presqu'en usage que sur la Méditerranée.

VAISSEAUX DE HAUT BORD. *Vaisseaux* qui ne vont qu'à voiles, & qui peuvent courir toutes les mers.

VALANCINE. *Voyez* BALANCINE.

VALETS D'ARTILLERIE. Ce sont des garçons qui servent les canonniers, chargent le canon, y mettent le feu, le nettoient & apportent aux canonniers tout ce qui leur est nécessaire.

VARANGUAIS. C'est ainsi qu'on appelle les marticles dans le Levant. *Voyez* MARTICLES.

VARANGUES. Ce sont des chevrons de bois, entés & rangés de distance en distance, à angles droits & de travers, entre la quille & la carlingue, afin de former le fond du vaisseau. *Voyez* CONSTRUCTION.

On appelle *Maîtresse-varangue* la *varangue* qui se pose sous le maître-bau. On lui donne aussi le nom de *Premier gabarit.* Les maîtresses-*varangues* de l'avant & de l'arriere sont celles qui font partie des deux grands gabarits. *Voyez* GABARIT.

VARANGUES ACCULÉES. *Varangues* rondes en dedans ; qui se posent en allant vers les extrémités de la quille, proche les fourcats, & au devant & au derriere des *varangues* plates. *Voyez* CONSTRUCTION.

VARANGUES DEMI-ACCULÉES. *Varangues* qui ont moins de concavité que les *varangues* acculées, & qui se posent vers les *varangues* plates ; de sorte que les *varangues* plates sont au milieu; les *varangues* demi-acculées viennent ensuite, & les *varangues* acculées sont les bouts.

VARANGUES PLATES OU VARANGUES DE FOND. Ce sont les *varangues* qui sont placées vers le milieu de la quille, & qui ont moins de rondeur que les *varangues* acculées. *Voyez* CONSTRUCTION.

On dit qu'*un vaisseau est à plates varangues*, lorsqu'il a beaucoup de *varangues* qui ont peu de rondeur dans le milieu, & par conséquent qu'il a le fond plat.

VARECH. Nom général, qu'on donne, sur les côtes de Normandie, à tout ce que la vague jette à terre par tourmente ou fortune de mer. *Voyez* CHOSES DE LA MER. On appelle *Droits de varechs* les droits que les seigneurs des fiefs voisins de la mer prétendent, en cette province, sur les effets que l'eau jette sur ses bords.

Il y a, dans la coutume de Normandie, un titre particulier pour le *varech.*

VARECH. Nom qu'on donne à un vaisseau qui est au fond de l'eau, & hors de service.

VARIATION. C'est un mouvement inconstant de l'aiguille, qui la dérange de sa direction au nord. *Voyez* DÉCLINAISON.

On dit que *la variation vaut la route*, lorsque la

variation & le vent sont du même côté; de sorte
que l'un corrige la perte que l'autre cause.

VASART. Qualité particuliere du fond de la mer. *Voyez*
Fond.

VASSOLES. Pieces de bois, que l'on met entre chaque
panneau de caillebotis.

VEGRES. *Voyez* Vaigres.

VEILLE LA DRISSE. Commandement de se tenir prêt
à amener les huniers.

Veille l'écoute de hune. Commandement de tenir
l'écoute de hune prête à être larguée.

Veille les huniers. C'est la même chose que *veille* les
drisses. *Voyez* Veille la drisse.

VEILLER. C'est prendre garde à quelque chose.

On dit qu'*il faut veiller les mâts, & non le côté*,
quand on veut faire entendre que les mâts d'un vaisseau sont bons, & qu'il vireroit plutôt que de démâter. On dit encore qu'*une ancre est à la veille*,
quand elle est prête à être mouillée; & qu'*une bouée
est à la veille*, lorsqu'elle flotte sur l'eau, & qu'elle
montre où l'ancre est mouillée.

VENT. C'est un mouvement de l'air, qui a des direc-
tions différentes, & qui sert par-là à pousser les
vaisseaux à quelqu'endroit de la terre qu'ils veuillent
aller. C'est donc une connoissance essentielle pour les
marins que celle des vents. Aussi tous les navigateurs
intelligens se sont attachés à les observer dans leurs
voyages, & à en tenir compte; & voici un précis
du fruit de leurs observations.

1°. Entre les tropiques, le *vent* d'est souffle pendant tout le cours de l'année, & ne passe jamais le
nord-est ou le sud-est.

2°. Hors les tropiques on trouve des *vents* variables, qu'on appelle *Vents de passage*, dont les uns
soufflent tous d'un même côté, & dont les autres
sont périodiques, & soufflent pendant six mois d'un
certain côté, & pendant les six autres mois de l'année d'un autre côté. On donne à ceux-ci le nom

particulier de *Mouſſons.* Dans la grande mer du ſud, dans la partie de la mer des Indes, qui eſt au ſud de la ligne, dans une partie de la mer du nord, & dans la mer Etiopique, le *vent* d'eſt ſouffle toujours depuis 30 degrés de latitude boréale, juſqu'à 30 degrés de latitude méridionale : mais il eſt plus méridional au ſud de l'équateur; ſçavoir, ſur l'eſt-ſud-eſt, & plus ſeptentrional au nord de l'équateur, à environ eſt-nord-eſt.

Ceci doit s'entendre du *vent* de paſſage, qui regne en pleine mer; car à la diſtance de 150 ou 200 milles des côtes, le *vent* de paſſage ſouffle dans la grande mer du ſud, du côté de l'oueſt de l'Amérique méridionale; ce qui eſt cauſé vraiſemblablement en partie par les côtes, & en partie par ces hautes montagnes, qu'on appelle les Andes. Du côté de l'eſt des côtes, ce *vent* ſouffle juſqu'auprès du rivage, & il ſe mêle même avec les *vents* des côtes. Enfin, au nord de la mer Indienne regne le *vent* ordinaire de paſſage, depuis octobre juſqu'en avril, & il eſt diamétralement oppoſé dans les autres mois.

3°. Le long de la côte du Pérou & de Chili, regne un *vent* de ſud, de même que le long de la côte de Monomotapa & de celle d'Angola. Il y a preſque toujours aux environs de la côte de la Guinée un *vent* de ſud-oueſt.

4°. On diviſe les *vents* qui ſoufflent près des côtes en *vents de mer*, & en *vents de terre*. Le *vent* de mer s'éleve en pluſieurs endroits ſur les neuf heures du matin, & il augmente toujours juſqu'à midi; après quoi il décroît juſqu'à trois heures après midi, où il ceſſe entiérement. Ce *vent* ſouffle droit ſur la côte, lorſque le temps eſt ſerein. Les *vents* de terre, les plus forts, ſe font ſentir dans les baies profondes, & preſque point ou fort peu dans les côtes élevées.

5°. Les grandes tempêtes, les *vents* violens & momentanés, & encore ceux qui ſoufflent de tous côtés, & que les marins appellent *Travados* ou *Ou-*
ragans

ragans; & les vents qui accompagnent les orages, n'entrent point dans l'histoire des vents, parce qu'ils ne sont point de longue durée.

Ce n'est point ici le lieu de rechercher la cause des vents. Il faut recourir pour cela à l'article VENT du *Dictionnaire universel de Mathématique & de Physique*, où l'on trouvera le titre des Ouvrages qui contiennent des connoissances plus détaillées sur le météore qui vient de faire le sujet de cet article. *Voyez* encore les articles suivans. A l'égard des noms des vents, *voyez* ROSE DE VENT.

VENT ALIZÉ. Nom qu'on donne au *vent* qui souffle entre les tropiques, presque toujours du même côté; sçavoir, depuis le nord-est jusqu'à l'est, au nord de la ligne, & depuis le sud-est jusqu'à l'est, au sud de la ligne.

VENT ARRIERE. On appelle ainsi le *vent* dont la direction ne fait qu'une même ligne avec la quille du vaisseau.

VENT D'AMONT. *Vent* d'orient, qui vient de terre. On l'appelle, sur les rivieres, *Vent solaire*, ou *Vent équinoxial*.

VENT D'AVAL. *Vent* malfaisant, qui vient de la mer & du sud. C'est aussi l'ouest & le nord-ouest.

VENT DE BOULINE. C'est un *vent* dont la direction fait un angle aigu avec la route du vaisseau. *Voyez* ALLER A LA BOULINE.

VENT DE QUARTIER. Nom qu'on donne au *vent* qui est perpendiculaire à la route du vaisseau.

VENT EN POUPPE. *Voyez* VENT ARRIERE.

Vent en pouppe, largue la soute : Cela signifie que le *vent* étant bon de bouline, on peut donner des vivres à l'équipage, comme à l'ordinaire, supposé qu'on en eût retranché.

On dit encore que *le vent en pouppe fait trouver la mer unie*, parce qu'on ne se sent point alors de l'agitation de la mer.

VENT LARGUE. Nom du *vent* qui fait un angle obtus
avec la route. *Voyez* LARGUE.

VENT ROUTIER. *Vent* qui sert pour aller & pour venir
en un même lieu.

VENTS VARIABLES. Ce sont des *vents* qui changent
& qui soufflent tantôt d'un côté, tantôt d'un autre.

On appelle encore, sur mer, *Vent à pic* un *vent*
qui n'a point de direction déterminée ; & on dit
que le *vent est au soleil*, lorsqu'il n'y a point de
vent.

VENTER. Cela signifie qu'il fait du vent.

VENTILATEUR. C'est une machine de l'invention de
M. *Hales*, qui sert à renouveller l'air d'entre les
ponts du vaisseau. Elle est composée de grands souf-
flets, qui pompent l'air, & en poussent alternativement. On a imaginé encore un moyen plus simple
de le renouveller par le feu : mais ces deux inventions doivent être lues dans les Ouvrages mêmes,
qui en contiennent tous les détails, & les figures.
Voyez la *Description du Ventilateur*, &c. par M.
Hales, & la *Nouvelle maniere de renouveller l'air
des vaisseaux*, par M. *Sutton*.

VERGE DE GIROUETTE. *Verge* de fer, qui tient le
fust de la girouette sur le haut du mât.

VERGE DE L'ANCRE. Partie de l'ancre, qui est contenue
depuis l'arganeau jusqu'à la croisée. *Voyez* ANCRE.

VERGE DE POMPE. *Verge* de fer ou de bois, qui tient
l'appareil de la pompe.

VERGE D'OR. *Voyez* ARBALÈTE.

VERGUE. Piece de bois, longue, arrondie, une fois
plus grosse par le milieu que par les bouts, posée
quarrément par son milieu sur le mât, vers les racages, & qui sert à porter la voile. *Voyez* VAISSEAU.
On donne communément à la grande *vergue* les
sept seiziemes parties de la longueur & de la largeur
du vaisseau ; à celle de misaine, les six septiemes de
la longueur de celle-ci ; à la *vergue* d'artimon, une

longueur moyenne entre la grande *vergue* & la *vergue* de misaine, & on donne à celle d'artimon les cinq huitiemes de la grande *vergue*. On détermine à peu-près de même les *vergues* des huniers, des perroquets, &c. de sorte que la *vergue* du grand hunier a les quatre septiemes de la grande *vergue* ; la *vergue* du petit hunier, les quatre septiemes parties de la *vergue* de misaine ; la *vergue* de foule, la longueur de celle du grand hunier. Enfin on proportionne les *vergues* d'artimon & de beaupré aux *vergues* qui sont dessous, de même que la *vergue* du grand hunier est proportionnée à la grande *vergue*.

On dit : *être vergue à vergue*, lorsque deux vaisseaux sont flanc à flanc ; de sorte que leurs *vergues* sont sur la même ligne.

VERGUE A CORNE. *Voyez* CORNE DE VERGUE.

VERGUE DE FOULE. C'est une *vergue* où il n'y a point de voile, & qui ne sert qu'à border la voile du perroquet d'artimon.

VERGUE EN BOUTE-HORS. *Vergue* dont le bout est appuyé au pied du mât, dans les females & autres bâtimens semblables, & qui prend la voile en travers, jusqu'au point d'en haut, lequel est parallele à celui qui est amarré au haut du mât. Le tour de la *vergue*, excepté le côté qui est amarré au mât, n'est soutenu que par les ralingues.

VERGUE TRAVERSÉE. *Vergue* posée de biais, & qui est trop halée au vent.

VERHOLE. On appelle ainsi, au Havre-de-Grace, un renvoi d'eau, qui se fait vers l'embouchure de la Seine, lorsque la mer est à la moitié ou aux deux tiers du montant.

VERIN. C'est une machine en forme de presse, qui sert à relever les vaisseaux, & à les tenir sur le côté, lorsqu'on les radoube à terre, ou qu'on les construit.

VERROTERIE. Menue marchandise de verre ou de

cryftal , qu'on trafique avec les Sauvages de l'Amérique , & les Noirs de la côte d'Afrique.

VEUE ou VUE. *Etre à vue , Avoir la vue.* C'eft découvrir & avoir connoiffance. *Voyez* encore Non vue.

Veue par vue , & Cours par cours. Cela fignifie qu'on regle la navigation par les remarques de l'apparence des terres , comme on le pratiquoit avant la découverte de la bouffole.

VIBORD. C'eft la partie du vaiffeau , comprife depuis les porte-haubans jufqu'au platbord.

VICE-AMIRAL. C'eft le fecond officier général de la marine. Il porte le pavillon quarré au mât de mifaine. *Voyez* Pavillon & Salut. Il y a deux *vice-amiraux* en France : l'un du Ponent , & l'autre du Levant.

VICTUAILLES. Ce font les vivres que l'on embarque dans le vaiffeau , pour la nourriture de l'équipage.

VICTUAILLEUR. C'eft celui qui eft obligé de fournir le vaiffeau de victuailles & de menus uftenfiles.

VIF. Epithete qu'on donne à un attelier , quand il y a un grand nombre d'ouvriers qui s'empreffent à faire leur ouvrage.

Vif de l'eau , ou Haute marée. C'eft le plus grand accroiffement de la marée , qui arrive deux fois le jour , de douze heures en douze heures. *Voyez* Flux & Reflux , & Marées.

VIGIE. C'eft une roche cachée fous l'eau. On a grand foin de les marquer dans les cartes (*voyez* Carte), & d'en faire mention dans les Routiers , Flambeaux de mer , &c. *Voyez* auffi les *Obfervations fur la conftruction de la carte de l'Océan occidental* , par M. *Bellin.*

VIGIER. C'eft faire fentinelle.

Vigier une flotte. C'eft croifer fur une flotte.

VIGIES. Nom que donnent les Efpagnols de l'Amérique aux fentinelles de mer & de terre.

VIGOTS DE RACAGE. *Voyez* Bigots.

VIRER. C'eſt tourner ſens-deſſus-deſſous, faire capot.

VIRER AU CABESTAN. C'eſt tourner un vaiſſeau qui eſt amuré d'un bord au plus près, de telle maniere qu'il puiſſe être amuré de l'autre. C'eſt auſſi faire tourner les barres du cabeſtan.

VIRER DE BORD. C'eſt changer de route, en mettant au vent un côté du vaiſſeau pour l'autre.

VIRER VENT ARRIERE. C'eſt tourner un vaiſſeau, en lui faiſant prendre vent arriere. La méthode ordinaire, qu'on ſuit pour faire cette manœuvre, eſt de carguer l'artimon ; de mettre la barre du gouvernail ſous le vent ; & quand le vaiſſeau a pris ſon erre pour arriver, de braſſer les voiles au vent, en continuant toujours à les braſſer à meſure que le vaiſſeau arrive, de maniere que les voiles ſe trouvent orientées vent arriere, quand il eſt arrivé au lit du vent. Pour comprendre la raiſon de ceci, *voyez* MANEGE DU NAVIRE.

VIRER VENT DEVANT. C'eſt tourner le vaiſſeau, en lui faiſant prendre vent devant.

Le P. *Hôte* a expliqué, dans ſon *Traité de la manœuvre des vaiſſeaux*, pag. 120, pluſieurs manœuvres, qu'on pratique ordinairement, ſur mer, pour tourner ainſi le vaiſſeau. Je ne m'y arrêterai pas, parce que je crois en avoir dit aſſez à l'article MANEGE DU NAVIRE, pour qu'on puiſſe faire *virer* le vaiſſeau *vent devant*, ſans avoir recours à ces regles du P. *Hôte*.

VIRURE. C'eſt une file de bordages, qui regne tout autour du vaiſſeau.

VISITEUR. C'eſt un officier établi dans un port, pour viſiter les marchandiſes des paſſagers, & pour obſerver l'arrivée & le départ des bâtimens, dont il tient regiſtre. Il eſt obligé d'empêcher la ſortie des marchandiſes de contrebande, ſans un congé enregiſtré.

VITTES DE GOUVERNAIL. *Voyez* FERRURES.

VITTONNIERES ou BITTONNIERES. *Voyez* ANGUILLERS.

VIVIER. C'est un bateau pêcheur, qui a un retranchement au milieu, dans lequel l'eau entre par des
trous qui sont aux côtés, pour contenir le poisson
qu'on vient de pêcher.

VIVRES. *Voyez* VICTUAILLES.

VLOTE-SCUTE. Espece de gabare pontée, dont on se
sert à Amsterdam.

UN, DEUX, TROIS. Ces trois mots sont prononcés
par celui qui fait haler la bouline, & au dernier les
travailleurs agissent en même temps.

VOGUE. C'est le mouvement ou le cours d'un bâtiment
à rames.

VOGUE AVANT. Nom du rameur qui tient le bout de la
rame, & qui lui donne le branle.

VOGUER. C'est siller, faire route par le moyen des
rames.

VOIE D'EAU. C'est une ouverture dans le bordage d'un
vaisseau, par où l'eau entre ; ce qui est un accident
fâcheux, qu'on doit réparer promptement.

VOILE. Assemblage de plusieurs lais ou bandes de toile,
cousues ensemble, que l'on attache aux vergues &
aux étais, pour recevoir le vent qui doit pousser le
vaisseau. Chaque *voile* emprunte le nom du mât où
elle est appareillée. Ainsi on dit : *voile* du grand
mât, du hunier, de l'artimon, de misaine, du perroquet, &c. Celle de beaupré s'appelle la *Civadiere*
ou *Sivadiere*. *Voyez* CIVADIERE. Il y a encore de
petites *voiles* qu'on nomme *Bonnettes*, qui servent
à alonger les basses *voiles*, pour aller plus vîte.
Voyez BONNETTES. Presque toutes les *voiles* dont
on fait usage sur l'Océan, sont quarrées, & on en
voit peu de triangulaires, qui sont au contraire très-
communes sur la Méditerranée.

    Les *voiles* doivent être proportionnées à la lon-
gueur des vergues, & à la hauteur des mâts ; &
comme il n'y a point de regles fixes sur ces dimensions des mâts & des vergues (*voyez* MAT & MATU-
RE), il ne peut y en avoir pour les *voiles*.

Voici cependant la voilure qu'a un vaisseau ordinaire.

Voilure d'un vaisseau de grandeur ordinaire.

Grande voile, 22 cueilles de large,
16 aunes & demie de hauteur,
avec sa bonnette ; en tout,   363 aunes de toile.
Voile de misaine, 19 cueilles de
large, 14 aunes de haut; en tout, 266
Voile d'artimon, 18 cueilles de large, & 9 aunes de hauteur à son
milieu ; en tout,   162
Grand hunier, 13 cueilles de large
à son milieu, & 20 aunes de
hauteur ; en tout,   260
Petit hunier, 11 cueilles de large à
son milieu, & 17 aunes & demie
de hauteur; en tout,   193
Civadiere, 16 cueilles de large, &
10 aunes de haut ; en tout,   160
Grand perroquet, 7 cueilles $\frac{1}{2}$ de
large, & 8 aunes de battant ; en
tout,   60
Perroquet de beaupré, 9 cueilles $\frac{1}{2}$
à son milieu, & 19 aunes de bat-
tant ; en tout,   180
Perroquet de misaine, 6 cueilles $\frac{1}{2}$
de large, & 9 aunes de battant ;
en tout,   45
Perroquet d'artimon, 8 cueilles $\frac{1}{2}$
de large, & 9 aunes de battant ;
en tout,   77

Le tout ensemble fait   1766 aunes de toile.

Il n'y a point de regles pour les étais , ni pour les
bonnettes.

A a iv

II. Voici quelques vérités sur la forme & l'usage des *voiles*.

1°. Plus les *voiles* sont plates, plus est grande l'impulsion du vent sur elles, parce que premiérement l'angle d'incidence du vent sur elles, est plus grand ; en second lieu, parce qu'elles prennent plus de vent ; & enfin, parce que l'impression qu'elles reçoivent du vent, est plus uniforme.

2°. Les *voiles* quarrées font plus de force que les triangulaires, parce qu'elles sont plus amples : mais aussi elles ont un plus grand attirail de manœuvres ; sont plus difficiles à manier, & ne se manient que très-lentement.

3°. Les *voiles* de l'avant, c'est-à-dire, de misaine & de beaupré, servent à soutenir le vaisseau, en empêchant qu'il ne tangue & n'aille par élans.

Elles servent aussi à le faire arriver, quand elles sont poussées de l'arriere par le vent. *Voyez* MANEGE DU NAVIRE.

4°. L'usage de la *voile* d'artimon ne consiste pas seulement à pousser le vaisseau de l'avant, mais à le faire venir au vent. *Voyez* l'article ci-dessus. Voilà pourquoi on la fait triangulaire, parce qu'on la cargue plus vîte ; qu'elle présente plus au vent, & que ses haubans ne la gênent pas.

A l'égard des usages des autres *voiles*, comme les *voiles* d'étai, les bonnettes, ils concourent à ceux dont je viens de parler.

III. Les Grecs attribuent l'invention de la *voile* à *Dédale* ; quelques autres peuples à *Eole*, & *Pline* en fait honneur à *Icare*. Tout cela est fort vague & sans preuve. J'ai eu occasion de rechercher autrefois l'origine de la *voile*, & j'ai expliqué une médaille qui paroît avoir été frappée au sujet de cette origine. J'ai représenté cette médaille dans les *Recherches historiques sur l'origine & les progrès de la construction des navires des Anciens*. On y voit une femme qui est debout sur la proue d'un navire, tenant, avec ses deux mains élevées & étendues, son voile de tête, qui semble flotter au gré des vents. Un génie paroît descendre du haut d'un mât posé au milieu du navire, après y avoir attaché une *voile* à une vergue surmontée de deux palmes. Un autre génie est debout, derriere la pouppe de ce navire, montrant d'une main la *voile* attachée au mât. Sur la pouppe est un troisieme génie, sonnant de la trompette ; & en dehors un quatrieme génie, qui tient une sorte de luth ou de guitarre.

Telle est l'explication que j'ai donnée de cette médaille, d'après le trait d'histoire suivant, tiré de *Cassiodore*. On lit dans la dix-septieme épitre du livre v de cet auteur, qu'*Isis* ayant perdu son fils, qu'elle aimoit éperduement, se proposa de mettre tout en œuvre pour le trouver. Après l'avoir cherché sur terre, elle veut encore visiter les mers. A cette fin elle s'embarque dans le premier bâtiment que le hazard lui fait rencontrer. Son courage & son amour lui donnent d'abord assez de forces pour manier de lourdes rames : mais enfin, épuisée par ce rude travail, elle se leve ; & dans la plus forte indignation contre la foiblesse de son corps, elle défait son voile de tête : pendant ce mouvement les vents font impression sur lui, & font connoître l'usage de la *voile*.

C'est précisément *Isis* qui est représentée dans la médaille dont il s'agit, & dont on a voulu transmettre cette action singuliere à la postérité. En effet, par ce génie qui descend du mât, on a voulu apprendre que le voile d'*Isis* a donné lieu à l'usage de la *voile*. Le génie qui montre cette *voile* avec la main, signifie qu'elle est le sujet de remarque de cette médaille. Le génie sonnant de la trompette, instrument dont on se servoit sur mer, annonce & publie cette importante découverte. Celui qui tient cette sorte de luth ou de guitarre, représente les instrumens, au son desquels on faisoit voguer les

rameurs, & indique que, malgré l'usage de la
voile, les navires sentiront toujours le coup des
avirons. Enfin les deux palmes que l'on voit au haut
du mât, sont le signe de la victoire qu'à la faveur
des *voiles* on remporte sur la violence des flots, &
sur la fureur des mers. (*Rech. hist. sur l'orig. &c.*
pag. 19 & 20.)

Anciennement les *voiles* étoient de différentes
figures. On en voit dans des médailles, & sur des
pierres gravées, de rondes, de triangulaires & de
quarrées. Elles étoient aussi de différentes matieres.
Les Egyptiens en faisoient de l'arbre appellé *Papy-*
rus. Les Bretons, du temps de *César*, en avoient
de cuir, & les habitans de l'Isle-Borneo en font encore aujourd'hui de la même matiere. On en faisoit
aussi de chanvre. Sur le Pô, & même sur la mer,
on en voyoit de joncs entrelacés. (*Plin.* liv. XVI,
ch. XXXVII.) La plante que les Latins appellent
Spartum, & que nous appellons *Genêt d'Espagne*,
étoit encore une matiere pour les *voiles* : mais le
lin étoit celle dont on se servoit ordinairement ; &
voilà pourquoi les Latins appelloient une *voile*
Carbasus.

Humidoque inflatur carbasus austro.

Virg. Æneid liv. III.

Aujourd'hui les Chinois en font de petits roseaux
fendus, tissus & passés les uns sur les autres. Les
habitans de Bantam se servent d'une sorte d'herbe
tissue avec des feuilles. Ceux du cap de *Los Tres-*
Puntas en font beaucoup de coton.

Suivant *Pline*, on plaça d'abord de son temps
les *voiles* les unes sur les autres. On en mit ensuite
à la pouppe & à la proue, & on les peignit de différentes couleurs. (*Plin.* liv. XIX, ch. I.) Celles de
Thésée, quand il passa en Crete, étoient blanches.
Les *voiles* de la flotte d'*Alexandre*, qui entra dans

l'Océan, par le fleuve *Indus*, étoient diversement colorées. Les *voiles* des pirates étoient de couleur de mer. Celles du navire de *Cléopâtre*, à la bataille d'Actium, étoient de pourpre. Enfin on distinguoit les *voiles* d'un vaisseau par des noms différens. On appelloit *Epidromus* la *voile* de la pouppe ; *Dolones* les *voiles* de la proue ; *Thoracium* celle qui étoit au haut des mâts ; *Orthiax* celle qui se mettoit au bout d'une autre, & *Artemon* la trinquette.

Les *voiles* étoient attachées avec des cordes faites avec leur même matiere. On y employoit aussi des feuilles de palmier, & cette peau qui est entre l'écorce & le bois de plusieurs arbres. (*Theoph. Hist. Plant.* 4 & 5.) Des courroies tenoient encore lieu de cordes, comme nous l'apprend *Homere*, ainsi cité par *Giraldus*.

Candida vela trahunt contortis undique loris.

Cet auteur rapporte les noms des différens cordages dont se servoient les Grecs. C'est un détail sec, qui ne peut être d'aucune utilité dans l'histoire même.

Il me reste à expliquer quelques façons de parler au sujet des *voiles*, & à définir celles qui ont des noms particuliers.

Avec les quatre corps de voiles : Maniere de parler à l'égard d'un vaisseau qui ne porte que la grande *voile*, avec la misaine & les deux huniers.

Faire toutes voiles blanches : C'est pirater, & ne faire aucune différence d'amis & d'ennemis.

Forcer de voiles : C'est mettre autant de *voiles* qu'en peut porter le vaisseau, pour aller plus vîte.

Ce vaisseau porte la voile comme un rocher : On veut dire par-là qu'un vaisseau porte bien la *voile*, qu'il penche peu, quoique le vent soit si violent, qu'un autre vaisseau plieroit extrêmement.

Les voiles sur les cargues : C'est la situation des

voiles qui font défrélées, & qui ne font foutenues que par les cargues.

Les voiles fur le mât : Cela fignifie que les *voiles* touchent le mât ; ce qui arrive quand le vent eft fur les *voiles.*

Régler les voiles : C'eft déterminer ce qu'il faut porter de *voiles.*

Toutes voiles hors : C'eft avoir toutes les *voiles* au vent.

Les voiles au fec : On entend par-là que les *voiles* font défrélées & expofées à l'air, pour les faire fécher.

Les voiles fouettent le mât : Mouvement de la *voile*, qui lui fait toucher le mât par reprifes.

Voile. Ce mot fe prend pour le vaiffeau même. Ainfi une flotte de cent *voiles* eft une flotte compofée de cent vaiffeaux.

Voile Angloise. C'eft une *voile* de chaloupe & de canot, dont la figure eft prefque en lofange, & qui a la vergue pour diagonale.

Voile d'eau. C'eft une *voile* que les Hollandois mettent, dans un temps calme, à l'arriere du vaiffeau, vers le bas, & qui plonge dans l'eau, afin que la marée la pouffe, & que le fillage en foit par-là augmenté. Elle fert auffi pour empêcher que le vaiffeau ne roule & ne fe tourmente, parce que le vent & l'eau, qui la pouffent de chaque côté, contribuent à l'équilibre.

Voile défoncée. *Voile* dont le milieu eft emporté.

Voile de fortune. *Voyez* Treou.

Voile de ralingue. *Voile* dont la ralingue, qui la bordoit, a été déchirée.

Voile en banniere. C'eft une *voile* dont les écoutes ont manqué, & qui voltige au gré des vents.

Voile en patenne. *Voile* qui ayant perdu fa fituation ordinaire, fe tourmente au gré des vents.

Voile enverguée. *Voile* qui eft appareillée à fa vergue.

Voile latine, ou **Voile a oreille de lievre**. *Voyez* **Latine**.

Voile quarrée. C'eſt une *voile* qui a la figure d'un parallélogramme. Telles ſont les *voiles* de preſque tous les vaiſſeaux qui navigent ſur l'Océan.

VOILES BASSES, ou **BASSES VOILES**. On appelle ainſi la grande *voile* & la *voile* de miſaine.

Voiles de l'arriere. Ce ſont les *voiles* d'artimon & du grand mât.

Voiles de l'avant. *Voiles* des mâts de beaupré & de miſaine.

Voiles d'étai. *Voiles* triangulaires, qu'on met, ſans vergue, aux étais. *Voyez* **Etai**.

VOILERIE. Lieu où l'on fait, & où l'on raccommode les voiles.

VOILIER. Nom de celui qui travaille aux voiles, & qui a ſoin de les viſiter pour voir ſi elles ſont en bon état.

VOILIER. C'eſt le nom qu'on donne à un vaiſſeau qui porte ou bien ou mal la voile. Il eſt *bon voilier* dans le premier cas, & *mauvais voilier* ou peſant de voile dans le ſecond.

VOILURE. C'eſt la maniere de porter les voiles pour prendre le vent. Il y a trois ſortes de *voilure* pour cela : le vent arriere, le vent largue, & le vent de bouline. *Voyez* **Vent arriere**, **Vent de bouline** & **Largue**.

Voilure. C'eſt tout l'appareil & tout l'aſſortiment des voiles d'un vaiſſeau. *Voyez* **Voile**.

VOIR L'UN PAR L'AUTRE. *Voyez* **Ouvrir**.

Voir par proue. C'eſt *voir* devant ſoi.

VOIX. On ſous-entend *à la*. Commandement aux gens de l'équipage, de travailler à la fois, lorſqu'on donne la *voix*.

On appelle *Donner la voix*, lorſque par un cri, comme oh hiſſe ! &c. on avertit les gens de l'équi-page, de faire leurs efforts tous à la fois.

VOLÉE. C'eſt la décharge de pluſieurs canons enſemble , ou qui font tirés d'une même batterie,

VOLET. Petite bouffole ou compas de route , qui n'eft point fufpendue fur un balancier, comme la bouffolé ordinaire , & dont on fe fert fur les barques & fur les chaloupes,

VOLONTAIRES. On appelle ainfi ceux qui s'embarquent fur les vaiffeaux de guerre , avec une lettre de cachet , & qui ne font point obligés de travailler à la manœuvre , fi ce n'eft dans un preffant befoin.

VOLTE. Terme fynonyme à route. On dit : prendre telle *volte* , pour dire , prendre telle route.

On entend auffi , par le mot *volte*, les mouvemens & reviremens néceffaires pour fe difpofer au combat. *Voyez* EVOLUTIONS.

VOUTE ou VOUTIS. Partie extérieure de l'arcaffe , conftruite en *voûte* au deffus du gouvernail. C'eft fur cette partie qu'on place ordinairement le cartouche qui porte les armes du Prince.

VOYAGES DE LONG COURS. On appelle ainfi les grands *voyages* de mer , que quelques marins fixent à mille lieues.

URETAC. C'eft une manœuvre qu'on paffe dans une poulie qui eft tenue par une herfe dans l'éperon , au deffus de la faifine de beaupré, & qui fert à renforcer l'amure de mifaine, quand il eft néceffaire qu'elle le foit.

US & COUTUMES DE LA MER. Nom général, qu'on donne à une loi par laquelle les propriétaires & les maîtres des vaiffeaux marchands font obligés de fatisfaire aux avaries qui fe font en mer. *Voyez* AVARIE. Elle confifte en trois réglemens; dont le premier s'appelle les jugemens d'Oleron. On doit le fecond aux marchands de la ville de Vifbuy , fituée autrefois dans l'ifle de Gotlandt , qui le dreflerent en Langue Teutonique. Et les députés des villes anféatiques firent le troifieme à Lubec , vers l'an 1597. C'eft de ces trois pieces qu'on a tiré le fond des

Ordonnances de la Marine, tant en France, qu'en Espagne & ailleurs.

USANCE. On appelle ainsi les usages de la mer. Ainsi on dit qu'un marchand sçait bien les *usances*, quand il sçait tout ce qu'il est nécessaire de sçavoir pour trafiquer sur mer.

UVOLFE. C'est un gouffre ou tournant de mer, situé entre deux isles, à la côte de Norwege, & où aucun vaisseau ne peut passer, sans risquer de couler à fond.

YAC   YAC

Y ACHT ou YAC. Bâtiment ponté & mâté en fourche, qui a ordinairement un grand mât, un mât d'avant, & un bout de beaupré, avec une corne, comme le heu, & une voile d'étai. Il a peu de tirant d'eau ; est très-bon pour de petites bordées, & sert ordinairement pour de petites traversées, & pour se promener. On jugera de sa forme & de sa grandeur par les proportions suivantes.

PROPORTIONS GÉNÉRALES D'UN YACHT.

Pieds.

	Pieds.
Longueur de la quille.	45
Longueur de l'étrave à l'étambord.	56
Longueur du bau.	14
Creux	7
Hauteur de l'étambord.	12
Hauteur de l'étrave.	13

Les grands *yachts* sont à peu-près de la même fabrique que les semales. Ils ont des écoutilles, une teugue élevée à l'arriere, & une chambre à l'avant, au milieu de laquelle il y a une ouverture qui s'éleve en rond au dessus, en lanterne, & qui est entourée d'un banc pour s'asseoir. Ils ont encore un faux étai, deux pompes de plomb, une de chaque côté. La barre de leur gouvernail, qui est de fer, est un peu courbée, & il y a au dessus une petite teugue, dont la grandeur est proportionnée à la hauteur de la barre. Ordinairement leur beaupré n'est pas fixe, & on peut l'ôter & le remettre quand on veut.

YEUX

YEUX DE BŒUF. On appelle ainſi les poulies qui ſont vers le racage, contre le milieu d'une vergue, & qui ſervent à manœuvrer l'itague. Il y a ſix de ces poulies aux pattes de bouline, trois pour chaque bouline. Il y en a auſſi une au milieu de la vergue de civadiere, quoiqu'il n'y ait point là de racage, parce que ſa vergue ne s'amène point. Dans un combat, on la met le long du mât, quand on veut venir à l'abordage.

YEUX DE PIE. *Voyez* ŒIL DE PIE.

ZÉPHYR ou ZÉPHYRE. C'eſt un vent qui ſouffle du côté de l'Occident, & qu'on appelle *Vent d'oueſt* ſur l'Océan, & *Vent du Ponent*, ou *Vent du Couchant*, ſur la Méditerranée.

ZOPISSA ou POIX NAVALE. C'eſt la même choſe que goudron. *Voyez* GOUDRON.

AVIS AU RELIEUR.

Les quatre planches de cet Ouvrage doivent être placées à la fin de ce volume.

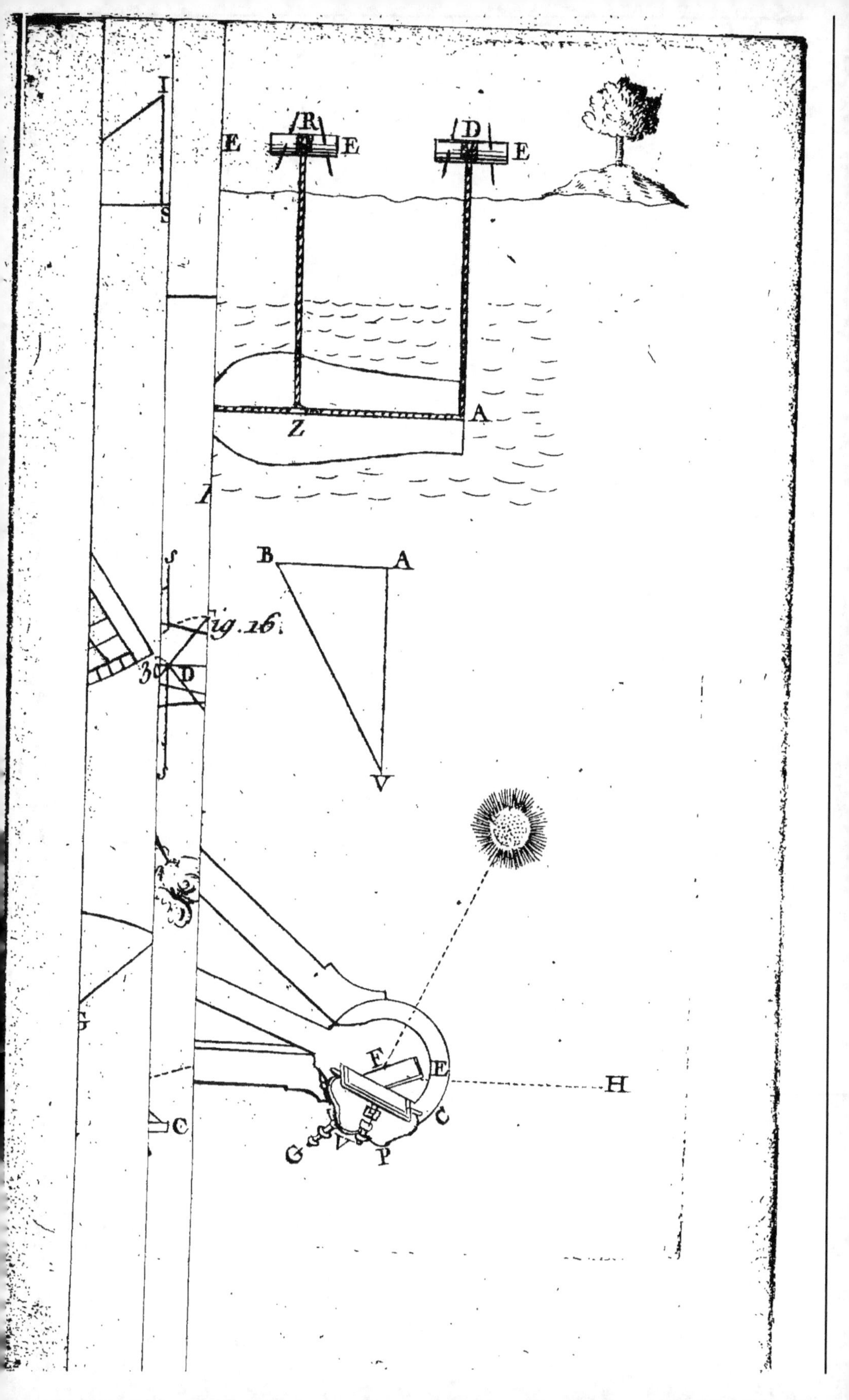
R
D
E
E
E
E
Z
A
B
A
fig. 16.
30
D
S
V
F
E
C
C
G
P
H

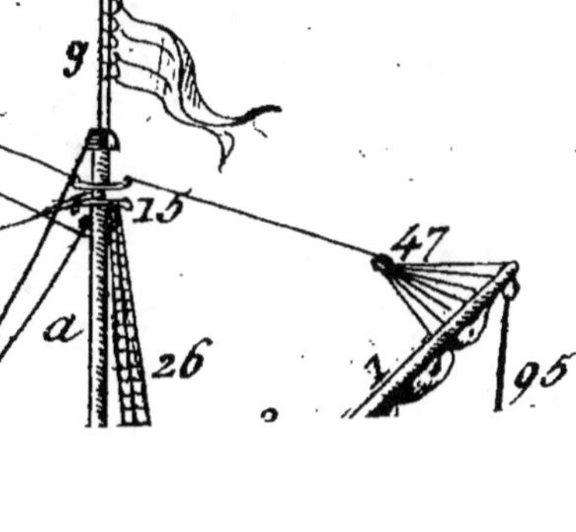
g
15
47
66
84
a
26
95

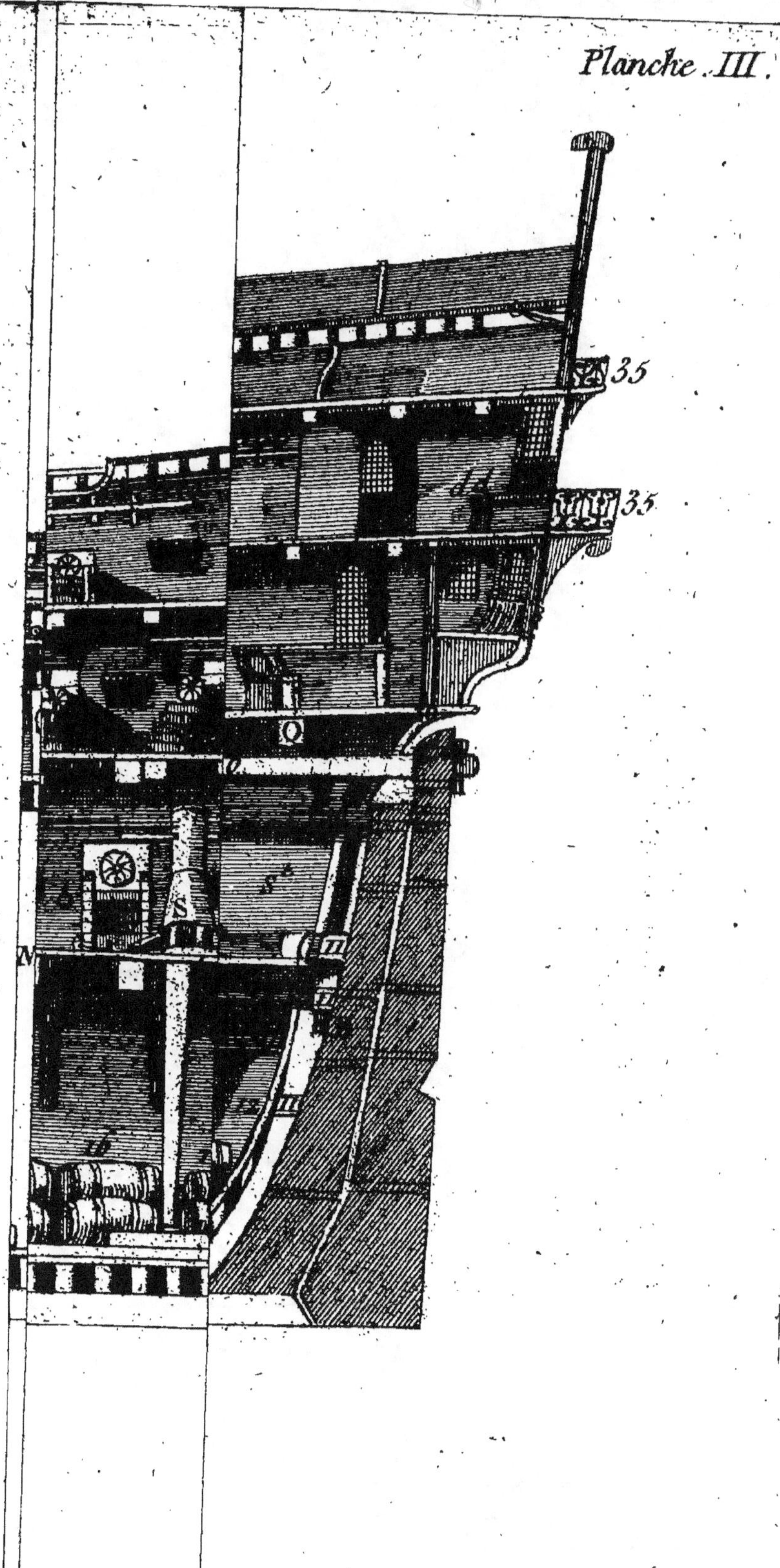
35
35

8
6
13
14
15
P

Fautes à corriger dans ce second & dernier volume.

Page 96, *lig.* 35, c K *lisez*, C K.

Page 116, *lig.* 30, D F, *lisez*, D E.

Ibid. lig. 35, D F, mais suivant F D, *lisez*, D E, mais suivant D F.

Ibid. lig. 37, Q, *lisez*, C.

Page 131, après l'article MARSILIANE, *ajoutez* MAR-SOUINS, & *voyez* l'explication de ce terme, page 352, *lig.* 29.

Page 133, *lig.* 9, après ces mots : longue pièce, *ajoutez* de bois.

Page 140, *lig.* 2 (*Pl.* 4, *Fig.* 2.), *lisez*, (*Pl.* 1, *Fig.* 2.)

Page 141, *lig.* 17, C V, *lisez*, C R.

Ibid. lig. 30, P G, *lisez*, p p P.

Page 186, *lig.* 14, après ces mots : la réunion avec l'astre, *ajoutez*, ces auteurs paroissent en convenir, puisqu'ils avouent, comme on vient de voir, page 181, « que la position des miroirs n'a pas été suffi-» samment déterminée par cet auteur » (M. *Smith*).

Page 189, *lig.* 36, après le mot *Nonius*, *ajoutez* une alidade D tourne sur le centre de cet arc.

partout notre Royaume pendant le temps de *six années* consécutives, à compter du jour de la date des présentes. Faisons défenses à tous Imprimeurs, Libraires & autres personnes de quelque qualité & condition qu'elles soient, d'en introduire de réimpression étrangere dans aucun lieu de notre obéissance ; comme aussi de réimprimer, ou faire réimprimer, vendre, faire vendre, débiter ni contrefaire, lesdits Livres, ni d'en faire aucuns extraits, sous quelque prétexte que ce puisse être, sans la permission expresse & par écrit dudit Exposant ou de ceux qui auront droit de lui, à peine de confiscation des exemplaires contrefaits, de trois mille livres d'amende contre chacun des contrevenans, dont un tiers à Nous, un tiers à l'Hôtel-Dieu de Paris, & l'autre tiers audit Exposant, ou à celui qui aura droit de lui, & de tous dépens, dommages & intérêts ; à la charge que ces présentes seront enrégistrées tout au long sur le registre de la Communauté des Imprimeurs & Libraires de Paris, dans trois mois de la date d'icelles ; que la réimpression desdits Livres sera faite dans notre royaume & non ailleurs, en bon papier & beaux caracteres, conformément à la feuille imprimée, attachée pour modele sous le contrescel des présentes ; que l'impétrant se conformera en tout aux réglemens de la Librairie, & notamment à celui du 10 Avril 1725; qu'avant de les exposer en vente, les imprimés qui auront servi de copie à la réimpression desdits Livres, seront remis dans le même état où l'approbation y aura été donnée, ès mains de notre très-cher & féal Chevalier, Chancelier de France, le Sieur DELAMOIGNON, & qu'il en sera ensuite remis deux exemplaires de chacun dans notre Bibliotheque publique, un dans celle de notre Château du Louvre, & un dans celle de notredit très-cher & féal Chevalier, Chancelier de France, le Sieur DELAMOIGNON ; le tout à peine de nullité des présentes : du contenu desquelles vous mandons & enjoignons de faire jouir ledit Exposant & ses ayans-cause, pleinement & paisiblement, sans souffrir qu'il leur foit fait aucun trouble ou empêchement. Voulons que la copie des Préfentes, qui fera imprimée tout au long au commencement ou à la fin defdits Livres, foit tenue pour duement fignifiée, & qu'aux copies collationnées par l'un de nos amés & féaux Confeillers-Secretaires, foi foit ajoutée comme à l'original. Commandons au premier notre Huiffier ou Sergent fur ce requis, de faire pour l'exécution d'icelles tous actes requis & néceffaires, fans demander autre permiffion, & nonobftant clameur de haro, charte normande & Lettres à ce contraires : Car tel eft notre plaifir. Donné à Compiegne, le vingt-neuvieme jour du mois de Juillet, l'an de grace mil fept cens cinquante-fept, & de notre regne le quarante-deuxieme. Par le Roi, en fon Confeil.

LE BEGUE.

Regiftré fur le Regiftre XIV de la Chambre Royale des Libraires & Imprimeurs de Paris, n°. 227, fol. 204, conformément aux anciens Réglemens, confirmés par celui du 28 Février 1723. A Paris, le 7 Octobre 1757.

LE MERCIER, *Syndic.*

Je reconnois que Madame veuve Gandouin a moitié dans le préfent Privilege, feulement pour le Code Militaire de Briquet. A Paris, ce 7 Octobre 1757.

Femme JOMBERT.